Frenzel /Müller /Sottong

Storytelling
Das Praxisbuch

Karolina Frenzel
Michael Müller
Hermann Sottong

Storytelling
Das Praxisbuch

HANSER

Bibliografische Information Der Deutschen Bibliothek
Die Deutsche Bibliothek verzeichnet diese Publikation in der Deutschen National-
bibliografie; detaillierte bibliografische Daten sind im Internet über http://dnb.ddb.de
abrufbar.

1   2   3   4   5   10   09   08   07   06

© 2006 Carl Hanser Verlag München Wien
Internet: http://www.hanser.de
Lektorat: Martin Janik
Herstellung: Ursula Barche
Umschlaggestaltung: Büro plan.it, München, unter Verwendung
eines Bildmotivs von getty images
Gesamtherstellung: Kösel, Krugzell
Printed in Germany

ISBN-10: 3-446-40698-0
ISBN-13: 978-3-446-40698-8

Inhalt

Einleitung
Storytelling – mehr als einfach nur Erzählen

Der Begriff »Storytelling« ist mittlerweile in Mode gekommen. Nicht nur, aber auch im Wirtschaftsleben, im Zusammenhang mit Personalarbeit, Mitarbeiterkommunikation, Wissensmanagement, Werbung und Vertrieb. Schon jetzt existieren unterschiedliche Hauptrichtungen und unter diesen wiederum differente methodische Ansätze: Für die einen geht es beim Storytelling primär darum, andere zu überzeugen, bestimmte Ideen und Botschaften nachhaltig in den Köpfen von Kunden und Mitarbeitern zu verankern, für andere wiederum ist das Zuhören bedeutsam, das bessere Verstehen von Mentalitäten und Erfahrungen bestimmter Gruppen, als Basis für Wandel und Entwicklung im Unternehmen. Manche Anwender von narrativen Methoden halten Mythen und Märchen für das probate Mittel einer intensivierten Ansprache, andere interessieren sich ausschließlich für authentische Geschichten. Einige Verfechter des Geschichtenerzählens betonen vorrangig die emotionalisierende Wirkung des Storytelling, andere dagegen verweisen primär auf den Wissensgehalt von Geschichten. So kommt es, dass zwar immer mehr Führungskräfte, Personalentwickler und Corporate Communications-Profis schon einmal etwas von »Storytelling« gehört haben, aber dabei wahrscheinlich nicht das Gleiche meinen, wenn sie über »Storytelling« sprechen. Der gemeinsame Durchschnitt besteht lediglich darin, dass dabei immer irgendwie die Verwendung von Geschichten eine Rolle spielt.

Storytelling kann eine Basis für Wandel und Entwicklung im Unternehmen sein.

Der Vorgänger dieses Bandes, unser Buch »Storytelling – Das Harun-al-Raschid-Prinzip. Die Kraft des Erzählens fürs Unternehmen nutzen«, hat einen breiten Überblick darüber gegeben, wie man auf unterschiedliche Weise die Kraft des Erzählens in Organisationen wahrnehmen und nutzen kann, und einige Pioniere des Storytelling in Unternehmen vorgestellt. In diesem Buch möchten wir nun unseren Ansatz von Storytelling ausführlicher vorstellen und vor allem Ihnen das Wissen und die Werkzeuge vermitteln, die Sie brauchen, um erfolgreich mit Geschichten zu arbeiten.

Storytelling:
Nicht nur »Methode«, sondern auch eine Haltung

Unsere Erfahrungen mit unterschiedlichen Unternehmen und Organisationen – von Mittelständlern über Non-Profit-Organisationen bis hin zu DAX-Unternehmen unterschiedlichster Branchen – haben uns in der Einsicht bestärkt, dass die erfolgreiche Nutzung der Kraft des Erzählens mehrere wesentliche Voraussetzungen hat. Dazu gehört zuerst eine bestimmte Haltung gegenüber Kommunikation und Wissen. Ohne die Freude an offener Kommunikation, Wertschätzung gegenüber den Mitarbeitern und Kunden, Neugierde auf deren Wissen und Erfahrung und die Bereitschaft, auf neue Einsichten auch tatsächlich adäquat zu reagieren, kann das Potenzial, das sich durch professionell angewandtes Storytelling entfalten lässt, nicht annähernd vollständig aktiviert werden. Storytelling systematisch und ernsthaft anzuwenden setzt voraus, dass man die Grundannahme teilt, dass jeder, der in Beziehung zum eigenen Unternehmen, zur eigenen Organisation steht – ob als Mitarbeiter, Geschäftspartner, Kunde –, wichtiges Wissen hat, das kennen zu lernen sich lohnt, um ein besseres Verständnis für das eigene System und seine Umwelt zu gewinnen. Dies gilt sowohl für das Hören von Geschichten als auch für das »aktive« Storytelling, wenn man also selbst erzählt: Denn auch das eigene Erzählen ist in erster Linie ein Angebot an die anderen, selbst zu denken, eigene Erfahrungen zu reflektieren, eigene Ideen zu entwickeln und mit dem Erzähler in Dialog zu treten.

In unserem Verständnis ist Storytelling ein Prozess, in dem Erzählen und Zuhören untrennbar zusammengehören und entsprechend werden beide Aspekte in diesem Buch ihre Rolle spielen.

Die erfolgreiche Nutzung von Storytelling hat mehrere Voraussetzungen.

Das eigene Erzählen ist ein Angebot an die anderen.

Storytelling 1: Aktives Erzählen

In Gesprächen werden wir häufig mit Aussagen wie folgender konfrontiert: »Storytelling? Das mach ich schon immer. Ich baue gern Anekdoten in meine Präsentationen ein oder erzähle Beispiele, wenn meine Mitarbeiter etwas nicht sofort verstehen. Jetzt hat man halt bloß einen neuen Namen dafür erfunden.«

Nun, tatsächlich gab und gibt es immer Menschen, die gerne erzählen und im Alltag wie auch in der beruflichen Kommunikation häufig auf Geschichten und Erlebnisse zurückgreifen. Allerdings kann der Effekt eines solchen natürlichen Hangs zum Storytelling durchaus unterschiedlich ausfallen. Da gibt es einerseits Naturtalente, die durch das Einstreuen von Geschichten zum richtigen Zeitpunkt verfahrene Kommunikationssituationen öffnen und erzählend abstrakte Inhalte mit einem konkreten, nachvollziehbaren Rahmen verknüpfen können. Sie kennen sicher aber auch Zeitgenossen, die ihren Erzähldrang kaum zügeln können und ihre Geschichten anbringen, gleichgültig, ob sie gerade ins Gespräch passen oder nicht. Es gibt die assoziativen Erzähler, denen anhand eines Themas dauernd Anekdoten einfallen, die dann allerdings häufig genug von eben jenem Thema wegführen. Und so manche Geschichte erfüllt zwar den Zweck, das Auditorium zu unterhalten, steht aber der Vermittlung der eigentlichen Inhalte im Weg. Wenn man sich einige Zeit nach einem Vortrag zwar noch amüsiert an die ein oder andere Anekdote daraus erinnern kann, aber nicht mehr weiß, worum es in dem Vortrag genau ging, dann hat offenkundig mit der Verknüpfung von Deskription und Narration, von Vermitteln und Erzählen etwas nicht funktioniert – und in diesem Falle würden wir nicht von »Storytelling« sprechen wollen.

Denn genau darum geht es bei der Form von aktivem Storytelling, wie sie in unserem Rahmen definiert sein soll: Storytelling heißt, Geschichten gezielt, bewusst und gekonnt einzusetzen, um wichtige Inhalte besser verständlich zu machen, um das Lernen und Mitdenken der Zuhörer nachhaltig zu unterstützen, um Ideen zu streuen, geistige Beteiligung zu fördern und damit der Kommunikation eine neue Qualität hinzuzufügen. Dass dazu auch ein Element des Unterhaltenden kommt, dass man durch gut erzählte Geschichten Neugierde erregt, Spannung erzeugt, Vergnügen bereitet, Emotionen weckt, das alles kommt hinzu und dem eigentlichen Ziel zugute, ist aber nicht das Wesentliche. Geschichten erzählen als fesselnde Aufführung für ein Publikum ist eine hohe Kunst, die zu Recht auch in unserer Kultur derzeit wieder zu Ehren kommt. Eine Kunst, die in dieser Form wohl kaum für jedermann erlernbar sein wird. Aber darum geht es beim Storytelling auch nicht. Was man braucht, um Storytelling im beruf-

Storytelling heißt, Geschichten gezielt, bewusst und gekonnt einzusetzen.

lichen Umfeld erfolgreich einzusetzen, ist erlernbar und trainierbar – unabhängig davon, ob man nun als Entertainer ein Naturtalent ist oder nicht.

Der Unterschied zum Erzählen im Alltag

Storytelling im Beruf oder Ehrenamt unterscheidet sich aber nicht nur von der Profession des Geschichtenerzählers und Entertainers, sondern auch vom privaten Erzählen im Alltag. Sie kennen das ja sicher auch aus eigener Erfahrung: Vieles, was im Familien- oder Freundeskreis erzählt wird, erhält seine Bedeutung dadurch, dass es die erzählende Person für erzählenswert hält, dass es dem eigenen Mann, der eigenen Frau, dem eigenen Kind oder Freund wichtig ist. Man interessiert sich für viele Geschichten, die einem vertraute Personen erzählen, nicht in erster Linie um der Geschichte selbst willen, sondern weil man der Person des Erzählers emotional nahe steht. Die gleiche Geschichte, das gleiche Erlebnis aus dem Munde eines Fremden käme einem unter Umständen völlig belanglos vor. Wenn aber ein vertrauter Mensch sie erzählt, hören wir zu, weil wir dadurch diesen Menschen besser, intensiver kennen lernen. Wir wollen wissen, was die Menschen, mit denen wir täglich umgehen, mit denen wir unseren Alltag teilen, erleben, was ihnen widerfährt, was sie berührt, freut, ärgert. Durch das Erzählen teilen wir Erfahrungen aus Umwelten, die ansonsten für uns nicht zugänglich sind: Deshalb ist vieles, was im privaten Umfeld erzählt wird, eher beschreibend, wiederholend, rekapitulierend. Man kommt nach Hause oder zum Stammtisch und erzählt über Erlebnisse im Büro oder aus dem Urlaub, die eigentlich gar keine Geschichten im engeren Sinne sind, aber die anderen am eigenen Leben teilhaben lassen (und diese anderen interessieren, weil sie sich für einen selbst als Person interessieren). Diesen Teilbereich des Erzählens rechnen wir nicht zum Storytelling im engeren Sinne.

Durch Erzählen teilen wir Erfahrungen.

Selbstverständlich kann man aber auch im Alltäglich-Privaten Geschichten nutzen, um andere für eine Idee zu gewinnen, um eine Haltung oder Entscheidung zu verdeutlichen, um wichtige Lernerfahrungen weiterzugeben, auf mögliche Lösungen hinzuweisen oder Probleme deutlich werden zu lassen. Erzählen in dieser Form und Funktion überschneidet sich dann wieder mit dem, was wir Storytelling nennen. Und wenn man die entsprechenden Fertigkeiten entwickelt hat – die Wahl einer passenden Geschichte und des richtigen Zeitpunktes, sie zu erzählen, das richtige Austarieren der Geschichte, ihre Anpassung an das, was die Zuhörer schon wissen und noch nicht wissen können, einen angemessenen Vortrag und so weiter, – dann hilft das der Kommunikation mit Geschichten im Privaten ebenso sehr wie im Beruf.

Storytelling hilft der Kommunikation im Privaten und im Beruf.

Storytelling 2: Geschichten hören, sammeln, verstehen

Erzählen ist ein fortgesetzter Austauschprozess. Wer eine Geschichte erzählt, löst damit in aller Regel das Erzählen der anderen aus (gleich ob unmittelbar oder zeitversetzt), und damit ist Storytelling der Gegenpol zur Einweg-Kommunikation. Wer erzählt, spricht damit gleichsam immer auch eine Einladung aus, sich zu beteiligen und mitzuerzählen, in den Austausch einzusteigen. Das Erzählen zeichnet sich nämlich immer wieder vor allem durch eines aus: seine Offenheit. Wer mit Geschichten kommuniziert, »öffnet« den kommunikativen und sozialen Raum ebenso wie den Raum des Denkens. Geschichten sind keine Befehle, sie enthalten keine Handlungsanweisungen, sie sind nicht performativ (sie »setzen« keine Realität nach Art eines Richterspruchs) und sie sind (von dezidiert »belehrenden«, didaktischen Geschichten, Fabeln und Gleichnissen abgesehen) auch nur in geringem Maße appellativ. Der Akt des Austauschs von Geschichten, die Situation gemeinsamen Erzählens, schafft, solange sie dauert, eine bestimmte Gleichwertigkeit zwischen den Beteiligten, setzt hierarchische und autoritative Differenzen zwischen den Beteiligten – »Entscheider« und Untergebene, Experten und Laien und so weiter – vorübergehend außer Kraft. Das macht den kommunikativen Vorteil von Storytelling bei allen Suchprozessen in Organisationen aus, bei denen es um Fehlervermeidung, Lösungen, Verbesserungen, Innovationen geht.

Storytelling ist ein Gegenpol zur Einweg-Kommunikation.

Erzählen und Zuhören gehören zusammen

Wenn Sie selbst Storytelling praktizieren, werden Sie sich automatisch intensiver für die Geschichten anderer interessieren und in der Folge mehr und mehr Geschichten hören. Und sei es zunächst auch nur aus dem Grunde, dass Sie feststellen, dass der eigene Fundus an Storys, an Erlebnissen und Erfahrungen, die sich in interessante und »lehrreiche« Geschichten überführen lassen, doch notwendig begrenzt ist. Außerdem wird, wer davon überzeugt ist, dass die eigenen Geschichten dazu geeignet sind, Wissen zu vermitteln, Ideen zu streuen, Einsichten weiterzugeben, das gleiche Potenzial auch den Geschichten seiner Mitmenschen unterstellen und folglich eine entsprechende Neugierde auf gute Storys ganz allgemein entwickeln. Und je mehr Geschichten er hört, je besser der Storyteller lernt, zuzuhören, desto schärfer wird sein Gespür für das Besondere, »Zündende« mancher Geschichten, für Zusammenhänge und Querverbindungen zwischen Geschichten, für Inhalte, Erkenntnisse, Wissen, das in ihnen schlummert. Von da ist der Weg dann nicht mehr allzu weit hin zum bewussten und systematischen Sammeln und Auswerten von Geschichten. Wer erfährt, dass Storytelling und Storylistening eins sind, Bestandteil ein und desselben Prozesses, wird schließlich das aktive Erzählen nicht mehr primär als Instrument der Beeinflussung und Überzeugung sehen und anwenden, sondern auch das eigene Erzählen – ebenso wie das Zuhören und Interpretieren von Geschichten – als Mittel der Verständigung und des Erkenntnisgewinns begreifen und praktizieren.

Wer erzählt, entwickelt auch Neugierde auf die Geschichten anderer.

Die Entscheidung für Storytelling

Wer Storytelling in diesem Sinne ernsthaft verwenden will, der entscheidet sich damit gleichzeitig auch dafür, eine bestimmte Sichtweise auf Kommunikation einzunehmen (und vielleicht auch, seine bisherige zu überdenken): Es geht dabei darum, Kommunikation als Prozess zu verstehen, einen Prozess, der sich nicht darin erschöpft, dass der eine, der »Sender«, seine Botschaft äußert und der andere, als

Es geht darum, Kommunikation als Prozess zu verstehen.

6

»Empfänger«, diese Botschaft aufnimmt und wunschgemäß darauf reagiert. Eine Haltung, die dann zu der vielfach beobachtbaren (und nicht zuletzt aufwändigen und teuren) Tendenz führt, beim Nicht-Eintreten der gewünschten Reaktion das Ganze zu wiederholen, allerdings mit erhöhtem medialem und semiotischem Aufwand.

Dass Kommunikation nach diesem senderzentrierten Schema den erhofften Effekt hat, ist eher ein Sonderfall – wie Sie sicher aus eigener Erfahrung wissen. Häufiger wird die Kommunikation nicht mit der Äußerung des Einen und einer als »Verstehen« des Anderen zu interpretierenden Reaktion abgeschlossen sein. Vielmehr kommt es in der Regel zu einer ganzen Kette von Äußerungen, ist die anfängliche Botschaft lediglich ein Auslöser für eine Fülle miteinander verknüpfter Kommunikationen: Im besten Falle entsteht so durch Reden und Weiterreden, Ergänzung, Frage und Antwort ein Dialog oder Diskurs als gemeinsames Nachdenken und Verständigung über Realität. Häufig allerdings entsteht durch Rede und Widerrede, Frage und Gegenfrage, Argument und Gegenargument unter großem kommunikativem Aufwand nur ein Patt, eine gegenseitige Blockade, eine Lähmung (die dann stumm nach der Instanz schreit, die das Ganze durch eine Entscheidung auflösen soll). In Meetings, Arbeitsgruppen und Gremien muss man diese letztere Variante der Kommunikation leider nur zu oft erleben und erleiden. Dass solche Erfahrungen das Vertrauen auf ein kommunikatives Miteinander, den Glauben daran, dass es sich lohnt, zuzuhören und viele zu Wort kommen zu lassen, nicht gerade stärken, liegt auf der Hand.

Kommunikation ist gemeinsames Nachdenken über die Realität.

Dennoch: Die meisten Menschen kennen beide Typen der Kommunikation und werden sich erinnern, dass der gelingende Austausch von Ideen, Gedanken, Geschichten, Erfahrungen ihnen fast immer zu neuen Einsichten verholfen hat. Sie werden sich auch erinnern, dass sich solche Situationen ähnelten, dass eine bestimmte Atmosphäre dabei herrschte, Zeit vorhanden war, Offenheit. Kommunikation, die Verständigung, Lernen und Wissenszuwachs ermöglicht, ist also erfahrungsgemäß an bestimmte Bedingungen geknüpft. Man kann ihren Erfolg nicht haben, ohne in ihn zu investieren. Man kann sie nicht verordnen oder erzwingen, und man kann sie nicht erleben, wenn man sie nicht mit- und vorlebt.

Storytelling gehört zu einer effizienten Kommunikationskultur

Erzählen muss eingebettet sein in einen größeren Zusammenhang.

Storytelling – als Erzählen und Zuhören – ist ein wesentlicher Bestandteil einer Kommunikationskultur, in der ein Mehrwert an Einsicht, Wissen und Kooperation entsteht. Ein Teil – das bedeutet auch, dass das Erzählen eingebettet sein muss in einen größeren Zusammenhang. Geschichten (durchaus bewusst) in der Kommunikation zuzulassen, aktiv zu verwenden, ihren Austausch zu fördern, ernst zu nehmen, zu verstehen und auch zu nutzen ist eine gute Voraussetzung dafür, eine solche Kommunikationskultur zu entwickeln. Denn in »offiziellen« Situationen – außerhalb von Flurfunk und Kaffeeecke – erzählen Menschen auf Dauer nur dann Relevantes, wenn sie ein Mindestmaß an Vertrauen vorfinden, wenn sie glauben können, dass ihre Beiträge auch respektvoll und wertschätzend aufgenommen werden. Sie erzählen naturgemäß auch nur, wenn auch Raum dafür vorhanden ist, wenn nicht vordergründige Ergebnisorientierung die Szene beherrscht oder die geschliffene Rhetorik offenkundig über den Anliegen und Inhalten steht. Sie erzählen, wenn es einen wirklichen Austausch gibt und sie nicht den Eindruck haben müssen, lediglich abgefragt zu werden. Mitarbeiter erzählen also zum Beispiel dann, wenn sie erleben, dass die Führungskräfte selbst auch erzählen. Sie werden nur dann wieder erzählen, wenn sie erleben, dass ihre Geschichten ernst genommen wurden und nicht folgenlos geblieben sind. Wenn sie dies aber erleben, dann werden sie noch viel mehr zu erzählen haben.

Tools zum Einsatz in der Praxis

Dieses Buch bietet im dritten Teil eine ganze Reihe konkreter Ansätze und Instrumente, um mit Geschichten in Unternehmen und anderen Organisationen praktisch zu arbeiten – sei es, um selbst zu erzählen und mit Geschichten in eine gelingende Kommunikation einzusteigen, sei es, um andere zum Erzählen zu ermuntern und aus den so gewonnenen Storys zu lernen.

Wissen darüber, was eine gute Geschichte ausmacht

Um so Storytelling erfolgreich und nachhaltig zu praktizieren, ist allerdings ein gewisses Grundwissen über Geschichten nötig: Was macht eigentlich eine Geschichte aus? Was unterscheidet sie von anderen Kommunikationsformen? Wie kann ich das, was in Geschichten steckt (und manchmal auch versteckt ist), erkennen? Diesem Grundverständnis widmet sich der zweite Teil dieses Buches. In ihm lernen Sie Schritt für Schritt die Elemente kennen, aus denen Geschichten bestehen, und erfahren, worauf Sie achten müssen, wenn Sie selbst Geschichten erzählen. Aber gleichgültig, ob man nun selbst erzählt oder Geschichten hört und aus ihnen lernen möchte – man wird mehr erreichen und erkennen, wenn man weiß, wie Geschichten »funktionieren«.

Wissen, wie Geschichten funktionieren.

Haltung und Hintergründe

Der erste Teil dieses Buches fokussiert auf die Haltung, die hinter der erfolgreichen Anwendung von Storytelling steht. Dass das Ausmaß von Wissenszuwachs und die Entwicklung von Kommunikation und Kooperation entscheidend von der Haltung abhängen, mit der Storytelling-Ansätze in der Organisation angewandt werden, das haben wir in unterschiedlichen Projekten mit Kunden und Gruppen erfahren. Eine punktuelle Anwendung bestimmter Instrumente als reine »Tools« ist zwar möglich, sie entfaltet aber nicht die eigentliche Kraft von Storytelling. Storytelling wird die besten Effekte genau dann erbringen, wenn man sich vor dem Einsatz darüber Rechenschaft ablegt, welche gewachsenen Strukturen und Kulturen in der Organisation existieren, welche Wirkungen und Veränderungen man sich wünscht und vor allem, wie man mit dem, was man durch das Zuhören und Erzählen auslöst, in der Folge ernsthaft und lernend umgehen möchte – wenn man also den Prozesscharakter der Methodik begreift und Storytelling nachhaltig einsetzt. Storytelling kann in sehr vielen unterschiedlichen Feldern von Unternehmen und Organisationen eingesetzt werden. Denn das Erzählen ist geradezu darauf angelegt, Zusammenhänge zu stiften und sichtbar zu machen.

Storytelling ist ein Prozess.

9

TEIL I:

Die Kraft des Erzählens – Haltung und Hintergründe

Die Wiederentdeckung des narrativen Denkens

Zahlen sind nicht alles

Was ist der Wert eines Unternehmens? Was leistet eine Organisation? In aller Regel wird man auf eine solche Frage zunächst eine quantitative Antwort bekommen, eine Beschreibung, die eine ganze Reihe von Fakten enthalten wird: Umsatzzahlen oder DAX-Punkte, Mitarbeiter- oder Mitgliederzahlen, Aufzählungen von Produkten und Projekten, Erwähnungen von messbaren Erfolgen. Zielvereinbarungen für Führungskräfte werden in Summen des Geschäftswertbeitrags gemessen, Wachstumspotenziale von Unternehmen in prozentualen Marktanteilen, Erfolge von Hilfsorganisationen in Spendensummen und Mengen verteilter Hilfsgüter.

Damit wir uns nicht falsch verstehen: Das ist auch genau richtig so. Quantitative Messbarkeit ist eine Voraussetzung für erfolgreiche Unternehmensführung. Die Frage ist jedoch, ob die Konzentration auf das rein Faktische, auf Zahlen, Daten und Argumentationsketten, wirklich ausreichend ist, um eine Organisation beurteilen zu können oder um ein Unternehmen nachhaltig erfolgreich zu führen. Deutlich wird dies beispielsweise an der Diskussion über das Gleichgewicht von »Hard Factors« und »Soft Factors«: Versuche wie die der »Balanced Scorecard«, Soft Facts in harte Zahlen umzurechnen, sind wenig überzeugend. Wenn die Motivation von Mitarbeitern vor allem durch die Anzahl der Fehltage gemessen wird, muss man sich fragen, was da wirklich gemessen wird. Bezeichnenderweise gingen in den letzten Jahren die Fehlzeiten bei steigender Arbeitslosigkeit stetig zurück. Sind die Mitarbeiter motivierter geworden? Identifizieren sie sich mehr mit dem Unternehmen? Oder haben sie einfach nur Angst, ihren Job zu verlieren, wenn sie zu oft krank sind? Wenn wir dagegen die Mitarbeiter bei unseren Storytelling-Analysen ihre Arbeitsbiografie erzählen lassen, wird in diesen Geschichten sehr schnell deutlich, was die strukturellen Hintergründe für Motivation oder Demotivation sind. Oder andersherum: Die Voraussetzung für Motiviertheit ist, dass Mitarbeiter Zusammenhänge kennen und sich im »großen Gan-

Reichen Zahlen und Daten, um ein Unternehmen erfolgreich zu führen?

13

Welchen Platz haben die Mitarbeiter in der Story des Unternehmens?

zen« mit ihrer Arbeit verorten können. Und das bedeutet letztlich nichts anderes als: Welchen Platz hat ihre Arbeit in der Story des Unternehmens? Und wie klar ist diese Story den Mitarbeitern eigentlich? (Mehr dazu finden Sie in unserem Buch »Das Unternehmen im Kopf. Storytelling und die Kraft zur Veränderung«.) Das Beispiel zeigt, dass es offenkundig auch für Unternehmen schwierig ist, alles mit einem argumentativ-quantifizierenden Denken zu beschreiben und zu vermitteln. Auch das »Image« einer Organisation erschöpft sich offenkundig nicht in der Aufreihung bestimmter Daten und Fakten. Marken werden nicht einfach dadurch beworben, dass man Preise und Produktfeatures auflistet. Die Werte eines Unternehmens, seine Ziele, sein Spirit und seine Leitideen lassen sich nicht befriedigend durch eine bloße Aufzählung von entsprechenden Substantiven und Aussagesätzen kommunizieren. Interessanterweise kommen in solchen Kontexten seit jeher Geschichten zum Einsatz: Gründer

Gründer brauchen eine Story.

brauchen natürlich eine Geschäftsidee, aber sie brauchen auch eine Story, um Investoren, Stakeholdern und Mitarbeitern zu vermitteln, wohin der Weg führen soll. Organisationen definieren sich auch über ihre Geschichte, wenn sie andere für ihre Arbeit und ihre Ziele begeistern wollen. Offenbar gibt es also auch in Unternehmen zwei Arten, über die Realität zu kommunizieren: eine rein faktisch-argumentierende und eine narrative.

Zwei Arten, zu denken

Schon in den 80er Jahren des letzten Jahrhunderts hat der in New York und Harvard lehrende Psychologe Jerome Bruner diese beiden Herangehensweisen an die Wirklichkeit untersucht und die beiden zugrunde liegenden Denkweisen als »logisch-wissenschaftliches« beziehungsweise »argumentatives« Denken einerseits und »narratives« Denken andererseits beschrieben (Bruner 1986). Beide Arten zu denken liefern einen jeweils unterschiedlichen Zugang zur Welt, und beide sind notwendig, um die Welt, in der wir leben, verstehen und in ihr handeln zu können. Bruner macht dabei ganz deutlich, dass diese beiden Denkweisen nicht gegeneinander austauschbar sind: Eine Geschichte ist nicht nur eine andere, vielleicht nettere Art, etwas auszudrücken, was ich auch rein argumentativ ausdrücken könnte. Umgekehrt ist eine Geschichte nie vollständig übersetzbar in eine logische Schlussfolgerung oder eine Kette von Argumenten: Eine Geschichte ist immer mehr als die Menge an Fakten, die in ihr stecken. Und Bruner macht auch klar, dass wir beide Arten zu denken brauchen, wollen wir uns in der Welt erfolgreich orientieren und bewegen. Denn mit dem argumentativen Denken erfassen wir die Fakten und die allgemeinen Regeln und Gesetze der Welt, mit dem narrativen Denken schaffen wir Zusammenhänge, Sinn, Orientierung und Visionen für die Zukunft. Mit dem logisch-wissenschaftlichen Denken hat die Menschheit die Gesetze der Schwerkraft entdeckt, mit Geschichten wie der von Ikarus und Daedalus hielt sie den Traum vom Fliegen wach – bis es gelang, ihn zu verwirklichen. Das argumentative Denken brauchen wir, um die vielen kleinen und großen Herausforderungen des Alltags – den Umgang mit Geld, die Aufgaben, die unsere Berufstätigkeit uns stellt, oder die Planung eines Urlaubs – zu bewältigen. Das narrative Denken setzen wir dann ein, wenn wir uns die Frage beantworten wollen, welchen Sinn das hat, was wir tagtäglich tun: Wenn ich erst einmal dies oder das erreicht habe, dann … – und schon sind wir mitten in einer Geschichte.

Mit dem narrativen Denken schaffen wir Sinn, Orientierung und Visionen.

Historisches Ungleichgewicht

In unserer westlichen Kultur hat sich in den letzten Jahrhunderten in vielen Bereichen das Gleichgewicht zwischen den beiden Denkarten zuungunsten des narrativen Denkens verschoben. Unter anderem auch die Abläufe in der Wirtschaft und in Unternehmen wurden und werden als ein reiner Hort des argumentativen Denkens, von Zahlen, Daten, Fakten und Schlussfolgerungen gesehen. Das Einzige, das dabei immer wieder zu stören scheint, ist der Kunde oder der Mitarbeiter: die Menschen mit ihren Träumen, Vorstellungen, Visionen und Lebenszusammenhängen, ohne die es kein Unternehmen gäbe. Deshalb ist das zunehmende Interesse, das man seit einigen Jahren an Storytelling in Unternehmen beobachten kann, weit mehr als nur eine

Storytelling ist die Wiederentdeckung der anderen Seite des Denkens.

neue Managementmode: Es ist die Wiederentdeckung der fehlenden anderen Seite des Denkens, die Wiederentdeckung des narrativen Denkens – weil man zunehmend merkt, dass man mit der rein argumentativen Art des Denkens an Grenzen gestoßen ist.

Die Tradition des narrativen Denkens

Wenn wir von einer Wiederentdeckung des Erzählens sprechen, dann deshalb, weil das narrative Denken keine neue Erfindung ist – sondern eine der ältesten. Die früheste Hochkultur der Menschheit, die der Akkader und Sumerer im heutigen Irak, hat uns zwei Arten von Texten überliefert, in Keilschrift auf Tontäfelchen geschrieben: einerseits Lagerlisten, Handelsbriefe, Kaufverträge und Ähnliches, andererseits Geschichten. Beide Arten zu denken waren also von Anfang an vorhanden, beide wurden für wert befunden, auf Tontäfelchen mühevoll aufgezeichnet und konserviert zu werden.

Die ältesten Geschichten der Menschheit, die Mythen, hatten sogar eine ganz besondere Bedeutung für die Kultur: Sie deckten zu großen Teilen all das ab, was wir heute Wissenschaft, Religion, Ethik oder Recht nennen. Das Gilgamesch-Epos der Sumerer, der älteste mythische Text, den wir kennen, beschreibt etwa die Reise des Königs Gilgamesch durch die gesamte damals bekannte Welt, vom Libanon zum persischen Zagros-Gebirge und sogar in die Unterwelt, ins Reich der Toten und der Götter: Der Leser oder Zuhörer des Epos bekommt also dabei eine Geografiestunde, er lernt die Welt kennen. In der Geschichte treten auch immer wieder die Götter auf und bekunden ihren Willen: Der Leser erfährt, was sie wollen und wie man sich ihnen gegenüber verhält – religiöse Belehrung. Zu Beginn des Epos nutzt Gilgamesch seine Stärke und seine Macht rücksichtslos aus, indem er das »Recht der ersten Nacht« mit jeder jungen Frau im Reich fordert. Die Götter heißen dieses Verhalten nicht gut und erschaffen aus Lehm Enkidu, einen Mann, der ebenso stark ist wie Gilgamesch und dessen Treiben Einhalt gebieten kann: Dem Leser wird ein ethisches Verhaltensmodell vermittelt, ihm wird klar, was gut und was böse ist. Und natürlich, so ganz nebenbei, ist diese Geschichte auch sehr unterhaltsam.

Im Lauf der Jahrhunderte differenzierten sich dann, vor allem in der griechisch-römischen Kultur, Wissenschaft und Religion als eigenständige Bereiche aus dem Mythos heraus. Eine Differenzierung, die bis in unsere Zeit so weit vorangeschritten ist, dass das Erzählen manchmal wie die leere Hülle angesehen wird, die aus grauer Vorzeit übrig geblieben ist – und der als einzige verbliebene Aufgabe die Unterhaltung zugeschrieben wird. Überall dort, wo »ernste Männer bei der Arbeit« waren, so schien es lange, hatte das Erzählen nichts zu suchen; wenn überhaupt, wurde es in Unternehmen und Instituten als störendes Palaver in den Kaffeeküchen wahrgenommen.

Doch das Erzählen ist immer lebendig geblieben; Hollywood ist ja nichts anderes als eine gigantische Maschine zum Erzeugen von Geschichten. Und diese Geschichten, auch wenn wir sie nur als Unterhaltung konsumieren, haben einen Einfluss darauf, wie wir die Welt sehen – und haben damit ein wenig von der Funktion des Mythos bewahrt.

Das Erzählen ist immer lebendig geblieben.

Geschichten sind überall

Es gibt keine menschliche Kultur ohne Geschichten, ohne sehr viele Geschichten. Der französische Drehbuchautor Jean-Claude Carrière, der mit Luis Buñuel, Jean-Luc Godard oder Milos Forman gearbeitet hat, erzählt von einer Begegnung mit einer Gruppe von Ethnologen am Flughafen von Kalkutta. Diese hatten gerade ein mehrjähriges Forschungsprojekt in einem Dorf im indischen Bundesstaat Radjasthan abgeschlossen. Es bestand darin, dass sie in diesem Dorf mit etwa 300 bis 400 Einwohnern ausnahmslos alle Geschichten sammelten, die die Menschen dort kannten. Als sie das Resümee zogen, stellten sie überrascht fest, dass die Menschen dort, von denen die meisten Analphabeten waren, ihnen über 17.000 Geschichten erzählt hatten. Die Hälfte davon waren Geschichten über alltägliche Begebenheiten, die ihnen oder ihren Vorfahren widerfahren waren: ein Brand, ein Schlangenbiss, ein Unfall. Die andere Hälfte bestand aus historischen Erzählungen (zum Beispiel darüber, was die Engländer vor der Unabhängigkeit Indiens alles getrieben haben), Geschichten aus der My-

17

thologie, aus religiösen Kontexten und Märchen. »Wie Regenwürmer, die – so heißt es – die Erde düngen, die sie blind durchgraben, gehen die Geschichten von Mund zu Mund und erzählen, was anders nicht erzählt werden kann. Sie stillen ein uraltes Bedürfnis, das bislang durch nichts zerstört werden konnte«, fasst Carrière zusammen (Carrière 1999, Seite 128). Wenn wir in Storytelling-Projekten in Unternehmen Geschichten sammeln, sind die Mitarbeiter und Führungskräfte meist ähnlich überrascht wie die Ethnologen über die Vielzahl von Geschichten über den Arbeitsalltag, die erzählt werden. Und auch diese Geschichten drücken aus, was sonst nicht kommuniziert werden kann, was in den vom argumentativen Denken geprägten Kommunikationsroutinen des Unternehmens keinen Platz hat: Was die Menschen an Sinn und Unsinn in ihrer Arbeit erfahren und was das für Auswirkungen auf ihr Denken und Handeln im Unter-

Geschichten drücken aus, was sonst nicht kommuniziert werden kann.

Narratives und argumentatives Denken

Was unterscheidet das narrative vom argumentativen Denken, was sind die Stärken und was die Schwächen der jeweiligen Art zu denken? Nach den Forschungen von Jerome Bruner und unseren eigenen Beobachtungen lassen sie sich folgendermaßen zusammenfassen:

Narratives Denken ...	Argumentatives Denken ...
... geht aus von (tatsächlichen oder möglichen) Ereignissen und tendiert daher zur Konkretisierung	... geht aus von Daten und Theorien und tendiert daher zur Abstraktion
... enthält immer eine ganze Welt und stellt Zusammenhänge zwischen Fakten, Emotionen, Rahmenbedingungen, Einstellungen, Handlungsweisen etc. her	... konzentriert sich auf Einzelheiten und Teilaspekte und stellt Zusammenhänge zwischen Fakten und anderen Fakten her
... eröffnet Möglichkeiten	... schafft Tatsachen

nehmen hat. Insofern ist das narrative Denken auch in Unternehmen immer präsent – die Frage ist, ob man seinen Stellenwert ernst nimmt und die Potenziale, die in ihm liegen, nutzt.

Denken in Geschichten schafft Konkretisierung

Die Grundlage jeder Geschichte ist ein Ereignis, ein Erlebnis, irgendetwas, was geschehen ist oder geschehen könnte (wenn auch vielleicht in einer Welt, in der andere Gesetze gelten als in unserer, wie etwa in fantastischen Erzählungen oder in der Sciencefiction). Eine Geschichte ist daher immer konkret: Sie erzählt von konkreten Personen, die sich in einem ganz bestimmten Umfeld bewegen und ganz bestimmte Dinge tun. Argumentatives Denken dagegen nimmt Fakten und theoretische Überlegungen zum Ausgangspunkt und tendiert daher zur eher abstrakten Beschreibung von Sachverhalten.

Eine Geschichte ist immer konkret.

Ein Beispiel: Ein Unternehmen plant, ein neues Handy einzuführen. Das argumentative Denken sammelt Zahlen und Daten über den Markt, die Zielgruppen, über Distributionskanäle, führt Überlegungen zur Preispolitik durch etc. Und natürlich ist auch die gesamte technische Produktentwicklung ein Hort des argumentativen Denkens. Und trotz all dieser Mühen geschieht es nicht selten, dass ein Produkt ein Flop ist, die Kunden nicht so reagieren, wie es die Zahlen prognostiziert haben. Natürlich, absolute Sicherheit über den Erfolg eines Produkts wird es nie geben. Dennoch ist es sehr häufig von großem Nutzen, im gesamten Prozess immer wieder das narrative Denken »dazuzuschalten«. Das beginnt bei der Produktentwicklung. Erzählen Sie auf der Basis der Produktidee eine Geschichte, wie der Kunde mit dem Handy umgeht; das Produkt (das es noch gar nicht gibt, aber in Geschichten ist so etwas ja möglich) wird dabei in die ganz konkrete Lebenswelt eines Kunden versetzt. Gibt es Produktfeatures, zu denen Ihnen keine Geschichten einfallen? Fallen Ihnen beim Erzählen Bedürfnisse dieses Kunden auf, die quer zu den Produktfeatures liegen?

In vielen Prozessen ist es von Nutzen, das narrative Denken »dazuzuschalten«.

Oder: Lassen Sie konkrete Menschen von ihren Erfahrungen mit Handys, mit dem Telefonieren und Kommunizieren allgemein erzählen. Sie werden in diesen Geschichten wertvolle Hinweise für die Positionierung (und vielleicht sogar für die Entwicklung) des Produkts bekommen.

Innovative Unternehmen arbeiten schon mit dem narrativen Denken: Sie entwickeln *Consumer Cases,* also Geschichten über ganz bestimmte Anwendungsfälle in konkreten Zielgruppen des Produkts. Im Zusammenspiel von argumentativem und narrativem Denken wird so der Erfolg eines Produkts auf eine wesentlich breitere Basis gegründet.

Denken in Geschichten stellt umfassende Zusammenhänge her

Argumentatives Denken hat es in erster Linie mit Fakten zu tun. Auch eine Geschichte erzählt natürlich von ganz bestimmten Fakten, aber sie setzt sie mit ihrem Umfeld in Beziehung. In einer Geschichte über ein Softwareprojekt kommen zwar auch die Fakten (Programmierung, Tests etc.) vor, aber dazu auch das, was sich die Beteiligten gedacht, was sie gefühlt haben (»da habe ich mich geärgert, dass ...«), die Rahmenbedingungen des Unternehmens, in dem das Ganze stattfindet, und vieles mehr: Wer eine Geschichte erzählt, stellt automatisch immer eine ganze »Welt« mit ihren unterschiedlichen Aspekten dar. Die Fakten werden damit in die Zusammenhänge gestellt, in denen sie bei der tatsächlichen Arbeit auch stehen. Häufig liefern Geschichten »unter der Oberfläche« auch Erklärungsmuster, warum bestimmte Prozesse so und nicht anders abgelaufen sind. Das rein argumentative Denken betrachtet die Fakten dagegen isoliert oder lediglich in vordefinierten Zusammenhängen.

Ein Beispiel: In einem Werk für Haushaltsgeräte sollen die Organisation und die Ablaufprozesse der Produktion verändert werden. Das argumentative Denken ist natürlich voll beschäftigt mit dem Sammeln von Daten, dem Analysieren von Prozessen, dem Entwickeln von Abläufen. Schließlich ist es so weit: Die neuen Prozesse werden umgesetzt. Doch nach einiger Zeit stellt man fest, dass die Produktivität weit hinter den Erwartungen zurückbleibt. Nach langer Ursachenforschung findet man heraus, dass es zwischen zwei Arbeitsschritten bisher immer einen kurzen Akt der Kommunikation beim Weitergeben des Werkstücks gegeben hatte: Man rief sich irgendwelche Codes zu. Diese Kommunikation war so kurz und scheinbar unbedeutend, dass keiner der Arbeiter bei Befragungen sie der Erwähnung wert gefunden hätte. Im neuen Prozess waren die beiden bisher beieinander liegenden Arbeitsschritte getrennt worden; die Kommunikation konnte nicht mehr stattfinden. Das bedeutete aber, dass sich Mitarbeiter die Kennzahlen aus einem Computer besorgen mussten; und das dauerte sehr viel länger als das frühere Zurufen. Genau hier lag die Effizienzlücke. Hätte man während der Prozessplanung nicht einseitig auf das argumentative Denken vertraut, sondern auch das narrative mit einbezogen und die Mitarbeiter von ihren bisherigen Arbeitsprozessen und Abläufen erzählen lassen, dann wäre sicher auch die Wichtigkeit der Kommunikation im Zusammenhang des Gesamtprozesses zur Sprache gekommen.

Wir erleben bei unserer Arbeit immer wieder, dass durch das Denken in Geschichten Größen wie Emotionen, Denkgewohnheiten und Denkmuster der Mitarbeiter oder Rahmenbedingungen, die scheinbar nichts mit dem Projekt zu tun haben, sichtbar werden und in die Planung mit einbezogen werden können. Erst im Zusammenwirken von argumentativem und narrativem Denken bekommt man einen adäquaten Zugang zu den Zusammenhängen, die Einfluss auf Erfolg oder Misserfolg eines Projekts haben.

Denken in Geschichten eröffnet Möglichkeiten

Besonders wichtig wird das narrative Denken aber immer dann, wenn es um das Ausloten neuer Möglichkeiten, um Visionen, um die Beschäftigung mit dem (noch) nicht Realen geht. »Was wäre, wenn …« ist die Frage, die jeder Erfindung, jeder Innovation vorangeht. Und auf diese Frage folgt eine Geschichte: »Dann wäre dies so oder so, … und wir könnten dies oder jenes tun …« Wenn man diese Geschichte, diese Vision entwickelt hat, dann muss natürlich auch das argumentative Denken zu seinem Recht kommen: Es muss prüfen, wie man das Ziel erreichen kann, welche Schritte dafür notwendig sind. Man sollte sich dabei jedoch nicht allzu früh auf das Argument einlassen, das sei

Narratives Denken lotet neue Möglichkeiten aus.

21

Wer etwas Neues schaffen will, muss erst einmal dem narrativen Denken die Oberhand lassen.

doch sowieso alles nicht realisierbar: Wer wirklich etwas Neues schaffen will, muss erst einmal dem narrativen Denken die Oberhand lassen; das argumentative Denken soll sich ruhig erst einmal damit abmühen, zu untersuchen, wie die Geschichte Realität werden könnte. Wenn man das argumentative Denken zu früh zum Chef macht, dann kann eine gute Idee sehr schnell gekillt werden: Denn immer sprechen irgendwelche Fakten gegen das Neue.

Der Wissenschaftshistoriker Thomas S. Kuhn hat festgestellt, dass viele bahnbrechende wissenschaftliche Entdeckungen von relativ jungen Wissenschaftlern gemacht wurden: Einstein, Heisenberg, Gödel, sie alle waren noch unter 30, als sie ihre entscheidenden Aufsätze publizierten (Kuhn 2002). Und warum? Nicht etwa, weil junge Menschen grundsätzlich leistungsfähiger wären. Nein, Kuhn vermutet, dass sie deshalb Neues denken konnten, weil sie noch nicht alle Fakten der bisherigen Theorien so stark internalisiert hatten, dass diese ihrer Kreativität im Wege standen. Tatsächlich sprach am Anfang aus der Sicht älterer Professoren sehr viel gegen Heisenbergs Quantenmechanik – sie kannten Daten, die der junge Forscher einfach nicht in Rechnung gezogen hatte. Doch Heisenberg glaubte an seine Idee, und nach und nach gelang es ihm, die Probleme in seiner Theorie zu lösen. Hätte er von Anfang an alle Daten und Fakten gekannt und mit einbezogen, hätte er die »Erfindung« der Quantenmechanik vielleicht sofort entmutigt aufgegeben.

»Im Anfänger-Geist gibt es viele Möglichkeiten, im Geist des Experten nur wenige«, schreibt der Zen-Meister Shunryu Suzuki (Suzuki 2001, Seite 22). Damit meint er genau das oben Beschriebene: Der Experte weiß immer schon, was geht, was nicht geht, und vor allem, wie es geht. Der Anfänger dagegen geht unbefangen an die Dinge heran und probiert erst einmal aus, was geht. Der Anfänger denkt sich erst einmal eine Geschichte aus und versucht dann, sie Wirklichkeit werden zu lassen. Dazu nimmt er dann die Experten zur Hilfe.

Denken in Geschichten hilft, den Anfänger-Geist zurückzugewinnen.

Das Denken in Geschichten kann uns helfen, immer wieder etwas von diesem Anfänger-Geist zurückzugewinnen, indem wir einfach erzählen, wie es – auch wenn es unserem Experten-Geist unwahrscheinlich erscheint – anders sein könnte. Denn letztlich sind Geschichten die Quelle, aus der sich Kreativität und Innovation speisen.

Narratives und argumentatives Denken: Nicht entweder – oder, sondern sowohl – als auch

Nur wenn beide Arten des Denkens zum Tragen kommen, ist erfolgreiches Handeln – im Unternehmen ebenso wie in vielen anderen Lebensbereichen – möglich. Einseitig argumentatives Denken ist in Gefahr, wichtige Realitätsbereiche auszugrenzen und zudem in seinen Fakten zu erstarren, nicht Neues mehr zu schaffen, Zusammenhänge und Wirkfaktoren auszublenden, die man einfach nicht »auf der Rechnung« hatte. Einseitig narratives Denken würde ebenso wichtige Realitätsbereiche ausgrenzen und wäre in Gefahr, sich im luftigen Raum der Geschichten und der Möglichkeiten ohne Anbindung an die Realität zu verzetteln.

Nur mit beiden Arten des Denkens ist erfolgreiches Handeln möglich.

STORYTELLING-TIPP: NARRATIVES DENKEN TRAINIEREN

Im argumentativen Denken sind wir alle schon ziemlich trainiert. Wir schlagen Ihnen vor: Üben Sie sich zum Ausgleich in nächster Zeit im narrativen Denken. Erzählen Sie das Projekt, in dem Sie gerade stecken, als eine Geschichte. Was fällt Ihnen dabei auf? Wie wird sie weitergehen? Oder wenn Sie an Ihr Unternehmen denken: Wenn Sie seine Entwicklung als Reisegeschichte erzählen, in welchem Abenteuer steckt es da gerade? Oder hören Sie den Geschichten zu, die Ihre Kollegen und Mitarbeiter erzählen – und erzählen Sie selbst Geschichten, um Ihre Ideen zu vermitteln, Wissen auszutauschen, Botschaften zu übermitteln. Kurz: Denken Sie narrativ. Viele Anregungen dazu finden Sie im weiteren Verlauf dieses Buches.

Storytelling als wertschätzende Kommunikationsform

*Mit unserer Kommu-
nikation verfolgen wir
Absichten.* ▬

Wenn wir kommunizieren und uns dabei gleichzeitig bewusst sind, dass wir kommunizieren, dann geschieht das absichtsvoll: Auf die ein oder andere Weise wollen wir unser Gegenüber beeinflussen. Egal, ob wir möchten, dass andere Menschen überhaupt Notiz von uns nehmen, uns wohlgesonnen sind, ob wir sie warnen wollen oder ihnen gar Anweisungen und Befehle erteilen. Mit jeder Kommunikation geht auch eine mehr oder weniger klare Vorstellung davon einher, wie die Kommunikationspartner reagieren sollten. Selbst die alltäglichste und konventionellste Kommunikation, ein einfaches »Guten Tag«, ist noch verknüpft mit der Erwartung, der Angesprochene möge unseren Gruß erwidern.

Kommunikation ist mehr als die Übermittlung von Sachinhalten

*Bei der Kommuni-
kation geht es nie nur
um die Sache.* ▬

Es geht also bei der Kommunikation nie ausschließlich um den reinen Sachaspekt, die »Weitergabe von Informationen« (was ohnehin nicht mehr als eine Metapher ist), sondern immer auch – und nicht selten sogar vornehmlich – um zwischenmenschliche Phänomene vielfältiger Art. Der Kommunikationspsychologe Friedemann Schulz von Thun hat diese Multidimensionalität in folgendem Modell zusammengefasst, das wir auf der nächsten Seite in leicht veränderter Form wiedergeben (Schulz von Thun 2003).

Das Modell macht sehr anschaulich klar, dass der Sachinhalt der Äußerung nur einen Teil der Botschaft ausmacht, wenn wir mit anderen kommunikativ in Beziehung treten.

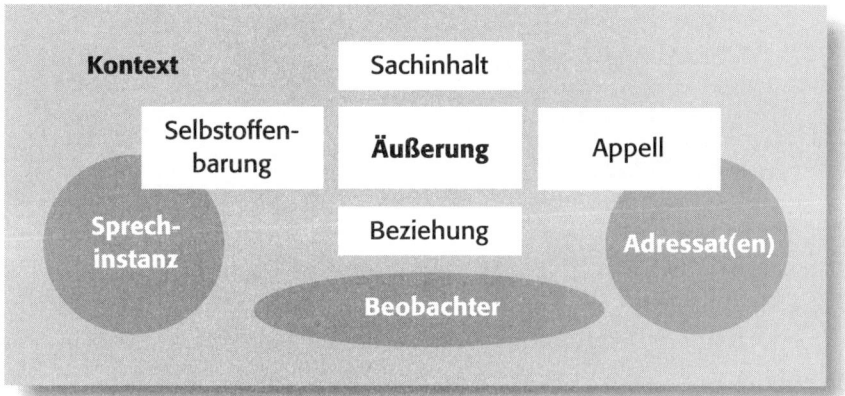

Abb. 1: Die vier Seiten der Kommunikation nach Friedemann Schulz von Thun

Wer sich äußert, zeigt immer auch etwas von sich selbst

Da ist einerseits der Aspekt der Selbstoffenbarung: Wer sich äußert, zeigt damit beispielsweise auch, was er weiß oder nicht weiß, inwieweit er den entsprechenden sozialen Code beherrscht oder nicht, wie er Sachverhalte bewertet und so fort. Nehmen wir wieder das einfache Beispiel des Grüßens: Wer um die Mittagszeit mit einem fröhlichen »Guten Morgen« auf den Lippen den Bäckerladen betritt, wird dabei unter Umständen als »Langschläfer« interpretiert, gleich, ob dies nun zutrifft oder nicht. Das »Risiko«, interpretiert zu werden, dem anderen Schlüsse über das eigene Selbst zu erlauben, geht jeder ein, der kommuniziert – es ist schlicht unumgehbar. Auch nicht durch konsequentes Schweigen, denn dann wiederum wird man zumindest als »seltsam« oder »schwierig« wahrgenommen werden. Was immer man auch tut: Man kommuniziert.

Was immer man auch tut, man kommuniziert.

Kommunizieren heißt immer auch: In Beziehung treten

Ähnliches gilt für den Beziehungsaspekt: Der andere schweigt, wo er doch reden sollte oder könnte, folglich ignoriert er mich, mag mich nicht, will mich ausschließen. Wenn aber gesprochen wird, geht es

Es geht immer auch um Beziehung. ▬

immer auch um Beziehung – und dazu muss »Beziehung« durchaus kein ausdrückliches Thema in den Äußerungen sein, die in der Kommunikation ausgetauscht werden. Das fängt bei der Wahl des Personalpronomens an – du/ihr oder Sie – und geht hin bis zur Sachebene: Wer mir Informationen offenbart oder Einblicke in sein Innenleben gewährt, signalisiert mir damit Vertrauen und macht damit auch ein Beziehungsangebot. Dabei wird natürlich der Kontext der Äußerung, die gesamte Kommunikationssituation, äußerst wichtig: Welche Rolle hat der Andere – so macht es durchaus einen Unterschied, ob mich der Chef ins Vertrauen zieht oder ein Kollege –, wer ist noch mit dabei, wie formell oder informell ist der Rahmen etc.

Wer kommuniziert, will etwas erreichen

Kommunikation ist mit Handlungserwartungen verknüpft. ▬

Und schließlich die Dimension des Appells. Wie gesagt, Kommunikationen sind mit Handlungserwartungen verknüpft, mal schwächer, mal stärker. Schulz von Thun bringt dazu das Beispiel eines Ehepaars im Auto, das vor der Ampel hält. Die Frau sitzt am Steuer. »Es ist grün!«, sagt der Mann. Eine reine Sachinformation? Sicher auch eine implizite Aufforderung, loszufahren, so Schulz von Thun. Jedenfalls braucht eine appellative Äußerung durchaus nicht im Imperativ zu stehen. Wie stark der Aussagesatz »Es ist grün« als angemessene oder unangemessene Handlungsanweisung aufgenommen wird, hängt von vielen einzelnen Faktoren ab, etwa von Tonfall und Lautstärke, aber auch vom Kontext: Stehen wütend hupende Verkehrsteilnehmer hinter dem Fahrzeug des Paares? Was und wie wurde vorher gesprochen, gab es Streit oder Eintracht? All das wirkt natürlich wieder auf die Beziehungsfunktion und die Selbstoffenbarungsdimension zurück – die Äußerung im Kontext könnte beispielsweise den Mann als ungeduldigen Nörgler entlarven, der sich seiner Frau haushoch überlegen fühlt und ihr immer wieder zeigen muss, wie lebensuntüchtig sie ist, völlig verloren ohne seine paternalistische Fürsorge. Der Sachinhalt wäre dann gegenüber all diesen Aspekten der marginalste Teil der Kommunikation – und er ist es wohl auch häufig genug in den internen Kommunikationen von Unternehmen, selbst (und oftmals gerade dann) wenn sie sich an der Oberfläche durch Präsentationsform, Kontext und Tonfall betont sachlich geben.

Storytelling als eigenständiger Kommunikationstyp

Wie verhält es sich nun aber, wenn die Äußerung nicht aus Aussagesätzen, Fragen, Imperativen besteht, sondern wenn es sich bei der Äußerung um eine Geschichte handelt? Lässt sich Storytelling im Hinblick auf die vier Kommunikationsdimensionen des Modells als ein bestimmter Typus von Kommunikation ansehen? Schauen wir uns das Erzählen im Hinblick darauf einmal genauer an.

Nehmen wir an, jemand erzählt in einem bestimmten Kontext – einer Besprechung, Versammlung, einem Workshop – in der Organisation eine »Geschichte aus dem Feld«, eine Geschichte also, die er selbst oder jemand anderer erlebt hat. Die Geschichte wird ohne weitere Ergänzungen – das Anhängen einer Deutung durch den Erzähler, einer Moral oder Conclusio – erzählt. Wenn die Geschichte nicht absolut trivial ist, wird der Sachinhalt der Äußerung umfangreich sein. Ist die Geschichte gut gebaut, so wird durch die Verknüpfung der Elemente, die Einbettung der Handlung in ihren Kontext, eine Komplexität erzeugt, die die Äußerung sogar zu einer hoch informativen Angelegenheit werden lässt.

Gleichzeitig fungiert die Geschichte als ein Beziehungsangebot: Das Erzählen eines Prozesses, einer Lösungsfindung oder auch des Offenbarwerdens eines Problems, das die Zuhörenden nachvollziehen können, ist auch die Einladung an die anderen, Vergleiche zu ihrem eigenen Erleben zu ziehen, sich ihrerseits zu äußern, mit eigenen Erfahrungen und Geschichten an die Erzählung anzuschließen. Das Erzählen produziert an dieser Stelle also Offenheit, es signalisiert die Bereitschaft zum Dialog. Da die Geschichte aus dem Feld mit Erfahrungen und Erfahrungswissen operiert, mit Kontexten, die der Zuhörende kennt oder die für ihn wenigstens anschlussfähig sind, schafft sie, zumindest für die Dauer dieser Kommunikationssituation, Gleichheit zwischen den Kommunikationspartnern. Denn wenn es um Erfahren, Erleben, Beobachten geht, ist zunächst einmal jeder Experte

Erzählen signalisiert Bereitschaft zum Dialog.

und kann (s)eine Geschichte beitragen, die wiederum sehr relevant für das Weitere werden kann. Offenheit herrscht beim Erzählen außerdem hinsichtlich der genauen Thematik der Kommunikation: Zwar wird durch die Geschichte ein Themenbereich abgesteckt, ein Rahmen gesetzt, aber die Sachebene wird nicht bis ins Detail vorgegeben. Die Adressaten können eigene Schwerpunkte entdecken, bestimmte Aspekte herausheben. Die Kommunikation mit Hilfe einer Geschichte ist »eng« genug, um Orientierung zu geben und einen bestimmten Themenbereich zu setzen, andererseits aber auch »weit« genug, um verschiedene Sichtweisen und Fokussierungen im Umfeld der Thematik zuzulassen.

Storytelling ermöglicht Kommunikation »auf Augenhöhe«

Beim Erzählen rücken Hierarchien in den Hintergrund.

Wenn Sie die Kommunikationsform »Erzählen« wählen, signalisieren Sie also eine Einladung zum Miteinander: miteinander nachdenken, Erfahrungen austauschen, reflektieren – Sie machen ein Beziehungsangebot. Hierarchische Beziehungsdimensionen (Wissende und Unwissende, Entscheider und Untergebene etc.) rücken zugunsten des Gemeinschaftsaspektes in den Hintergrund. Es entsteht Kommunikation »auf Augenhöhe«. Damit ergibt sich aber auch, dass die Appellfunktion einer Story schwach ausgeprägt ist: Eine Geschichte – wenn sie nicht in der Form einer Fabel, einer didaktischen Erzählung daherkommt – enthält keine Handlungsanweisungen, keine Befehle, keine unmittelbare Aufforderung, bestimmte Schlüsse und Konsequenzen zu ziehen. Wobei nicht verschwiegen werden soll, dass es bestimmte Kontexte gibt, in denen mit der Äußerung eines bestimmten Typus von Geschichten auch feste Erwartungen an die Reaktion der Adressaten verknüpft sind: Man sollte zum Beispiel schon tunlichst »betroffen« reagieren, wenn in bestimmten Gruppen wieder einmal erzählt wird, wie »schlimm« es auf der Welt zugeht. Aber um diesen Typus der Verwendung von Geschichten geht es nicht, wenn hier von »Storytelling« die Rede ist.

Storytelling schafft Unmittelbarkeit

Bleibt der Aspekt der Selbstoffenbarung. Wer in einem Unternehmen oder einer Organisation Storytelling praktiziert, zeigt natürlich allein schon durch die Wahl der Kommunikationsform, dass er eine bestimmte Art des Dialogs und der Beziehung für möglich und wünschenswert hält. Die »Sprechinstanz« nimmt für alle wahrnehmbar also eine bestimmte, »offene« Haltung ein. Die zweite Ebene der Selbstoffenbarung kommt natürlich durch die Wahl der Geschichte und auch durch die Art des Vortrags ins Spiel. Deutlich verstärkt wird der Aspekt der Selbstoffenbarung, wenn die Sprechinstanz sich entscheidet, eine »Ich-Erzählung« wiederzugeben, wenn also eine eigene Erfahrung erzählt (oder die Geschichte als selbst erlebte ausgegeben) wird. In diesem Falle sollte die Wahl also wohlüberlegt sein. Wer dazu neigen sollte, mit Geschichten zu operieren, um sich selbst anderen immer wieder als leuchtendes Vorbild zu präsentieren, wird in seinem

Wer erzählt, nimmt eine offene Haltung ein.

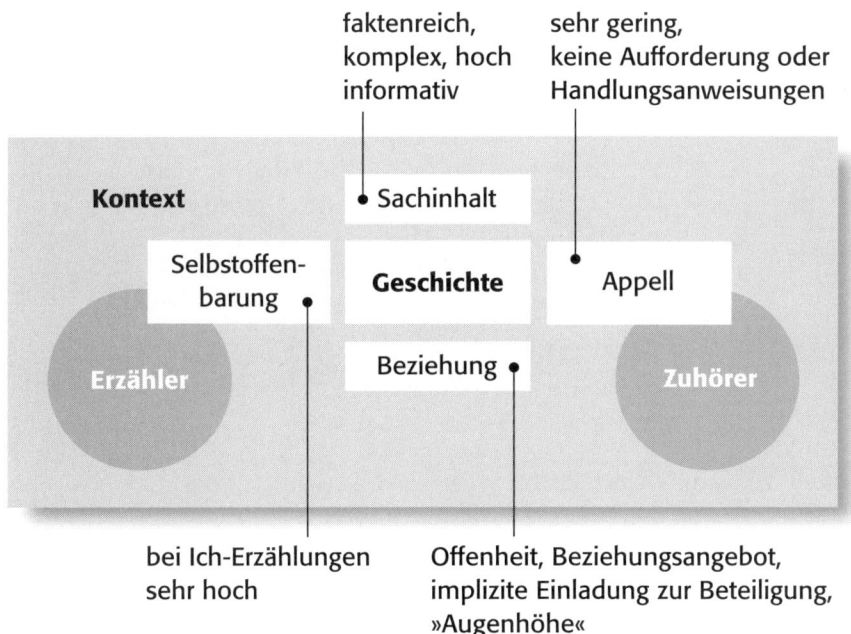

Abb. 2: *Die kommunikativen Dimensionen von Geschichten*

29

Umfeld wahrscheinlich auch als Geschichtenerzähler gelten, kann aber für sich nicht beanspruchen, Storytelling im Sinne dieses Buches zu praktizieren.

Zusammenfassend lässt sich Storytelling als Kommunikationsform und -haltung wiederum in Anlehnung an das Modell Schulz von Thuns wie oben darstellen.

Wir erzählen ein Erlebnis nicht nur, um andere über die Begebenheiten in unserem Leben zu informieren, sondern es spielen noch einige andere Motivationen mit. Wer erzählt, hat vielleicht auch den Wunsch nach Anerkennung, nach Mitleid oder Verständnis, er möchte sich interessant machen oder einen Standpunkt verdeutlichen. Unterschiedliche Erzähl-Anlässe, -Ziele und -Motivationen ergeben unterschiedliche Geschichten, auch über ein und dasselbe Erlebnis. In

Unterschiedliche Erzählanlässe ergeben unterschiedliche Geschichten.

Beispiel: Ein Paar erzählt Freunden vom gestrigen Abend

Sie: Also, wir waren gestern bei einer Musical-Premiere in der Olympiahalle.

Er: Wir hatten Ehrenkarten!

Sie: Man hat ein Potpourri aufgeführt, also aus jedem Musical etwas.

Er: Die Firma hat uns auch das Vier-Sterne-Hotel bezahlt!

Sie: Das war schon interessant zu sehen, dass die Stoffe der einzelnen Musicals inhaltlich so ähnlich sind.

Er: Wir hatten hervorragende Plätze, man konnte praktisch die Schweißperlen des Moderators sehen!

Sie: Die aufwändigen Kostüme, das Publikum, in gewisser Weise ist das Musical heute an die Stelle der Operette getreten.

Er: Danach haben wir vom Buffet kaum was abbekommen, denn wir mussten uns mit jedem unterhalten, Anna kennt ja jeden.

(Einwurf des zuhörenden Paares: Jetzt lass Anna doch mal in Ruhe erzählen!)

Er: Ja stimmt, erzähl doch mal, dass dein Chef uns danach noch ins P1 eingeladen hat!

unserem Beispiel wollte Anna, die in der Musical-Branche arbeitet, vielleicht eine Diskussion darüber einleiten, ob Musicals nun zur »Kunst« oder zur »Alltagskultur« zu rechnen sind. Ihr Partner legte Wert darauf, dass die Zuhörer erkennen, wie wichtig seine Frau ist, dass sie jeden kennt und jeder sie kennt, dass sie ihrer Firma viel wert ist. Hätten die beiden getrennt erzählt, wäre ihr gemeinsames Erlebnis wahrscheinlich zweimal ganz unterschiedlich wiedergegeben worden.

Mit Geschichten Beziehung herstellen

Die Übersicht über die kommunikativen Dimensionen von Geschichten zeigt, dass es im Storytelling vor allem um zwei Dimensionen der Kommunikation geht: die Herstellung von Beziehung und die Beschäftigung mit einem relevanten Sachthema. Vergessen wir beim Erzählen auch nicht den Zuhörer, der nicht nur seine Ohren benutzt, wenn er zuhört, sondern auch seinen Verstand, seine Phantasie, seine Gefühle, seine Vorerfahrungen und seine Weltsicht mitbringt. Die Zuhörer fragen sich auch, wer ihnen etwas erzählt, warum gerade jetzt, warum gerade das. Auch wenn man diese Facetten der Erzähler-Zuhörer-Beziehung ausblendet, wirken sie. Bezieht man dagegen die Zuhörer gedanklich mit in die Geschichte ein, wird er sie auch leichter annehmen.

Beim Storytelling geht es um Sachthemen und um Beziehungen.

Gute Geschichten sind eine Einladung zum Mitdenken

Die alten Märchenerzähler der slawischen und türkischen Tradition – professionelle Entertainer, die ihre Zuhörer in eine andere Welt entführten, so, wie es heute die Spielbergs und Jacksons mit ihren Filmen tun – bedienten sich einer besonderen Technik, um Phantasie und Vorstellungskraft ihrer Zuhörerschaft zu aktivieren und das Publikum optimal auf ihre Erzählungen einzustimmen: Sie leiteten ihre eigentliche Erzählung mit einer Art Vormärchen, dem sogenannten »Tekerleme« ein, um eine Art »Tabula rasa« in den Köpfen der Zuhörer zu erzeugen. Ein Beispiel für ein solches Tekerleme:

Tabula rasa in den Köpfen der Zuhörer.

Aus einem Guss, aus einem Fluss, drei Burschen krochen aus der Nuss, zwei davon sind nackt und bloß, einer ohne Hemd und Hos. In der Brusttasche des nackten Burschen fand ich drei Groschen. Die nahm ich und ging damit auf den Markt. (…) Ich kaufte eine Melone. Als ich sie aufschnitt, rutschte mein Messer hinein. Wie ich das Messer herausziehen will, plumpste meine Hand hinein. Wie ich meine Hand hinausziehen will, fiel ich selbst hinein. Ich hob den Kopf und schaute aus der Melone. Ein Mann kam vorbei und gab mir eine Ohrfeige. Mein Kopf riss ab und eilte zum Holzmarkt, um dort Zwiebeln und Knoblauch zu verkaufen. Ich lief hinterher – es gab einen Riesenstreit: »Du bist mein Kopf!« »Ich bin nicht dein Kopf!« (…) Wir brachten die Sache schließlich vor den Richter. … Es war einmal in alten Zeiten, da lebte ein Sultan, der hatte eine sehr schöne Tochter …
(Quelle: http://www.erzaehlen.de/faf.htm, Stand April 2006)

Das »Tekerleme« ist voller Widersprüche und Verrücktheiten und soll so den Zuhörer ein wenig aus seiner realen Welt lösen, um ihn in die Zauberwelt der Mythen und Märchen zu entführen.

Der Verstand des Zuhörers spielt also nicht die einzig wichtige Rolle beim Storytelling, das sich ja gerade nicht nur an das argumentative Denken wendet. Aber Storytelling, wie wir es verstehen, will die Menschen nicht weg von der Wirklichkeit, sondern hin zu realistischen Möglichkeiten führen. Die Beteiligten beim Storytelling in Unternehmen und Organisationen wollen etwas über die reale Welt hören oder zumindest etwas, das sie in dieser realen Welt gebrauchen können. Ein guter Storyteller bietet also auch und gerade dem Verstand etwas und vor allem, er unterschätzt und unterfordert seine Zuhörer nicht – vielmehr lädt er sie zum Mitdenken ein. Wer auf seine Geschichte und die Intelligenz seiner Zuhörer vertraut, wird nie restlos darüber aufklären, welchen Sinn seine Story hat, sondern dem »zuhörenden Verstand« etwas übrig lassen, was ihn beschäftigt und fordert. Durch eine Geschichte soll ein Thema mehr angeschnitten als vollkommen abgehandelt werden. Das anschließende Gespräch, die nächste Geschichte zum Thema, das Nachdenken darüber auf dem Heimweg oder am nächsten Tag sind ebenso wertvoll wie die Geschichte selbst. Bestenfalls wirft eine Geschichte also mehr Fragen

Storytelling führt die Menschen nicht weg von der Realität.

Eine Geschichte lässt auch dem »zuhörenden Verstand« etwas übrig.

auf, als sie beantwortet. Gute Geschichten sind eine Aufforderung zum Mitdenken und eine Anregung zum Nachdenken über das Ende der Erzählung hinaus. Nicht zuletzt deswegen sprechen wir ja auch vom »narrativen Denken«.

Gute Geschichten sind eine Anregung zum Nachdenken.

STORYTELLING-TIPP: DEN KOPF FREI MACHEN

Manchmal sind Diskussionen und Entscheidungsprozesse in Unternehmen rettungslos festgefahren: Immer und immer wieder werden die gleichen Zahlen und Daten hin und her gewendet, ohne dass man einer Lösung näher kommen würde. Versuchen Sie in einer solchen Situation doch einmal eine »abgeschwächte« Form des Tekerleme, um die Köpfe wieder frei zu machen. Damit meinen wir nicht, dass Sie »ungereimtes« Zeug erzählen sollen. Aber suchen Sie doch einmal in Ihrem Geschichten-Fundus: Fällt Ihnen eine Situation ein, in der die Diskussion ähnlich verfahren war? Und wie ist man damals auf die Lösung gekommen? Diese Situation muss nicht haarklein dieselbe sein wie die aktuelle: Es reicht, wenn es zumindest einige Berührungspunkte gibt. Erzählen Sie diese Geschichte in Ihrem Team, Ihrer Runde. Sie werden sehen: Allein schon durch das Erzählen brechen Sie für kurze Zeit die Grübel-Falle, in der alle stecken, auf – und machen den Kopf frei für neue Lösungen.

Storytelling: Realismus und Möglichkeitssinn

*»Wenn es einen Wirklichkeitssinn gibt,
muss es auch einen Möglichkeitssinn geben.«
Robert Musil*

Welche Geschichten sind nun eigentlich geeignet, eine offene, wissens- und erfahrungsorientierte Kommunikation in der Organisation anzustoßen oder Veränderungsprozesse zu initiieren? Woher nimmt man solche Geschichten, aus welchen Quellen können Sie sie schöpfen?

Storytelling operiert mit Geschichten aus dem Feld.

Wir haben bereits davon gesprochen, dass es beim Storytelling nicht um irgendwelche Geschichten geht. Storytelling im engeren Sinne operiert mit »Geschichten aus dem Feld«, mit authentischen Geschichten also, die an die Beobachtungen, Erlebnisse und Erfahrungen der Zuhörer anschließen. Alle Arten fiktiver Geschichten – gleich ob Märchen, Fabeln, Sagen, literarische Erzählungen – stehen dagegen nicht im Zentrum von Storytelling in unserer Sicht. Warum diese Grenzziehung?

Warum man in Organisationen keine »Märchen« erzählen sollte

Geschichten sollten anschlussfähig sein.

Wir wollen hier nicht die Verwendung fiktiver Geschichten in der Kommunikation innerhalb der Organisation diskreditieren oder grundsätzlich von ihr abraten. Natürlich kann es sinnvoll und nützlich sein, sich im Rahmen von Vorträgen, Reden, Diskussionen zum Beispiel auf Legenden oder literarische Geschichten zu beziehen. Am besten verwendet man dazu natürlich Storys, die mit hoher Wahrscheinlichkeit den meisten Zuhörern bekannt sind, denn auch hier ist Anschlussfähigkeit von Vorteil. Bei einer solchen Verwendung von Geschichten sollte man sich jedoch immer überlegen, warum man (ausgerechnet) diese Geschichte in genau diesem Zusammenhang einbringt, welchen Aspekt der Geschichte man wie auf das eigentliche Thema der eigenen Rede bezieht. Denn genau das ist die Gefahr bei der Verwendung solcher Geschichten: Sie sind in der Regel so komplex, so vielsagend,

34

so voller möglicher Bezüge, dass sie beim Zuhörer unterschiedlichste, nicht voraussehbare Assoziationen auslösen können. Wenn also der Einsatz einer solchen Geschichte mehr sein soll als eine bloße »Auflockerung« (immer mit dem Risiko, vom eigentlichen Thema wegzuführen), dann muss man die Analogie, von der man möchte, dass sie die Zuhörer ziehen, meist schon recht deutlich ausführen. Nehmen wir an, jemand spricht über die Gefahren von Datenverlust und mögliche Sicherungsmaßnahmen. Um dafür zu sensibilisieren, welche dramatische Desorientierung aus dem Verlust ungesicherter Daten resultieren kann, verweist er auf Hänsel und Gretel: »Und dann steht man wie Hänsel und Gretel plötzlich tief im Wald und findet nicht mehr raus!« Fällt Ihnen beim Lesen die entsprechende Analogie sofort ein? Die Brotkrumen als Datenspur, die leider nicht sicher ist und von den Vögeln, die sie aufpicken, recht bald wieder »gelöscht« wird. So weit funktioniert das Ganze eventuell noch. Aber man kann kaum anders, als die Analogie weiterzuspinnen und sich zu fragen: Wer ist dann die Hexe? Was bedeutet der Backofen? Was ist die Entsprechung zum Lebkuchenhaus? Wer als Redner mit solch einer Analogiebildung anfängt, ist gut beraten, die Sache durchzuziehen: Wenn das gelingt, hat er gute Chancen, dass sich das Publikum seine Rede und die Kette seiner Argumente gut merken kann, weil der rote Faden, die ursprüngliche Geschichte von Hänsel und Gretel, in den Köpfen bereits vorhanden und gut verankert ist. Das Problem bei dieser Strategie liegt aber meistens darin, eine wirklich geeignete Geschichte zu finden, deren einzelne Elemente sich schlüssig mit den Argumenten der Rede verbinden lassen, ohne dass man genötigt ist, gewaltsam Entsprechungen zu konstruieren und »morsche Metaphern« einzuführen.

Fiktive Geschichten können nicht voraussehbare Assoziationen auslösen.

Geschichten verwenden, die anschlussfähig sind

Da liegt es natürlich näher, ein konkretes Beispiel zu erzählen, eine Geschichte zu verwenden, die für die Zuhörer nachvollziehbar ist, die sie mit ihren eigenen Erlebnissen und ihrer eigenen Erfahrungswelt möglichst direkt vergleichen können. Dieser Vergleich erlaubt Ihnen präzisere Fragestellungen. Er erzeugt mehr Anteilnahme, mehr Emo-

Meist liegt es näher, ein konkretes Beispiel zu erzählen.

tionalität, weil die Zuhörer sich vergleichend in die geschilderte »Welt« hineinversetzen können, weil ihnen sofort die Situationen einfallen werden, in denen bei ihnen Ähnliches geschehen ist oder passieren könnte. Damit wären wir dann aber wieder beim Storytelling im engeren Sinne und bei diesem Storytelling geht es genau darum: möglichst rasch und unmittelbar den Zugang zum realen organisationalen Umfeld herzustellen, an die Rahmenbedingungen anzuknüpfen, unter denen die Zuhörer arbeiten, leben, kommunizieren und denen man Rechnung tragen muss, wenn man handeln will, sei es bewahrend oder verändernd.

Authentische Geschichten sind überprüfbar.

Ein weiterer Grund, warum es ratsam und wichtig ist, beim Storytelling authentische statt fiktive Geschichten zu verwenden, liegt darin, dass authentische Geschichten im Gegensatz zu fiktiven überprüfbar sind. »Überprüfbar« in einem weiten Sinne: Zum einen kann man, im Falle, dass man an solchen Geschichten zweifelt, nach weiteren Gewährsleuten fragen, die Teil der Geschichte oder Zeugen der Ereignisse waren – was man bei fiktiven Storys naturgemäß nicht kann. Zum anderen, und das genügt in der Regel bereits, kann man bei einer »Geschichte aus dem Feld« schon beim Zuhören aus eigener Erfahrung beurteilen, wie viel an der Geschichte »dran« ist, ob man die geschilderten Bedingungen, Umstände, Rahmendaten plausibel findet, man kann beurteilen, ob die Logik der Ereignisse und Zusammenhänge stimmt, man kann den Grad der Wahrscheinlichkeit des Auftretens bestimmter Muster, Handlungen, Verhaltensweisen und Geschehnisse einigermaßen sicher einschätzen.

Es geht um Glaubwürdigkeit

Authentische Geschichten machen das Angebot, über das Konkrete zu sprechen.

Wenn es ernst wird – und wir reden hier von Situationen, die ernst im Sinne von ernsthaft und wichtig sind –, ist damit die authentische Geschichte die bessere Lösung. Der Storyteller gerät nicht in Verdacht, dass er sich, mangels eigener Erfahrung oder mangels konkreter Beispiele, in die Fiktion flüchtet. Er macht mit einer authentischen Geschichte das Angebot, über das Konkrete zu sprechen, über das Hier und Jetzt der Zuhörer und nicht über ein Wolkenkuckucksheim. Er signalisiert – und das ist wahrscheinlich das Entscheidende – dass er über das Mögliche kommunizieren will, er bietet eine Verständigung über die Realität an, über eine Realität, die alle Anwesenden teilen.

Gerade in Veränderungsprozessen, die notwendig immer von vielfältigen Verlustängsten begleitet sind, ist bei der Verwendung fiktiver Geschichten äußerste Vorsicht angebracht. Denn der Rückgriff auf Fiktion oder Märchen wird in solchen Situationen (wohl auch oft nicht zu Unrecht) von den Adressaten als Anzeichen für eine Ausflucht aufgefasst oder als Indiz dafür, dass man sich auf eine Diskussion über ganz konkrete Probleme, Befürchtungen etc. nicht einlassen will – mit anderen Worten, dass man sie nicht ernst nimmt.

Sprachlexika definieren das Wort »authentisch« als »nach einem sicheren Gewährsmann glaubwürdig und zuverlässig verbürgt, echt«. Etymologisch stammt das Wort vom altgriechischen »authentikos« und »authéntes«, »Urheber, Ausführer«. »Autós«, die erste Silbe, heißt so viel wie »selbst, eigen«. Eine authentische Geschichte ist also eine, die der Erzähler entweder selbst erlebt hat oder die er von jemandem gehört hat, dem er glaubt, dass sie tatsächlich im Wesentlichen so passiert ist. In beiden Fällen geht es also um Glaubwürdigkeit: um die Glaubwürdigkeit des Erzählers und die Glaubwürdigkeit der Geschichte. Die Zuhörer müssen annehmen können, dass die Geschichte einen realen Hintergrund hat und dass damit die Möglichkeiten, die in ihr enthalten sind, nicht nur Wunsch (oder Angst), sondern Wirklichkeit beschreiben!

Es geht um die Glaubwürdigkeit des Erzählers und der Geschichte.

Den Raum der Möglichkeiten abtasten

Damit sind wir beim nächsten wesentlichen Aspekt von Storytelling, der bereits im Zusammenhang mit dem narrativen Denken angeklungen ist: Das Erzählen, Austauschen und Reflektieren authentischer Geschichten ist eine hoch effektive, realistische und rationale Methode, den Raum der Möglichkeiten abzutasten und in der Folge systematisch zu erweitern. Das »Clevere« daran ist, dass authentische Geschichten immer den konkreten Kontext einer Handlung, eines Ereignisses mitliefern und damit automatisch die Frage mit ins Spiel bringen, unter welchen Bedingungen eine Möglichkeit realisiert werden konnte. Der Austausch authentischer Geschichten zu einem bestimmten Thema versachlicht also von vornherein die anschließende Diskussion: Unter welchen Umständen war es möglich, dass …? Welche Rahmenbedingungen lagen vor, als …? Eine authentische Geschichte zeigt also nie, dass irgendein erwünschtes oder gefürchtetes Phänomen unter allen Umständen eintreten kann, sondern sie »beweist«, dass etwas unter bestimmten Umständen möglich ist – und liefert damit immer auch Hinweise auf die Stellschrauben, die relevanten Einflussfaktoren für das Erreichen bestimmter Ziele beziehungsweise für die Vermeidung unerwünschter Zustände. Genau deshalb lohnt sich das Sammeln und Vergleichen vieler Geschichten zu einem Thema, weil ein solcher Vergleich es erlaubt, danach zu fragen, ob es immer die gleichen oder unterschiedliche Rahmenbedingungen sind, die ein bestimmtes Ereignis, Verhalten, Reagieren ermöglichen. In Geschichten werden Verknüpfungen deutlich und deshalb ist Storytelling ein wertvolles Instrument für nachhaltiges Change-Management.

Storytelling ist ein wertvolles Instrument für das Change-Management.

STORYTELLING-TIPP:
IN VERÄNDERUNGSPROZESSEN GESCHICHTEN SAMMELN

Wenn in Ihrem Unternehmen ein Change-Prozess ansteht: Lassen Sie doch Ihre Mitarbeiter oder Kollegen von ihren Erfahrungen berichten. Fragen Sie sie nicht nach Meinungen zu den bestehenden Prozessen, sondern nach ihren Erlebnissen. Vergleichen Sie dann diese Geschichten: Welche Probleme kommen überall vor? In welchen Geschichten scheinen Alternativen, Möglichkeiten auf, etwas anders zu machen – denn oft ist »inoffiziell« schon ein wenig von dem realisiert, was der Veränderungsprozess anstrebt. Was sind die Rahmenbedingungen dafür, dass diese Alternativen verwirklicht werden konnten? Mit dieser Sammlung von Geschichten und den Fragen, die sich daraus ergeben, ergänzen Sie Ihre Ist-Analyse – und aktivieren die Möglichkeiten des narrativen Denkens, um eine breitere Datenbasis für Ihren Veränderungsprozess zu gewinnen.

Der Storyteller als Change-Agent

Storytelling arbeitet also mit authentischen Geschichten. Mit Geschichten, die etwas über Möglichkeiten aussagen und darüber, unter welchen Voraussetzungen sie realisiert werden können. Ein Storyteller ist damit immer auch ein potenzieller Veränderer, ein Change-Agent. Mit seinen Geschichten wirbt er für Innovationen, für Verbesserungen, für Entwicklung – aber immer verknüpft mit der Wahrnehmung und Reflexion der bestehenden Verhältnisse. Ein Storyteller kann auch ein Visionär sein, aber er wird seine Vision nicht in Schlagworte packen, sondern eine Geschichte finden, die die Zuhörer selber weiterdenken können und sie gerade deshalb auf den Weg mitnimmt, weil sie auch die Machbarkeit des Projektes darin erkennen können. Storytelling bewahrt davor, »abzuheben« oder ins Appellative abzudriften. Authentische Geschichten »erden« Gedanken, Ideen, Projekte, weil sie nicht einfach nur behaupten, dass etwas möglich ist, sondern immer auch Daten darüber mitliefern, wie, unter welchen Umständen, mit welchen Hilfsmitteln etwas möglich wurde. Wie können wir unsere Werte, unser Leitbild im Alltag leben? Wie können wir unsere Kunden zufriedener machen? Wie können wir unser Wissen effektiver teilen? Wie können wir unsere Ressourcen besser nutzen?

Letztlich sind dies die Generalfragen, die jedes Unternehmen beschäftigen. Dass man dies will – gesetzte Ziele und Werte realisieren, Kundenzufriedenheit verbessern, Lernen, Effektivsein – ist trivial und wird in allen Organisationen ununterbrochen gepredigt. Welcher Weg dabei genau eingeschlagen werden soll und wie dabei die entsprechenden Rahmenbedingungen erkannt und modifiziert werden sollen, bleibt gerade aus der Perspektive derjenigen, die in Produktion, Service und Administration arbeiten, häufig genug im Ungefähren. Gleichzeitig passieren täglich an den unterschiedlichsten Stellen der Organisation Geschichten, in denen mehr und anderes praktiziert wird, als im Dienst nach Vorschrift vorgesehen ist. Ohne diese positiven Abweichungen wären die meisten Organisationen kaum überlebensfähig. Da werden Dienstwege »abgekürzt«, da wird improvisiert, da werden Vorschriften »kreativ« ausgelegt, wird Neues einfach mal ausprobiert. Mit anderen Worten: Ansätze, Beispiele dafür, wie es anders, wie es

Ein Storyteller ist immer auch ein potenzieller Change-Agent.

Authentische Geschichten »erden« Gedanken, Ideen, Projekte.

39

möglicherweise besser gehen kann, sind meist bereits vorhanden. Die entsprechenden Geschichten sind ein Schatz, den man nur heben und verwenden muss.

Die eigene Organisation auf Geschichten hin beobachten

Die eigene Organisation ist eine wichtige Quelle für Geschichten.

Innerhalb der eigenen Organisation liegt eine erste, wichtige Quelle von Geschichten für den Storyteller. Einerseits kann man hierbei selbstverständlich von eigenen Erfahrungen und Erlebnissen ausgehen: Wann, unter welchen Umständen habe ich selbst wie etwas anders gemacht, bin ich erfolgreich von Routinen abgewichen? Habe ich beobachtet, wie andere gehandelt haben? Wie habe ich reagiert? Und wie ging die Geschichte dann weiter? Blieb es beim Einzelfall oder war die »Abweichung« die Initialzündung für eine nachhaltige Lösung? Wenn man diese Strategie als erfolgversprechend ansieht, wird man andererseits auch aktiv nach solchen Geschichten Ausschau halten, anders wahrnehmen und andere ermuntern, ihre Geschichten zu erzählen.

Auch negative Geschichten sind ein Gewinn.

Abstrakt formuliert wird man also das eigene System systematisch auf potenziell produktive und verwertbare Irregularitäten hin beobachten. Dass man dabei nicht nur auf positive Geschichten stoßen wird, sondern auch auf Fehlerquellen, die man abstellen sollte, liegt auf der Hand – aber auch solche Geschichten wahrzunehmen ist ein Gewinn. Dabei tatsächlich auf Geschichten zu achten, und nicht nur auf irgendwelche »Unregelmäßigkeiten«, heißt, dass man Umstände, Handlungen und Fakten in ihrem zeitlichen Verlauf wahrnimmt, dass man Verknüpfungen und Zusammenhänge wahrnimmt, nach den Anfängen fragt und somit der Gefahr entgeht, bloß punktuell auf Symptome zu reagieren. Man wird also – falls man es nicht ohnehin schon tut – lernen, auf eine bestimmte Art zu denken: Sie trainieren das narrative Denken. Je mehr solcher Geschichten aus dem eigenen (Um-) Feld man kennen lernt, desto mehr wird sich herauskristallisieren, welche Geschichten »typisch« sind – sich also strukturell und/oder von den gegebenen Bedingungen her ähneln – und welche Geschichten tendenziell singulär und »besonders« sind und damit vielleicht auch den

40

STORYTELLING-TIPP: EINE DATENBANK AUTHENTISCHER GESCHICHTEN ANLEGEN

Vergrößern Sie den Fundus authentischer Geschichten aus Ihrem Unternehmen, Ihrer Organisation: Sammeln Sie alle Geschichten, die Sie selbst erleben oder die Ihnen erzählt werden – unabhängig davon, ob sie nun zu dem Thema, das Sie gerade beschäftigt, passen oder nicht. Denn auch wenn eine Geschichte nichts mit dem gerade Aktuellen zu tun hat – sie wirft dennoch gewissermaßen einen Spot auf Ihr Unternehmen und kann vielleicht später, in einem anderen Kontext, wichtig werden.

Sie können dabei folgendermaßen vorgehen: Stecken Sie immer ein paar Karteikarten ein; immer wenn Sie ein besonderes Erlebnis haben oder eine Geschichte hören, die ihnen wichtig erscheint, notieren Sie sich darauf in Stichpunkten den Verlauf dieser Geschichte – so, dass Sie aus Ihren Notizen später die Geschichte rekonstruieren können. Wenn Sie gern mit Papier arbeiten, können Sie diese Karten in einem Karteikasten ordnen – nach den Themen, die für Sie wichtig sind: »Führung« zum Beispiel, »Teamarbeit«, »Kundenerlebnisse«, »Projekterfahrungen« etc. Oder Sie legen sich eine kleine Datenbank von Geschichten auf Ihrem Rechner an – das hat den Vorteil, dass Sie die Geschichten umfangreich verschlagworten können. Im Lauf der Wochen und Monate werden Sie damit eine ganz beachtliche Sammlung von Geschichten zusammenbekommen – und eine Menge narratives Wissen über Ihre Organisation. Und wenn Sie einmal für eine Präsentation, eine Teamsitzung oder einen Bericht eine passende Geschichte brauchen: In Ihrer Datenbank werden Sie in den meisten Fällen fündig.

Weg zu einer echten Innovation weisen. Die Suche nach Geschichten aus dem Feld, die realistische Möglichkeiten aufzeigen können, ist damit eine Methode der Selbstbeobachtung und in der Folge – wenn diese Geschichten weiterverbreitet werden – der Selbstinformation des Systems. Und wenn es gelingt, durch das Erzählen dieser Geschichten

Die Suche nach Geschichten ist eine Methode der Selbstinformation.

Einsichten auszulösen, Ideen zu streuen, Entscheidungen zu forcieren, dann wird daraus schließlich ein Instrument der Selbstveränderung.

Geschichten aus den Umwelten der Organisation wahrnehmen

Neben die Geschichten aus dem (eigenen) Feld können natürlich auch Geschichten aus anderen Kontexten treten: Geschichten aus den Umwelten des Systems, seien es nun Geschichten von Kunden, von Partnern oder von Konkurrenten (Was erleben andere mit uns? Was machen andere anders als wir?). Wer aktiv erzählen will, braucht authentische Geschichten aus beiden Feldern – Geschichten, die aus dem System stammen, in dem der Erzähler Storytelling einsetzen möchte, und Geschichten aus den Umwelten dieses Systems. Beide Klassen von Geschichten sind in der Anwendung natürlich koppelbar: So können sich Geschichten von »innen« und von »außen« ergänzen, wechselseitig interpretieren und so weiter. Mit Storytelling geht aber somit immer ein bestimmter Modus der Wahrnehmung einher, eine bestimmte Beobachterhaltung, die sich für Geschichten interessiert, die deutlich machen können, welche positiven Möglichkeiten im System stecken, und auch diejenigen Geschichten nicht ausklammert, die man zunächst vielleicht lieber nicht gehört hätte. Denn was der höchst erfolgreiche irische Unternehmer Feargal Quinn als Grundsatz für das Dem-Kunden-Zuhören aufgestellt hat, gilt natürlich auch für das Wahrnehmen von Geschichten in Organisationen: »Make sure to hear what you don't want to hear!« (Quinn 1990). Zur Haltung des Storytellers gehört eben ein gerüttelt Maß Realismus, die Bereitschaft, das wahrzunehmen und auf das zu reagieren, was ist.

Mit Storytelling geht immer ein bestimmter Modus der Wahrnehmung einher.

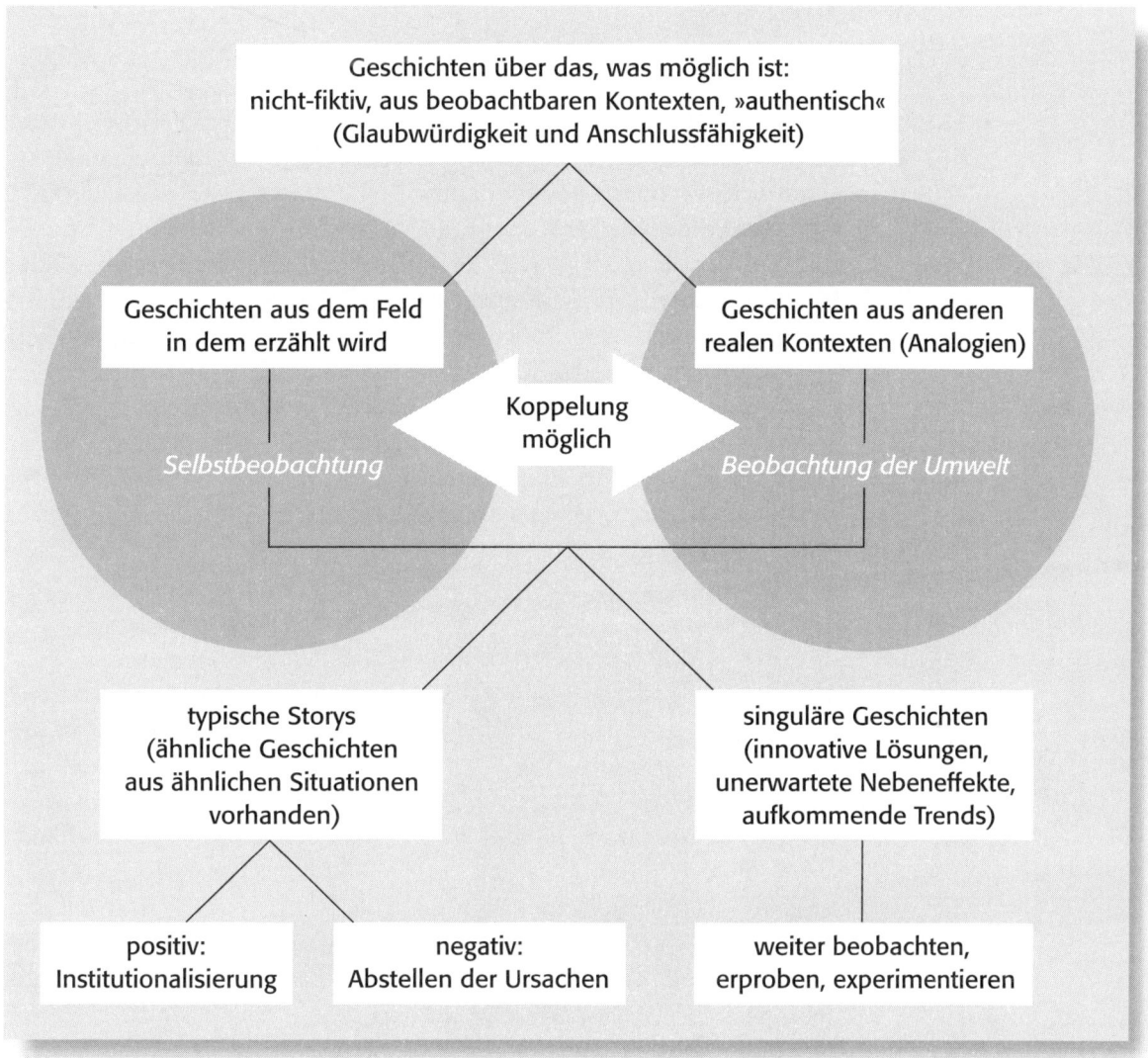

Abb. 3: Authentische Geschichten

Storytelling in der Organisation verankern

Storytelling ist ein Prozess, ein »ganzes« Verfahren, um Wissen auszutauschen, Möglichkeiten wahrzunehmen, Veränderung und Entwicklung zu fördern und Verständigung zu erzielen. Ein Prozess, der mehrere Phasen umfasst und eine Reihe von Fähigkeiten erfordert, die im Grunde jeder Mensch besitzt und ausbauen kann. Denn das Erzählen von Geschichten, das Verstehen von Geschichten sind eine evolutionäre Errungenschaft des Menschen. Austausch und Tradierung von Wissen, Erfahrung, Grundüberzeugungen in Form von Geschichten gibt es über die Zeiten und Kulturen hinweg, und das Interesse an Geschichten ist uns offenbar angeboren. Und mehr noch: Es häufen sich, wie wir ja schon ausgeführt haben, seit Jerome Bruners (Bruner 1986) und Gregory Batesons (Bateson 1982) Untersuchungen die Indizien dafür, dass Menschen (auch) in Geschichten denken, dass narratives Denken für unser Handeln und unseren Umgang mit der Welt unverzichtbar ist. »Geschichten sind offenbar eine höchst ökonomische Art, mit der Komplexität der Welt umzugehen. Sie setzen unterschiedliche Akteure in einer spannenden, die Emotionen … fesselnden und daher gut merkbaren Form zueinander in Beziehungen … Sie integrieren in einzigartiger Weise kognitive und emotionale Schemata und werden so zu einem der wichtigsten Interpretationsrahmen, die wir als Menschen zur Deutung unserer Erfahrungen verwenden.« (Simon 2004, Seite 179).

Wie genau Geschichten dies leisten, wie sie Komplexität reduzieren, aber dabei auch gleichzeitig abbilden können, werden wir in der Folge noch genauer darstellen. Die Kenntnis der Muster und Kombinatoriken, mit denen Geschichten arbeiten, ihrer Organik, erlaubt es nicht nur, selbst bessere Geschichten zu »bauen«, sondern auch die Geschichten und damit das Denken anderer besser zu deuten. Und mehr noch: Wer weiß, dass Menschen in Geschichten denken und ihre Erlebnisse und Wahrnehmung in Geschichtenform ordnen, um ihnen »Sinn« zu geben, der wird Prozesse und Projekte auch nach der Logik von Geschichten planen und durchführen, um sie besser kommunizieren und als sinnvoll erlebbar gestalten zu können.

Erzählen ist eine evolutionäre Errungenschaft des Menschen.

Storytelling als Quelle für neue Ideen

Geschichten sind komplex, aber nicht kompliziert. Das Gleiche gilt auch für Storytelling als Prozess: Die verschiedenen Phasen und Elemente des Storytelling sind untereinander verknüpft und rückgekoppelt. Wer erzählen will, muss zuhören und das eigene System wie seine Umwelten auf eine bestimmte Art beobachten. Hinzukommende Geschichten erweitern nicht nur den Fundus, um selbst erzählen zu können. Sie erlauben es auch, neue Unterscheidungen zu treffen, die man vorher so nicht machen konnte: Unter bestimmten Voraussetzungen stellt sich eine Lösung ein (Geschichten vom Typ A), unter anderen wird in der gleichen Sache ein Fehler passieren (Geschichten vom Typ A'). Welche Rahmenbedingungen sind beteiligt? Wie lassen sie sich verändern? Bestimmte Kunden reagieren positiv auf ein bestimmtes Angebot, andere, von denen man es eigentlich erwartet hätte, aber nicht. Welche Alternative ist möglich? Lohnt es sich, beide Varianten parallel anzubieten, also vom Entweder-oder zum Sowohl-als-auch überzugehen? Unser Konkurrent macht in ähnlichen Situationen bestimmte Dinge anders. Wie unterscheiden sich diese Geschichten von unseren? Wer authentische Geschichten aus dem eigenen Feld und seinen Umwelten aufnimmt, untersucht und vergleicht, beobachtet damit gleichzeitig auch sein eigenes System und seine Beziehungen zur Umwelt. Und findet ständig neue Kriterien für die Beobachtung. Wer aber danach anders hinschaut und anders zuhört, wird wiederum anderes wahrnehmen und andere Geschichten finden – und so fort.

Geschichten sind komplex, aber nicht kompliziert.

Geschichten verstehen heißt, die richtigen Fragen zu stellen

Eine Geschichte besser zu verstehen heißt, die richtigen Fragen an die Geschichte stellen zu können. Es geht dabei nicht nur darum, die Geschichten anderer besser zu verstehen und damit mehr Wissen zu generieren – es geht ebenso darum, die Geschichten, die man in der Kommunikation gezielt verwenden möchte, daraufhin zu überprüfen, ob sie auch genau das und nur das sagen, was man mit ihnen mitteilen

Eine Geschichte besser verstehen heißt, die richtigen Fragen stellen zu können.

45

möchte. In vielen Fällen wird daraufhin ein »Shaping« der Geschichte angebracht sein: Was überflüssig ist, sollte entfallen, was fehlt, um Verständnis und Interesse zu wecken, muss an der richtigen Stelle stehen und so weiter. Zu beiden Aspekten – dem Verstehen und dem Story-Shaping – bietet Teil 2 eine Fülle von Material.

Geschichten haben Folgen: Storytelling als Change-Prozess

In größeren Organisationen oder in Situationen, in denen es darum geht, schnell viele Geschichten zu »heben« und auszuwerten (Change-Prozesse, Projektvorbereitung und -nachbereitung, Planungs- und Entscheidungsfindungsprozesse, bei denen unterschiedliche Stakeholder einbezogen werden müssen etc.), wird man den Storytelling-Prozess institutionell absichern und professionell begleiten lassen, um erfolgreich zu sein. Selbstverständlich lassen sich aktives Erzählen und Storytelling-Tools für Gruppenprozesse und Wissensaustausch dabei koppeln. Mit diesen Anwendungsformen ist der Prozess aber natürlich nicht abgeschlossen: Denn letztlich geht es nun darum, ob und welche Folgen der Austausch von Wissen über Geschichten, die Kommunikation über Sichtweisen, Ideen, Möglichkeiten, die mit dem Erzählen forciert wurden, letztlich zeitigt. Storytelling als Methode muss Konsequenzen haben, die beobachtbar sind. Dann wird der Prozess weitergehen und sich positiv verstärken. Wenn die bewusste und systematische Kommunikation mit Hilfe von Geschichten zu neuen Erkenntnissen führt, die zu nachvollziehbaren Entscheidungen und Veränderungen führen, dann schließt sich der Kreis – aus der Verwendung von Geschichten wird wiederum selbst eine »gute Geschichte«. Eine Geschichte, die man in der Organisation und über ihre Grenzen hinaus gerne weitererzählen wird.

Storytelling muss Konsequenzen haben, die beobachtbar sind.

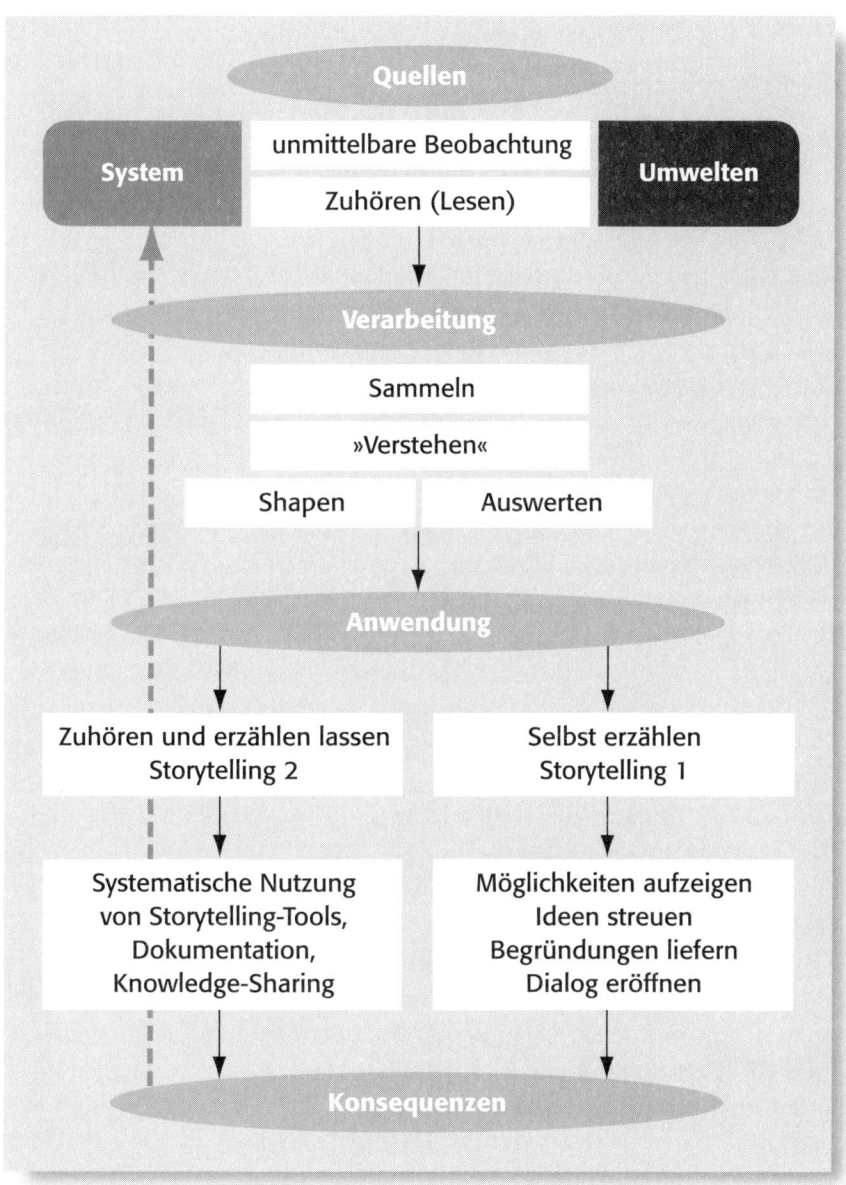

Abb. 4: Storytelling – von der Quelle zur Aktion

Meeting-Point 1: Göttingen 1812
E. T. A. Hoffmann und Carl Friedrich Gauß

Gauß steht in einem Hörsaal an der Tafel und schreibt $a^2 + b^2 = c^2$. Sein einziger Zuhörer ist E. T. A. Hoffmann, der es sich in der ersten Reihe bequem gemacht hat. Vor ihm steht eine schon halb leere Flasche Wein und ein Glas, das er häufig genug zum Munde führt.

Gauß: Sehen Sie, Musjöh Hoffmann, $a^2 + b^2 = c^2$. Das war die große Leistung von Pythagoras. Sieht ganz einfach aus. Aber ohne diese Formel könnten wir weder Landkarten zeichnen noch die vielen Grenzen in unserem Deutschland vermessen, hätten kein klares Bild von unserer Welt.

Hoffmann: Und wie hat Pythagoras das herausgefunden?

Gauß: Das tut doch nichts zur Sache. Wie er darauf gekommen ist? Unwichtig! Wichtig ist allein, dass der Satz beweisbar ist. Beweisbarkeit ist Wahrheit, und Wahrheit ist Beweisbarkeit.

Hoffmann (seufzt und trinkt): Wenn es so einfach wäre!

Gauß: Es ist so einfach! In der Mathematik! Und in der Wissenschaft! Das ist das Fundament, auf das wir unser ganzes Wissen bauen. Wir können nur sagen, dass wir etwas wissen, wenn ihm ein beweisbarer Satz zugrunde liegt.

Hoffmann: Wissen! Ihr wisst also nicht, Professor Gauß, wie Pythagoras darauf gekommen ist?

Gauß: Äh, nein. Das ist nicht überliefert. Wie wir von Pythagoras ja überhaupt nur sehr spärliche Überlieferungen haben. Aber wie gesagt: Für die Mathematik ist das einerlei.

Hoffmann: Für die Mathematik vielleicht. Aber ich hätte es doch gerne ein wenig anschaulicher. Mir reicht es nicht, nur zu wissen, dass etwas so ist. Ich will auch wissen, wie es dazu gekommen ist. Ich möchte die Geschichte hören, die hinter so einem kargen Satz steht.

Gauß: Damit habt Ihr aber dann die Mathematik verlassen!

Hoffmann (regt sich auf): Geht mir zum Teufel mit Eurer Mathematik! Ihr tut ja gerade so, als ob die Mathematik alles wäre!

Gauß (irritiert): Natürlich ist die Mathematik nicht alles! Wofür haltet Ihr mich? Doch ich dachte, wir reden hier über Mathematik, und nicht über irgendwelche Geschichten.

Hoffmann (geheimnisvoll): Irgendwelche Geschichten stecken immer dahinter.

Gauß: Wie meint Ihr das?

Hoffmann: Zu allem gibt es eine Geschichte! Weil wir Menschen sind, und in die Zeit hineingeboren sind. Alles geschieht für uns nacheinander. Und darum wohnt allem eine Geschichte inne. Die Frage ist nur, ob man sie kennt.

Gauß: Das mag ja ganz richtig sein. Aber diese Geschichten sind kein Teil der Mathematik.

Hoffmann (leise): Der macht mich noch wahnsinnig mit seiner Mathematik! *(laut:)* Natürlich sind sie kein Teil der Mathematik. Aber die Mathematik ist nur ein Teil der Welt. Und die Welt ist alles, was der Fall ist, wird einmal ein kluger Mann sagen. Und der Fall sind nicht nur Zahlen und Beweise. Der Fall sind auch die Gefühle, die die Menschen haben. Oder die Art, wie sie denken, die sich meist herzlich wenig um die Gesetze der Mathematik schert. Wie sie sich die Welt erklären, und was ihr Handeln antreibt. Und welche Träume sie für die Zukunft haben. Seht, Professor Gauß, darum erzähle ich Geschichten. Weil in Geschichten all dies enthalten ist.

E. T. A. Hoffmann hat sich in Begeisterung geredet. Schnell stürzt er ein Glas Wein hinunter, schenkt sich ein neues ein.

Gauß (beeindruckt): Gewiss, gewiss, Meister Hoffmann. Da haben Sie ja völlig Recht – wenn wir nicht nur über Mathematik sprechen, sondern über die ganze Welt.

Hoffmann: Wie Ihr wisst, Professor, bin ich im Brotberuf Richter am Kammergericht. Und wenn all die armen Sünder vor mir stehen, dann kann ich mit ewigen Wahrheiten wie Eurer Mathematik nicht viel anfangen. Die Wahrheit, die ich herausbekommen muss, steckt in den Geschichten, die all diese Galgenvögel und ehrsamen Bürger erzählen. Sie steckt darin, ist aber oft nicht sichtbar.

Gauß: Natürlich, da kommen Sie mit der Mathematik nicht weit. Aber mit den Gesetzen. Mit der Rechtsgelehrsamkeit.

Hoffmann (seufzt): Nur zum Teil, Professor, nur zum Teil. Wenn es konkret wird, geben die Gesetze auch nur eine grobe Richtschnur vor. Jede Geschichte, die mir erzählt wird, ist anders, einzigartig. Und ich muss diese Geschichten dann mit den allgemeinen Gesetzen verknüpfen.

Gauß: Und dann entsteht Wahrheit, meinen Sie? Ich muss sagen, diese Anschauungsweise hat etwas für sich. Nicht in der reinen Mathematik natürlich, aber in den sonstigen Gebieten des Lebens. Ich habe übrigens meine persönliche Pythagoras-Geschichte. Als ich ein Knabe war, hat ein kluger Schulmeister uns das Gesetz des Pythagoras selbst herausfinden lassen. Zwei Wochen brauchten wir, bis endlich an der Tafel stand: $a^2 + b^2 = c^2$. Aber wie stolz wir waren! Wie viel wir auf dem Weg dorthin über die Mathematik verstanden haben! Seitdem sehe ich die Zahlen mit anderen Augen. Damals habe ich kapiert, was Mathematik bedeutet.

Hoffmann: Weil Ihr eine Geschichte erlebt habt! Darum seid Ihr Mathematiker geworden! Kommt, Professor Gauß, darauf trinken wir einen!

E. T. A. Hoffmann (1776–1822), deutscher Erzähler und Komponist, gilt als einer der Vertreter der literarischen Romantik. Hoffmann schrieb zahlreiche Erzählungen und Romane, unter anderem »Der Sandmann«, »Die Serapionsbrüder«, »Die Lebensansichten des Katers Murr« und »Die Elixiere des Teufels«.

Carl Friedrich Gauß (1777–1855), deutscher Mathematiker, dessen Werk richtungsweisend für die Zahlentheorie war. Gauß war lange Jahre als Landvermesser und Leiter der Sternwarte in Göttingen tätig.

TEIL II:

Die Kunst, eine gute Geschichte zu erzählen:
Geschichten bauen und verbessern

Vom Erlebnis zur Geschichte

»Wenn jemand eine Reise tut, so kann er was erzählen.« Sie alle kennen diese Redensart. Sie zeigt, dass Erlebnisse und Geschichten sehr viel miteinander zu tun haben: Wenn man, wie auf einer Reise, viel erlebt, dann hat man auch den Stoff für viele Geschichten. Sie zeigt aber auch, dass es die besonderen Erlebnisse sind, die Geschichten erzeugen: Bei einer Reise treten wir gewissermaßen aus unserem Alltag, aus dem immer Gleichen heraus und begeben uns in einen fremden Raum, in dem alles neu und ungewohnt ist. Und dieses Neue, Ungewohnte sind dann die »Abenteuer«, die wir erzählen können. Ein Bankbesuch in Rom, für Italiener leidvoller Alltag, kann für unseren Reisenden solch ein Abenteuer sein: Die Vielzahl der Formulare, die er ausfüllen muss, die Odyssee von einem Schalter zum nächsten, von denen jeder für irgendetwas anderes, Undurchschaubares zuständig ist – ein Erlebnis, das eine gute Geschichte über Bürokratie in Italien ergeben kann. Und auch in Unternehmen sind es immer die besonderen Ereignisse, die erzählt werden: ein Projekt, bei dem man alles geben musste, das aber zu einem sehr guten Ergebnis geführt hat, oder eine besondere Situation, in der man einen Kunden einmal auf eine außergewöhnliche Weise helfen konnte.

Besondere Erlebnisse erzeugen Geschichten.

Geschichten brauchen Ereignisse

Das, was immer gleich ist, die alltäglichen Abläufe und Verrichtungen, wird normalerweise niemand erzählen (und wenn er es doch tut, wird er vermutlich nicht gerade gespannte und aufmerksame Zuhörer haben): Wie man am Morgen aufwacht, sich duscht, die Zähne putzt – aus dieser Art von Erleben wird keine Geschichte. Doch wenn man beim Waschen in den Spiegel schaut, und man hat plötzlich das Gefühl, ein Fremder blicke einem entgegen, dann kann das der Anfang einer Geschichte sein.

Erzählt wird also immer das Besondere, »Merkwürdige«. Auch unser Reisender wird nicht jeden einzelnen Tag mit allen Begebenheiten erzählen, sondern die Ereignisse, die er für neuartig, erstaunlich, komisch, spannend – und damit eben erzählenswert – hält.

Und hier sind wir bei einem wichtigen Begriff, der Erlebnisse und Geschichten verbindet: dem des Ereignisses. Erzählt werden die Erlebnisse, die »ereignishaft« sind, in denen »irgendetwas passiert«, das aus dem Normalen herausgehoben ist. Ohne Ereignis gäbe es keine Geschichten. Wenn wir daher fragen, was eigentlich eine Geschichte, eine Story ist, dann ist eines der wichtigsten Elemente das Ereignis: Eine Geschichte ist etwas, das ein Ereignis erzählt. Das kann in einer Liebesgeschichte der Moment sein, in dem sich der Held oder die Heldin verliebt. In der Geschichte eines Unternehmens ist vielleicht das wichtigste Ereignis der Moment, in dem es seinen ersten Auftrag bekommen hat. In der Geschichte eines Mitarbeiters vielleicht seine Beförderung oder wie er einmal eine ganz besonders schwierige Situation gemeistert hat.

Ohne Ereignis gäbe es keine Geschichten.

Der Dreh- und Angelpunkt einer Geschichte

In jeder Geschichte gibt es ein zentrales Ereignis.

Natürlich kann es in einer Geschichte mehrere Ereignisse geben – aber eines davon ist das wichtigste, das zentrale Ereignis, der Dreh- und Angelpunkt der Geschichte. In einer Liebesgeschichte ist dieser Dreh- und Angelpunkt vielleicht der Moment, an dem sich die beiden das erste Mal sehen und sich sofort ineinander verlieben. Dann müssen natürlich noch viele Dinge passieren, viele Widerstände überwunden werden, bis sie zueinander kommen, alles auch kleine Ereignisse. Aber das wichtigste Ereignis ist doch das Ineinanderverlieben. Und alle anderen Ereignisse müssen in irgendeiner Weise damit zu tun haben, auf den zentralen Dreh- und Angelpunkt bezogen sein – sonst fühlt sich der Zuhörer verwirrt oder ratlos oder ganz einfach gelangweilt. Wenn jemand mitten in einer Liebesgeschichte plötzlich lang und breit vom Kauf eines neuen Porsche erzählt – für ihn sicherlich ein Ereignis, ist es doch sein erster Porsche –, dieses Auto dann aber im weiteren Verlauf der Liebesgeschichte überhaupt keine Rolle mehr spielt, dann hat es nichts in der Geschichte zu suchen. Wenn der Porsche dagegen das Tüpfelchen auf dem i ist, das unserem Verliebten noch fehlt, um das Herz der spröden Schönen zu gewinnen, und sie ihn nach einer Spazierfahrt im Porsche zum ersten Mal küsst, dann hat der Flitzer seinen festen Platz in der Geschichte. Allerdings lässt diese Tatsache dann auch wenig schmeichelhafte Rückschlüsse auf die Liebeskonzeption der beiden zu: Sie scheinen doch eine eher simpel-oberflächliche Vorstellung von Liebe zu haben.

Das Gesetz, dass eine Geschichte immer um den Dreh- und Angelpunkt eines zentralen Ereignisses gruppiert sein muss, macht manchmal den Übergang vom Erleben zum Erzählen nicht ganz einfach. Denn wir erleben ja alles Mögliche, und während wir dem oder der Geliebten zum ersten Mal in einem Café begegnen, rempeln wir vielleicht beim Hereinkommen einen Kellner an und draußen fährt ein Fahrrad vorbei. Gehört alles zum Erlebnis, aber nicht zur Geschichte.

Was gehört zur Geschichte?

In Erzählworkshops, wenn wir mit den Teilnehmern ihre Geschichten (die sie zum Beispiel für ein Kundengespräch oder eine Präsentation vorbereiten) durchsprechen und darauf hinweisen, dass bestimmte Passagen nichts mit dem zentralen Ereignis zu tun haben, erleben wir oft, dass uns erwidert wird, man habe das aber genau so erlebt – das sei wirklich so passiert. Dahinter steckt natürlich auch die Frage nach der Authentizität einer Geschichte: Ist eine Erzählung nur »wahr«, wenn sie minutiös alles wiedergibt, was tatsächlich geschehen ist – oder kann man etwas weglassen und dennoch eine authentische Geschichte erzählen? Ein Teilnehmer in einem Workshop erzählte zum Beispiel folgende Geschichte, mit der er ausdrücken wollte, dass es oft besser sei, von vorgegebenen Zielen abzuweichen, wenn die äußeren Widerstände zu groß würden:

> Einige Kollegen und ich waren einmal bei einer Tagung an der mexikanischen Küste. Wir hatten einen Tag zwischen anstrengenden Workshops frei und beschlossen, ein wenig die Gegend zu erkunden. Man hatte uns empfohlen, eine kleine Insel, die einige Meilen vor der Küste lag, zu besuchen; die Landschaft dort sei sehr ursprünglich und atemberaubend schön.

Ist eine Erzählung nur wahr, wenn sie minutiös alles wiedergibt?

55

Wir charterten also ein kleines Boot und ließen uns übersetzen. Dummerweise war an diesem Tag ziemlich viel Wind und der Seegang entsprechend hoch. Wir Landratten waren natürlich schon nach kurzer Zeit seekrank und hatten ziemlich viel Angst, als die Brecher über Deck fegten und das Boot gefährlich schlingerte. Wir waren heilfroh, als wir endlich den Hafen der Insel erreichten. Nach einer kleinen Erholungsphase im Hafencafé ging es uns wieder besser, doch sahen wir mit Besorgnis der Rückfahrt am Nachmittag entgegen: So eine Angstpartie wie bei der Herfahrt wollten wir nicht noch einmal erleben. Nichtsdestotrotz machten wir uns auf, die Insel zu erkunden, die wirklich sehr schön war. Am meisten begeisterte mich ein kleiner See in der Mitte der Insel, in dem sehr viele Kaimane lebten. Wirklich ein beeindruckendes Schauspiel: Zufällig konnten wir beobachten, wie sich die Reptilien über eine Art Hase, der sich zu nahe ans Wasser gewagt hatte, hermachten und ihn in ziemlich kurzer Zeit verschlangen. Dann dümpelten die Tiere wieder faul im See, rissen, wie um zu gähnen, ihre Schnauzen auf, so dass man ihre messerscharfen Zähne sehen konnte.

Als wir am Nachmittag wieder zum Hafen zurückkamen, war der Seegang eher noch stärker geworden. Keiner von uns hatte Lust, unter diesen Bedingungen zurückzufahren, doch der Skipper des kleinen Bootes wollte nicht mehr länger warten. Wir beschlossen, die Nacht in der kleinen Hafenpension zu verbringen und erst am nächsten Morgen zurückzufahren, in der Hoffnung, dass sich der Wind bis dahin gelegt haben würde; wir würden dann allenfalls zum ersten Workshop des Tages ein wenig zu spät kommen. Dem Skipper stellten wir ein gutes Trinkgeld in Aussicht, wenn er uns am Morgen früh abholen käme.

Wir verbrachten also einen fröhlichen Abend auf der Insel, und am nächsten Morgen sahen wir, dass unsere Rechnung aufgegangen war: Das Meer war ruhig, und der Skipper hatte schon an der Mole angelegt. So konnten wir ohne Angst und ohne Übelkeit zurückfahren.

Als der Erzähler ans Ende gekommen war, fragten die anderen Teilnehmer sofort: »Und was ist mit den Kaimanen?« Der Erzähler verstand nicht, was die Frage sollte. Die anderen Teilnehmer präzisierten ihre Frage: »Was ist mit den Kaimanen weiter passiert? Oder warum waren die so wichtig?« »Die waren halt einfach da und haben mich schwer beeindruckt. Es ist wirklich alles so geschehen, wie ich es erzählt habe.« Sie können sich wahrscheinlich vorstellen, dass die anderen mit dieser Auskunft nicht zufrieden waren. Im Grunde wollten sie wissen, warum ihnen der Erzähler diese Episode mitgeteilt hatte und was sie mit dem Kern der Geschichte zu tun hatte: Das zentrale Ereignis dieser Geschichte war ja sicherlich der hohe Seegang und die davon ausgelöste Angst der Reisenden vor der Rückfahrt. Was haben die Kaimane mit diesem Ereignis zu tun?

In solchen Fällen ist es besser, auch lieb gewonnene Passagen aus der Geschichte zu streichen: Sie verursachen nur Fragen der Zuhörer, die sie vom Kern der Geschichte wegführen, und damit den Blick auf die Botschaft (warum die Geschichte überhaupt erzählt wurde) vernebeln. Denn alle Fragen, die sich berechtigt an eine Geschichte stellen lassen, und nicht beantwortet werden, beschäftigen den Zuhörer und lenken ihn vom eigentlich intendierten Kern der Geschichte ab. Denken Sie nur an einen Krimi, der die Frage nach dem Täter nicht beantwortet: Unbefriedigt oder wütend würden wir das Buch in die Ecke pfeffern.

Manchmal ist es besser, auch lieb-gewonnene Passagen zu streichen.

Auf den Kern fokussieren

Ein Erlebnis eins zu eins zu erzählen ergibt also noch nicht unbedingt eine gute Geschichte: Erst wenn wir unsere Erzählung auf den Kern fokussieren, werden die Zuhörer zufrieden sein und die Botschaft der Geschichte verstehen. Es mag sein, dass es im privaten Bereich nicht so wichtig ist, ob wir unsere Urlaubserlebnisse fokussiert erzählen oder ausufernd, mit allen möglichen Nebenerlebnissen, obwohl Ihre Zuhörer Ihnen auch in solchen Situationen gebannt folgen, wenn Ihre Geschichte fokussiert ist. Doch wenn wir Geschichten im beruflichen Umfeld einsetzen, verfolgen wir damit ja immer eine Absicht: Wir wollen motivieren, Wissen vermitteln, einen Sachverhalt illustrieren, Werte oder eine Vision vermitteln. Und das gelingt am besten, wenn die Geschichte bei den Zuhörern genau mit dieser Kernbotschaft ankommt und nicht eine Menge von Fragen auslöst, die mit ihr nichts zu tun haben.

Eine Geschichte kommt besser an, wenn sie auf den Kern fokussiert ist.

*Das Erzählen folgt
Gesetzen.*

Ein Erlebnis ist noch keine Geschichte: An dieser Tatsache wollten wir Ihnen beispielhaft ein Gefühl dafür vermitteln, dass das Erzählen bestimmten Gesetzen folgt, die man kennen sollte, wenn man im beruflichen Kontext mit dem Geschichtenerzählen bestimmte Absichten verfolgt. Die Gesetze des Erzählens zu kennen hilft übrigens auch beim Geschichten-Hören: So ist zum Beispiel im Alltag die »eigentliche« Geschichte versteckt unter vielen Einzelerlebnissen. Wenn man die Bausteine des Erzählens kennt, gelingt es leichter, sie zu verstehen. Darüber hinaus ist die Beschäftigung mit den Gesetzen des Erzählens auch ein wirkungsvolles Training im narrativen Denken.

Eines dieser Gesetze haben Sie jetzt kennen gelernt: dass eine gute Geschichte um einen Kern, um ein zentrales Ereignis herumgebaut ist. Was dies genau bedeutet und wie man das macht, werden wir Ihnen in den folgenden Kapiteln sagen, und welche anderen Gesetze des Erzählens aus einer Geschichte eine *gute* Geschichte machen:

→ Im nächsten Kapitel laden wir Sie ab Seite 60 ein, gleich in die Praxis des Erzählens einzusteigen: Finden Sie Ihre eigene Core-Story – die Geschichte, mit der Sie anderen erzählen, was Sie beruflich machen.

→ Wenn wir im beruflichen Umfeld eine Geschichte erzählen, verfolgen wir damit eine Absicht: Deshalb sollte die *Botschaft*, die eine Geschichte vermittelt, klar im Mittelpunkt stehen. Was man dabei bedenken sollte, erfahren Sie ab Seite 64.

→ Jede Geschichte hat einen *dramaturgischen Bogen*, der vom Beginn zum Ende führt. Wie dieser Bogen aussieht, und welche Rolle ein *zentrales Ereignis* und ein *Konflikt* dabei spielen, sagen wir Ihnen ab Seite 73.

→ Eine Geschichte lebt natürlich sehr stark vom *Helden* oder *Protagonisten* der Geschichte und den anderen Personen oder *Figuren*, die die Handlung tragen. Mit ihnen beschäftigen wir uns ab Seite 88.

→ Ebenfalls kurz angesprochen haben wir die Frage, was alles zu einer Geschichte gehört, und was alles überflüssig oder nicht zielführend ist. Diesen Fragen der *Funktionalität* der Elemente und der *Kausalität* der Handlung widmen wir uns ab Seite 102.

➜ Welche Erzählstrategien kann man anwenden, und welche Variationsmöglichkeiten hat man in der Reihenfolge und der Art und Weise, wie man die einzelnen Ereignisse einer Geschichte präsentiert: Mehr zu *discours* und *histoire* ab Seite 111.

➜ Mit der »Heldenreise« stellen wir Ihnen ab Seite 118 ein vielseitig einsetzbares Erzählmodell vor, das seine Wurzeln im Mythos hat.

➜ Ein kurzer Exkurs beschäftigt sich mit dem Einsatz von *Geschichten als Analyse-Werkzeug* (Seite 137).

➜ Eine Geschichte Schritt für Schritt verbessern: Ab Seite 139 sagen wir Ihnen, wie.

➜ Und noch die Kür der guten Geschichte: Wie man *mit allen Sinnen erzählt* und welche Möglichkeiten Sie haben, Ihre Geschichten anschaulicher, spannender und für den Zuhörer noch interessanter zu machen, erfahren Sie ab Seite 148.

➜ Und natürlich: Das Wichtigste für den Erzähler ist der Zuhörer. Wie man optimal auf ihn eingeht: ab Seite 180.

Kurz und prägnant:
Die eigene Core-Story entwickeln

Wer nicht gerade Zahnarzt oder Lokomotivführer ist, hat oft Mühe, anderen »in drei Minuten« zu erklären, was er beruflich eigentlich macht. Oft können nicht einmal die eigenen Eltern ihren Nachbarn schildern, was der Sohn oder die Tochter beruflich machen. Ebenso ergeht es Eltern, deren Kinder in der Schule erzählen sollen, was Papa oder Mama von Beruf sind. Der Sohn von Freunden hat in der ersten Klasse auf eine solche Frage geantwortet: »Meine Mama arbeitet, aber mein Papa nicht, der sitzt immer nur am Computer!« Wie erklärt man einen Beruf, unter dem sich zunächst niemand konkret etwas vorstellen kann?

Als Freiberufler oder Selbständiger, aber auch als Mitarbeiter in einem Unternehmen ist man oft gefordert, beim Erstkontakt mit potenziellen Kunden, Partnern oder Kollegen, etwa auf einer Messe, im Flugzeug oder auf einer Vernissage, zu erklären, was man am besten kann oder was die eigene Dienstleistung von anderen unterscheidet. Wäre es nicht gut, für solche Situationen eine Geschichte parat zu haben? Aber wem fällt schon spontan die passende ein? Auf solche Situationen sollte man also gut vorbereitet sein: mit einer Core-Story, mit der man den Kern der eigenen Tätigkeit veranschaulichen kann.

Mit einer Core-Story kann man den Kern der eigenen Tätigkeit veranschaulichen.

Wir von SYSTEM + KOMMUNIKATION erzählen zum Beispiel oft, wenn wir gefragt werden, was wir machen, die Geschichte, wie wir dazu gekommen sind, Storytelling zur Analyse von Unternehmenskultur und -kommunikation einzusetzen:

Als Kommunikationsberater in Unternehmen gewannen wir immer stärker den Eindruck, dass wir durch die Geschichten, die uns außerhalb der Meetings, auf den Fluren und in den Kaffeeküchen der Unternehmen erzählt wurden, sehr viel mehr darüber erfuhren, wie das Unternehmen eigentlich »tickt«, als aus den offiziellen Quellen. Wir hatten dann die Idee, das Wissen, das in diesen Geschichten steckte, für Veränderungsprozesse anwendbar zu machen. Als studierte Literaturwissenschaftler verfügten wir über das Werkzeug, es aus den Geschichten zu extrahieren, und wir entwickelten die Methode der Storytelling-Analyse, die wir Mitte der 90er Jahre erstmals einem großen Unternehmen präsentierten.

Die Reaktion war allerdings niederschmetternd. Unsere Gesprächspartner konnten sich überhaupt nicht vorstellen, wie wir aus Geschichten wertvolle Erkenntnisse über das Unternehmen gewinnen wollten. Aber wir gaben nicht so schnell auf und boten an, auf eigene Faust und Rechnung eine Mini-Studie zu versuchen: »Wir führen mit drei Mitarbeitern Storytelling-Gespräche und präsentieren Ihnen in 14 Tagen drei Erkenntnisse, die Sie kennen, und außerdem drei weitere, die Sie überraschen!«, versprachen wir.

Als wir zum festgesetzten Zeitpunkt wieder zur Präsentation erschienen, war die Reaktion völlig anders: Man war bass erstaunt, wie viel wir in so kurzer Zeit und mit so wenig Aufwand über Probleme der Unternehmenskultur herausgefunden hatten, die sie seit Jahren beschäftigten. Das machte auch die Erkenntnisse, die ihnen neu waren, glaubwürdig und am Ende dieses Tages hatten wir unseren ersten Auftrag für eine Storytelling-Analyse in der Tasche.

Mit dieser Geschichte vermittelt sich unkompliziert und ohne »Theorie«, was wir machen und wozu es gut ist. Unsere Core-Story ist die Geschichte, wie unsere Dienstleistung entstanden ist. Man könnte als Core-Story aber auch zum Beispiel eine typische Kundenbegegnung, ein idealtypisches Projekt, ein besonderes Erlebnis erzählen. Wir möchten Sie einladen, Ihre eigene Core-Story zu finden. In den nächsten Kapiteln werden wir immer wieder darauf zurückkommen und sie Schritt für Schritt verbessern.

Es gibt viele Möglichkeiten, die eigene Core-Story zu erzählen.

Drei erste Schritte, die eigene Core-Story zu finden

1. Der Erzähl-Test: Warum soll man meine Geschichte weitererzählen?
Was wird mein Gegenüber heute Abend weitererzählen, wenn es überhaupt von der Begegnung mit mir spricht? Die erste Frage lautet also: Was an meinem Beruf, an meiner Firma oder meinem Angebot ist so interessant, dass es mein Gegenüber heute Abend jemandem weitererzählt?

»Heute habe ich einen interessanten Typen im Bahn-Bistro getroffen. Stell dir vor, er macht …«

Was kann ein »stell dir vor« auslösen? Das kann etwas sein, das Ihnen schon ganz selbstverständlich erscheint. Oder sogar etwas, das Sie als Nachteil empfinden. Vielleicht sind Sie auf ungewöhnlichen Wegen zu Ihrem Beruf gekommen und haben das, was Sie heute machen, nicht wirklich von der Pike auf gelernt? Erzählen Sie es so, dass man spürt, wie wichtig Ihnen Ihr Beruf ist.

Erzählen Sie so, dass man spürt, wie wichtig Ihnen Ihr Beruf ist.

2. Erzählen Sie auch von Schwierigkeiten und Problemen

Gab es bei der Entwicklung Ihres Produktes Fehler und Pannen? Mussten Sie, um zu Ihrem Beruf zu kommen, Hürden und Schwierigkeiten überwinden? Gerade solche Dinge machen Ihre Geschichte für andere interessant und spannend. Beherzigen Sie auch für sich und Ihre eigene Geschichte, dass reine, ungebrochene Erfolgsstorys ohne Entwicklung und Verwicklungen oft die uninteressantesten Geschichten sind, die man weder hören noch weitererzählen will: »Ich habe Betriebswirtschaft studiert und bin heute im Geschäft meines Schwiegervaters zweiter Geschäftsführer.« »Ah ja.« Viel interessanter dagegen, Neugierde auslösend ist: »Wissen Sie, vor zwei Jahren hätte ich mir das Erste-Klasse-Ticket, mit dem ich heute unterwegs bin, noch nicht leisten können …« Auch unsere Core-Story wäre sehr viel langweiliger, hätte es nicht die erste, frustrierende Präsentation gegeben.

3. Beziehen Sie andere Personen mit ein

Erzählen Sie nicht nur von sich, sondern auch von Ihren Kunden, Partnern, Kollegen. Was hatten sie für Probleme, die Sie lösen konnten? Warum war es für sie wichtig, Sie zu treffen? Denn eine gute Geschichte entsteht nicht zuletzt aus den Beziehungen und Interaktionen, von denen sie erzählt.

Diese drei Hinweise mögen hier genügen, um den Findungsprozess Ihrer Core-Story »anzukurbeln«. Machen Sie einen ersten Entwurf. In den folgenden Kapiteln lernen Sie dann weitere Werkzeuge kennen, um sie immer besser zu machen.

Übung: Die Core-Story finden

Nehmen Sie sich eine Stunde Zeit, etwas zu schreiben (und ein Glas guten Wein, wenn Sie möchten) und gehen Sie Ihre Erinnerungen durch. Was waren besondere Erlebnisse, die sich als Nukleus einer Core-Story eignen würden? Oder suchen Sie sich einen Partner und erzählen Sie ihm ein paar Erlebnisse. Häufig fallen einem ja beim Erzählen mehr und immer neue Geschichten ein.

Notieren Sie sich die Geschichte, die Ihnen als der aussichtsreichste Kandidat für Ihre Core-Story erscheint, in einer ähnlichen Form, wie wir oben unsere Story erzählt haben. Wir werden Sie in den folgenden Kapiteln dazu auffordern, weiter an ihr zu arbeiten.

Gute Geschichten, klare Botschaften

Wer Geschichten im Unternehmen einsetzt, will damit etwas kommunizieren: Ein Beispiel geben, Wissen vermitteln, motivieren, seine Position klar machen oder was auch immer. Er wird daher die Geschichte, die erzählt, danach auswählen, ob sie geeignet ist, dieses Kommunikationsziel zu erreichen. Er wird sich also fragen: Was ist die Botschaft meiner Geschichte? Und die Geschichte so erzählen, dass sich diese Botschaft klar vermittelt. Sonst wird er am Ende seiner Erzählung allenfalls verlegenes Hüsteln in der Runde ernten oder, von einem Mutigen, die Frage: »Warum erzählen Sie uns das jetzt?«

Jede Geschichte hat eine Botschaft

Wenn wir im privaten Umfeld erzählen, machen wir uns über die Botschaft unserer Geschichte meist keine großen Gedanken. Beim Klassentreffen jagt eine Geschichte über die »alten Zeiten« die nächste, und wichtig ist nur, dass sie lustig ist und gemeinsame Erinnerungen heraufbeschwört. Abends im Seminarhotel, nach einem anstrengenden Workshop-Tag, sind es Geschichten über einen Chef oder ein besonderes Projekt, die die (fröhliche) Runde machen und der Unterhaltung, aber auch ein wenig dem Wissensaustausch dienen: »Was unser Chef für einer ist, das kannst du an folgender Begebenheit sehen ...« Und hier haben wir sie doch wieder, unsere Botschaft. Die Geschichte hat, wenn sie gut erzählt ist, eine klare Botschaft: Unser Chef ist ein Tyrann/Führungsgenie/Schauspieltalent – was auch immer. Und auch die Geschichten beim Klassentreffen haben eine Botschaft: Lehrer Maier war ja so ein Tollpatsch! Mitschüler Schmidt war wirklich mutig – der hat sich nichts bieten lassen!

Jede Geschichte hat mindestens eine Botschaft.

Jede Geschichte hat mindestens eine Botschaft – ob wir uns darüber Gedanken machen oder nicht. Im Alltag denken wir meist nicht darüber nach – und merken manchmal, dass wir wohl die falsche Botschaft vermittelt haben, wenn jemand verschnupft oder sauer reagiert: »Du lässt mich ja ganz schön blöd dastehen in deiner Geschichte«, kann man vielleicht von jemandem dann hören, der unfreiwillig der Held einer Erzählung im Freundeskreis geworden ist. Im professionellen Bereich wollen wir so etwas natürlich nicht erleben: Da könnte man sich ja glatt um Kopf und Kragen reden!

Also: Man sollte sich vor dem Einsatz einer Geschichte über deren Botschaft klar werden. Doch was genau ist die Botschaft einer Geschichte? Hat jede Geschichte nur eine Botschaft oder mehrere? Und kann eine Geschichte unterschiedliche Botschaften haben, je nachdem, in welchem Zusammenhang ich sie erzähle?

Fangen wir von hinten an: Ja, ein und dieselbe Geschichte kann verschiedene Botschaften vermitteln, je nachdem, in welchem Kontext sie erzählt wird. Nehmen Sie zum Beispiel folgende (manchen von Ihnen vielleicht bekannte) Geschichte, die eine Führungskraft bei einem Abteilungsmeeting erzählt:

> Ein Mann flaniert müßig durch die Stadt, als er zu einer Baustelle kommt. Drei Maurer sind damit beschäftigt, Stein auf Stein zu mörteln. Es interessiert ihn, was hier wohl für ein neues Gebäude entstehen soll, und so fragt er den ersten Maurer, was er da mache. Der antwortet ziemlich unwirsch: »Das sehen Sie doch. Ich mauere Backsteine aufeinander.« Diese Antwort befriedigt den Flaneur nicht, er geht weiter zum zweiten Maurer und stellt erneut seine Frage. Der blickt kurz auf und antwortet: »Ich baue eine Mauer.« Die Wissbegierde des Spaziergängers ist natürlich immer noch nicht befriedigt, und so wendet er sich mit seiner Frage an den dritten Arbeiter. Der richtet sich auf, lächelt und antwortet mit strahlenden Augen: »Ich baue die neue Kathedrale unserer Stadt.«

Die grundsätzliche Botschaft dieser Geschichte ist klar: Es gibt unterschiedliche Arten des Herangehens an die eigene Arbeit, und durch die Steigerungslogik der Geschichte wird auch vermittelt, dass diejenige des dritten Maurers die »beste« ist: Er sieht den ganzheitlichen Zusammenhang seines Tuns, während die beiden anderen Maurer nur Teilaspekte wahrnehmen. Diese Geschichte wird gerne in Unternehmen erzählt, weil sie leicht übertragbar ist auf das jeweilige Arbeitsgebiet: Bei einem Computerhersteller sagt der erste Arbeiter vielleicht:

65

»Ich löte Platinen zusammen«, der zweite: »Ich baue Rechnereinheiten«, und der dritte: »Ich baue Computer, die den Menschen helfen, ihre Arbeit noch besser und leichter zu erledigen.«

Haupt- und Nebenbotschaften

Eine Geschichte kann auch Nebenbedeutungen vermitteln.

So, wie die Geschichte oben erzählt ist, vermittelt sie jedoch neben dieser Hauptbotschaft auch noch weitere Bedeutungen. Der erste Maurer ist »ziemlich unwirsch«, der zweite ist auch nicht gerade ein Ausbund an Freundlichkeit, er »blickt nur kurz auf« und antwortet ziemlich lapidar. Der dritte jedoch, der mit der »richtigen Einstellung«, lächelt und spricht mit »strahlenden Augen«. Durch diese Charakterisierung der drei Figuren wird die Zusatzbotschaft vermittelt, dass eine Art des Arbeitens, die sich nur auf Teilaspekte der Aufgabe konzentriert, zu schlechter Laune und Demotivation führt, wenn man dagegen seine Aufgabe mit einem ganzheitlichen Blick angeht, dann geht es einem selbst auch gut. Diese zusätzliche Botschaft (die natürlich eng mit der Hauptbotschaft verknüpft ist) wird allein durch die Merkmale der Figuren vermittelt; man könnte die Geschichte natürlich auch ohne diese Merkmale erzählen, und würde damit diese Nebenbedeutungen nicht mit kommunizieren.

Die Botschaft hängt auch vom Kontext ab

Bei verändertem Kontext verändert sich auch die Botschaft.

Doch zurück zu unserer Situation, dem Abteilungsmeeting, in dem der Chef diese Geschichte erzählt. In einer ganz normalen Situation, wenn es zum Beispiel um den Beginn eines neuen Projekts geht, wird diese Geschichte womöglich als motivierender Input, mit welcher Haltung oder Einstellung das Projekt angegangen werden soll, wahrgenommen. Aber stellen Sie sich vor, am Tag vorher ist in dem Unternehmen verkündet worden, dass in den nächsten Monaten Entlassungen anstehen: In diesem Kontext bekommt die Botschaft der Geschichte einen neuen »Unterton« – die Mitarbeiter beginnen sich zu fragen, was ihnen ihr Chef in genau dieser Situation mit der Geschichte sagen will. Sollen sie »eingenordet« werden in die »richtige« Einstellung? Steckt dahinter die Drohung, dass die Arbeitsplätze derer gefährdet sind, die nur ganz normal ihre Arbeit tun? Sie können sich denken, dass der Phantasie der Interpretation der Geschichte vor diesem Hintergrund kaum Grenzen gesetzt sind. Dies ist übrigens auch einer der schon erwähnten Nachteile, die fiktive Geschichten gegenüber authentischen haben: Da sie keine direkte Anbindung an die gemeinsame Realität von Zuhörer und Erzähler haben, werden sie sehr viel eher als »Appell« interpretiert als erlebte Geschichten – auch in Kontexten, in denen der Erzähler vielleicht gerade einen direkten Appell vermeiden wollte.

Fiktive Geschichten werden eher als Appell interpretiert als erlebte Geschichten.

Der Kontext, in dem eine Geschichte erzählt wird, beeinflusst also nicht wenig die Botschaft, die bei den Zuhörern ankommt. Wir haben einmal bei einem Kunden einen lange geplanten Storytelling-Workshop zum Thema »Wie kann unser Service besser werden?« durchgeführt. Die Teilnehmer sollten dabei Geschichten aus ihrem Service-Alltag erzählen, anhand derer wir gemeinsam Verbesserungspotenziale erarbeiten wollten. Nun waren aber zwei Tage vor dem Workshop die neuen Entlohnungstarife bekannt gegeben worden, nach denen sich viele Mitarbeiter schlechter gestellt fanden. Es war klar, dass die Botschaften der Geschichten sich veränderten: Der Grundtenor war: »Wir verdienen weniger und sollen gleichzeitig noch besser werden – wie passt das zusammen?«

STORYTELLING-TIPP: SENSIBILITÄT FÜR DIE SITUATION DER ZUHÖRER ENTWICKELN

Wenn Sie Geschichten im Unternehmen erzählen, sollten Sie also genau prüfen, in welcher Situation sich Ihre Zuhörer gerade befinden – und das möglichst kurzfristig. Denn auch wenn Sie bei der Vorbereitung der Präsentation, in der Sie eine Geschichte einsetzen wollen, sich sorgfältig Gedanken zur Situation der Zuhörer gemacht haben, heißt das nicht unbedingt, dass diese Prämissen auch am Tag der Präsentation noch gelten.

Kleine Veränderungen, große Wirkungen

Ein weiterer Punkt, auf den man bezüglich der Botschaft einer Geschichte achten sollte, betrifft die Neben- oder Zusatzbedeutungen, von denen wir oben gesprochen haben. Die Geschichte wurde so erzählt, dass mit der Charakterisierung der handelnden Personen in ganz kleinen Wendungen (»antwortete unwirsch« und so weiter) eine Zusatzbotschaft vermittelt wird: Eine bestimmte Art zu arbeiten führt zu mehr Zufriedenheit. Jetzt stellen Sie sich vor, die Geschichte wird folgendermaßen erzählt:

> Ein Mann flaniert müßig durch die Stadt, als er zu einer Baustelle kommt. Drei Maurer sind damit beschäftigt, Stein auf Stein zu mörteln. Es interessiert ihn, was hier wohl für ein neues Gebäude entstehen soll, und so fragt er den ersten Maurer, was er da mache. Der **antwortet lachend:** »Das sehen Sie doch. Ich mauere Backsteine aufeinander.« Diese Antwort befriedigt den Flaneur nicht, er geht weiter zum zweiten Maurer und stellt erneut seine Frage. Der **wirft sich stolz in die Brust** und antwortet: »Ich baue eine Mauer.« Die Wissbegierde des Spaziergängers ist natürlich immer noch nicht befriedigt, und so wendet er sich mit seiner Frage an den dritten Arbeiter. Der **ist so beschäftigt, dass er kaum aufschaut, er stöhnt und antwortet abwesend:** »Ich baue die neue Kathedrale unserer Stadt.«

Damit bekommt die Geschichte eine völlig neue Bedeutung. Denn hier wird durch die Charakterisierung der Figuren die Hauptbotschaft konterkariert: Der Arbeiter, der in der ursprünglichen Geschichte die am höchsten bewertete Haltung zu seiner Tätigkeit hat, ist ein zerstreuter Griesgram, während der, der nur Steine aufeinander mauert, als gut aufgelegter Wonneproppen daherkommt. Hier widersprechen sich zwei Botschaften, und der Zuhörer wird sich fragen, was der Erzähler ihm eigentlich vermitteln will: Dass eine ganzheitliche Herangehensweise an seine Arbeit eine harte Bürde ist, an der man schwer trägt? Wer will da wie dieser dritte Arbeiter sein? In dieser Form funktioniert die Geschichte allenfalls in einer Kultur mit einer rigorosen Pflichtethik, in der das Verdienst um eine Leistung umso größer ist, je saurer einem die Arbeit fällt.

Bei widersprüchlichen Botschaften fragt sich der Zuhörer, was die Geschichte vermitteln soll.

Widersprüchliche Botschaften

Sie werden vielleicht einwenden, niemand werde beim Erzählen seine Botschaft auf diese Weise konterkarieren. Doch wir erleben in unseren Workshops immer wieder, dass es gerade beim ersten Erzählen einer Geschichte häufig vorkommt, dass sich störende Nebenbedeutungen einschleichen, die die Botschaft abschwächen oder gar ihr widersprechen. Die Reaktion der Zuhörer ist dann oft ein fragender Gesichtsausdruck: Warum erzählt man mir das? Und auch den sogenannten Profis passiert so etwas gar nicht so selten. Wir haben schon viele Werbespots und Anzeigen analysiert, in denen sich Botschaften widersprochen haben. Einmal fiel uns im Rahmen einer Beratungstätigkeit für einen Fernsehsender das Treatment für einen kurzen Spot in die Hände. In ihm sollte für das gewaltfreie, familienfreundliche Kinderprogramm des Senders geworben werden. Die Geschichte war so: Die Kinder sitzen auf dem Sofa und sehen fern. Über den Bildschirm flimmern gewalttätige Bilder. Da kommen die Eltern herein, weisen die Kinder darauf hin, dass man so etwas nicht ansehe; sie schalten um auf das familienfreundliche, gewaltfreie Familienprogramm beim Sender XY. Am Ende sitzen alle gemeinsam auf dem Sofa, und die Kinder lächeln in die Kamera.

Beim Erzählen schleichen sich häufig störende Nebenbedeutungen ein.

Wir fragten, welche Botschaft man mit diesem Spot vermitteln wolle? Dass das Familienprogramm des Senders so unattraktiv sei, dass man die Kinder gewissermaßen durch einen pädagogischen Akt dazu zwingen muss, es einzuschalten? Denn wenn das Programm wirklich so toll wäre, wie der Sender behauptet, hätten die Kinder es längst entdeckt (Kinder wissen über das aktuelle Fernsehangebot sehr viel besser Bescheid als ihre Eltern, das kann Ihnen jeder, der Kinder hat, bestätigen). Wir empfahlen, die Geschichte umzudrehen: Die Eltern schauen den Gewaltfilm, die Kinder kommen herein und schalten auf das Familienprogramm um. Jetzt stimmte die Botschaft: Dieses Programm ist für Kinder so attraktiv, dass sie gar nicht mehr auf die Idee kommen, Bildschirm-Gewalt zu konsumieren.

Manchmal muss man eine Geschichte »umdrehen«.

69

Die Botschaft erzählen, nicht erklären

Eine Geschichte braucht keine theoretischen Erklärungen.

Ein weiterer wichtiger Punkt für das Funktionieren der Botschaft einer Geschichte ist: Sie muss sich erzählen und braucht keine theoretischen Erklärungen. Die Botschaft der Geschichte von den drei Arbeitern versteht jeder sofort, wenn sie gut erzählt ist. Man kann ihre Wirkung jedoch sehr schnell kaputtmachen, wenn man langatmige Erklärungen anhängt: »Ich erzählte Ihnen diese Geschichte, weil ich klar machen wollte, dass eine ganzheitliche Sicht ... bla, bla.« Viele Menschen, die in Unternehmen erzählen, neigen dazu, ihre Geschichte zu erklären – vielleicht, weil sie dem Kommunikationsmedium »Erzählung« und dem narrativen Denken noch zu wenig trauen. Doch das ist völlig unnötig: Der Mehrwert einer Geschichte besteht ja unter anderem eben darin, dass sie einen Sachverhalt sehr schnell auf den Punkt bringt – und das auf eine sinnliche, überzeugende Art. Wenn man die Botschaft theoretisch erklärt, kann man die Geschichte auch gleich weglassen; die Zuhörer langweilen sich nur, weil ihnen zweimal das Gleiche gesagt wird. Sinn dagegen macht es natürlich, eine Geschichte zu erzählen und dann aus ihrer Botschaft heraus weitere neue Gedanken zu entwickeln. Aber niemals die Geschichte theoretisieren – das ist, wie wenn man einen Witz erklärt.

Das Ziel wird nur erreicht, wenn die Botschaft klar und deutlich ankommt.

Wie am Anfang dieses Kapitels schon gesagt: Im privaten Erzählen müssen wir uns meist über die Botschaft unserer Geschichten nicht viele Gedanken machen. Es reicht, sie gut zu erzählen. Im beruflichen Kontext dagegen will man ja nicht einfach nur zur Unterhaltung der Kollegen, Mitarbeiter oder Kunden erzählen, sondern man verfolgt einen Zweck mit seiner Geschichte: Wissen oder Erfahrungen vermitteln, motivieren, einen Sachverhalt verdeutlichen oder illustrieren. Und diesen Zweck erreicht man nur, wenn die Botschaft klar und deutlich beim Zuhörer ankommt.

___ **Checkliste: Die Botschaft klar hervortreten lassen** ___

1. Wenn Sie eine Geschichte in einer bestimmten Situation einsetzen wollen, überlegen Sie sich genau, welche Botschaft die Geschichte vermittelt. Passt diese Botschaft zu Ihrem Kommunikationsziel und zur Situation?
2. Machen Sie sich klar, in welchem Kontext Sie die Geschichte erzählen. Ist irgendetwas vorgefallen, was die Botschaft verändern könnte? In welcher besonderen Situation sind Ihre Zuhörer? Passt die Botschaft der Geschichte zu dieser Situation?
3. Welche Nebenbedeutungen vermittelt Ihre Geschichte? Unterstützen oder bereichern sie die Botschaft oder konterkarieren sie sie? Im letzteren Fall: Verändern Sie die Formulierungen, die die unerwünschten Nebenbedeutungen evozieren.
4. Vertrauen Sie auf die Geschichte. Erklären Sie sie nicht!

Übung 1: Die Botschaft erkennen

Was ist für Sie die Botschaft der folgenden Geschichte? Ist die Botschaft eindeutig oder ändert sich die Botschaft je nachdem, wem (wann, wo etc.) man die Geschichte erzählt? In welchen Situationen in Ihrem Berufsalltag (Präsentation, Kundengespräch, Mitarbeitergespräch etc.) könnten Sie diese Geschichte einsetzen? Überlegen Sie sich, wo die Botschaft wirklich passt und wo nicht.
Der Mitarbeiter einer Kundenservice-Abteilung eines Kaufhauses erzählt:

Neulich kam ein junger Mann zu mir, der ein teures Computerspiel umtauschen wollte, weil es nicht auf seinem Rechner lief. Er hatte aber die Versiegelung an der Packung bereits gelöst. Ich wies ihn darauf hin, dass nur originalversiegelte Spiele umtauschbar sind – sonst könnte sich ja jeder das Spiel auf den Computer laden und es dann zurückbringen. Diese Regelung hängt auch groß an der Kasse der entsprechenden Abteilung. Der Kunde jammerte so lange, bis ich Mitleid hatte und sagte: »Geben Sie mir zehn Euro Bearbeitungsgebühr, dann können Sie das Spiel umtauschen.« Der junge Mann zückte sein Portemonnaie und holte einen Zehn-Euro-Schein heraus. Dabei sagte er: »Das gefällt Ihnen jetzt wohl, dass Sie mir zehn Euro abknöpfen können!« Da war für mich der Ofen aus. Ich gab ihm sein Spiel zurück und verweigerte den Umtausch.

Übung 2: Botschaften überprüfen

Nehmen Sie eine Geschichte, die Sie öfter erzählen. Was ist ihre Botschaft? Vergegenwärtigen Sie sich die letzten paar Situationen, in denen Sie diese Geschichte erzählt haben. Hat ihre Botschaft immer gepasst?

Übung 3: Die Botschaft der eigenen Core-Story

Haben Sie schon Ihre Core-Story gefunden, wie im vorhergehenden Kapitel vorgeschlagen? Wenn ja, dann sehen Sie sie sich genau an. Überprüfen Sie anhand der Checkliste ihre Botschaft. Eventuell passt Ihre Geschichte nur in ganz bestimmte Kontexte. Oder die Botschaft liegt etwas neben dem, was Sie eigentlich vermitteln wollen. Vielleicht müssen Sie an Ihrer Geschichte noch arbeiten. Wenn die Botschaft aber gar nicht stimmt, machen Sie sich vielleicht lieber auf die Suche nach einer neuen Core-Story.

Der Vorher-Nachher-Effekt: Jede Geschichte erzählt vom Wandel

Jede Geschichte hat einen Anfang, und jede Geschichte hat ein Ende. Selbst die »Unendliche Geschichte« von Michael Ende beginnt auf Seite 1 und endet auf Seite 428. Und auch jede mündliche Erzählung fängt zu einem bestimmten Zeitpunkt an und endet an einem anderen wieder. Das sind die rein formalen Anfangs- und Endpunkte. Doch wir alle haben auch ein Gefühl für die inneren Anfangs- und Endpunkte einer Geschichte entwickelt: Wann ist eine bestimmte Folge von Handlungen, Erlebnissen, Ereignissen an ihrem natürlichen Ende angekommen? Wann ist »alles erzählt«, was dazugehört? Im 17. und 18. Jahrhundert begannen Romane, wie zum Beispiel Grimmelshausens berühmter Roman aus der Zeit des 30-jährigen Kriegs »Der abenteuerliche Simplicissimus Teutsch«, häufig bei der Geburt ihres Helden und endeten mit dem Tod – sie wählten also den Anfang seiner Lebensspanne und ihr Ende als die natürlichen Eckpunkte ihrer Geschichte. Heutige Romane erzählen meist kürzere Zeiträume, und die Geschichten, die in Unternehmen erzählt werden, umspannen ja häufig nur einen Zeitraum von Tagen oder Wochen. Nun stirbt der Held dieser Geschichten am Ende nicht (schlimmstenfalls wird er gefeuert), und dennoch haben wir eine Intuition dafür, wann die Geschichte zu Ende ist: Wenn es keinen Grund mehr dafür gibt, »Und dann?« zu fragen – wenn also alle oder die meisten unserer Fragen, die wir am Anfang oder im Lauf der Erzählung hatten, beantwortet sind.

Jede Geschichte hat Anfang und Ende.

Das Ende einer Geschichte: wenn es keinen Grund mehr gibt, »und dann?« zu fragen.

The End of the Story is …

Vor ein paar Jahren beendete ein Fernsehsender durch einen technischen Fehler einen Thriller um eineinhalb Minuten zu früh und schaltete auf die Werbung um. Dummerweise enthüllte der Film erst in diesen letzten 90 Sekunden, wer der Mörder war. Noch nie hatte der Sender eine solche Flut an Anrufen, E-Mails und Faxen bekommen, in denen sich empörte Zuschauer darüber beschwerten, um das Ende der Geschichte betrogen worden zu sein. Dem Sender blieb nichts anderes übrig, als am nächsten Tag vor dem Hauptspielfilm den Schluss des Thrillers zu zeigen.

Doch nicht nur bei Krimis wollen wir das Ende kennen: Bei jeder Geschichte möchten wir wissen, »wie sie ausgeht«. Die Mitarbeiterin einer Fluggesellschaft erzählte zum Beispiel in einem Workshop, in dem es um Kundenorientierung ging, folgende Geschichte:

Wir möchten immer wissen, »wie es ausgeht«.

> Ich hatte gerade Dienst in der Zentralhalle. Die ganze Zeit war mir schon eine Dame mit einem besonders nervösen Dackel aufgefallen. Sie saß auf einer der Wartebänke, der Dackel darunter, und alle paar Minuten schoss er laut kläffend unter der Bank hervor. Er war zwar lästig, aber nun gut, ich dachte, bellende Hunde beißen nicht, also kein Grund, einzuschreiten. Doch einige Minuten später ging ein Geschäftsmann im Anzug an der Bank vorbei, der Hund sprang heraus und verbiss sich in das Hosenbein des Managers. Die Besitzerin pfiff ihren Waldi zwar gleich zurück, doch die Hose war ab dem Knie des Mannes in Fetzen. Der blieb erstaunlich ruhig, obwohl er, wie er mir erzählte, auf dem Weg zu einer wichtigen Präsentation war, bei der es um sehr viel Geld ging. Er fragte mich, ob ich nähen könne und Nadel und Faden hätte. Ich besorgte das Nötige, machte ihm aber nicht viel Hoffnung, dass an seiner Hose noch viel zu retten sei. Er ging in eine Durchsuchungskabine, zog die Hose aus und gab sie mir heraus, machte dabei Witze wie: »Hätten Sie es noch eine Nummer kleiner?«, und so weiter. Wir hatten auf jeden Fall eine Menge Spaß, während ich seine Hose notdürftig zu reparieren versuchte. Besonders repräsentativ sah sie auch am Ende nicht aus, aber er nahm es mit Humor, machte vor, wie er bei der Präsentation sein kaputtes Hosenbein verstecken würde. Nachdem er abgeflogen war, habe ich mir gedacht, dass dieser Mann wirklich eine Ausnahme war: 99 Prozent aller anderen hätten getobt.

Nachdem die Erzählerin damit offenbar an das Ende ihrer Geschichte gekommen war, fragten sofort zwei oder drei andere aus der Gruppe: »Und? Hast du erfahren, wie es bei seiner Präsentation lief?« Leider

74

hatte die Erzählerin nichts mehr von dem Geschäftsmann gehört, die Geschichte, die sie zu erzählen hatte, war wirklich an ihrem Ende angekommen. Dennoch zeigen die Fragen aus der Gruppe, dass sie »eigentlich« eben noch nicht zu Ende ist: Die Zuhörer möchten wissen, ob für den Manager – immerhin ja die Hauptfigur der Geschichte – alles gut ausgegangen ist oder nicht. Beim Geschichtenerzählen ist es also immer wichtig, ob man die Geschichte »zu Ende« erzählen kann oder nicht. Man sollte sich also immer fragen: Was sind die erwartbaren Endsituationen meiner Geschichte? In unserem Beispiel gibt es zwei erwartbare Endsituationen: (1) Die Präsentation wird trotz des kaputten Hosenbeins ein voller Erfolg. (2) Die Präsentation wird ein Reinfall, weil der Manager wegen seines kaputten Hosenbeins von niemandem ernst genommen wird. Natürlich spricht in der Praxis nichts dagegen, die Geschichte zu erzählen, auch wenn man das »eigentliche« Ende nicht kennt. Man sollte dann nur darauf gefasst sein, dass Fragen danach, »wie es weitergeht«, kommen. Und man kann natürlich den Fokus der Geschichte ein wenig anders legen: Man könnte zum Beispiel die Tatsache, dass der Manager auf dem Weg zu einer wichtigen Präsentation war, weglassen oder weniger betonen (obwohl sie natürlich der ganzen Geschichte Dramatik gib); die Geschichte wird dann von der eines Managers, dem auf dem Weg zu einem wichtigen Termin ein Malheur passiert, zu einer darüber, wie man mit Humor mit einer unliebsamen Situation umgehen kann. Beide Geschichten stecken in dem Erlebnis der Erzählerin; es kommt nur darauf an, welche man herausarbeitet.

Was sind die erwartbaren Endsituationen meiner Geschichte?

In einem Erlebnis können mehrere Geschichten stecken.

Das Ende hängt vom Anfang ab

An unserem Beispiel wird ein wichtiger Sachverhalt deutlich: Was als Ende einer Geschichte erwartet wird, hängt stark auch von ihrem Anfang ab. Wenn der Manager am Anfang auf dem Weg zu einer wichtigen Präsentation ist, dann wollen wir ihn am Ende bei dieser Präsentation erleben. Wenn er jedoch in den Flughafen kommt, um nach einem anstrengenden Tag den Heimflug nach Hamburg anzutreten, reicht es uns, wenn wir ihn am Ende mit geflickter Hose in den Flieger steigen sehen. Spannender ist natürlich die erste Geschichte – aber dazu kommen wir noch.

Die Grundelemente

Wenn wir also einmal eine erste Definition dessen wagen, was die Grundelemente einer Geschichte sind, könnten wir sagen: Eine Geschichte besteht aus einem Protagonisten (dem Manager), einer Anfangssituation (der Manager kommt auf dem Weg zu seiner Präsentation in den Flughafen), einer Endsituation (die Präsentation findet statt) und etwas, das zwischen diesen beiden Situationen geschieht (der Hund beißt in die Hose, sie wird notdürftig geflickt, man hat Spaß dabei etc.).

Anfangs- und Endzustand müssen sich unterscheiden.

Wichtig dabei ist, dass sich Ausgangszustand und Endzustand unterscheiden: dass irgendetwas anders geworden ist im Lauf der Geschichte. Sonst ist die Geschichte nicht »erzählenswert«: Es passiert nichts, und damit ist es genau genommen gar keine Geschichte. Stellen Sie sich vor, jemand würde Ihnen Folgendes mitteilen: »Am ersten Tag ging er morgens in die Arbeit und abends nach Hause. Am zweiten Tag ging er ebenfalls am Morgen in die Arbeit und am Abend nach Hause. Und am dritten Tag hielt er es ebenso: morgens in die Arbeit, abends nach Hause.« Würden Sie da nicht erwarten, dass jetzt kommt: »Und am vierten Tag wurde alles anders«? Denn was immer gleich bleibt, ist langweilig.

Was immer gleich bleibt, ist langweilig.

Die Grundelemente einer Geschichte

Jede Geschichte hat

- einen Protagonisten (Helden)
- eine Ausgangssituation;
- eine Endsituation.

Zwischen Ausgangs- und Endsituation geschieht eine Transformation (Veränderung), die dazu führt, dass Ausgangszustand und Endzustand sich unterscheiden.

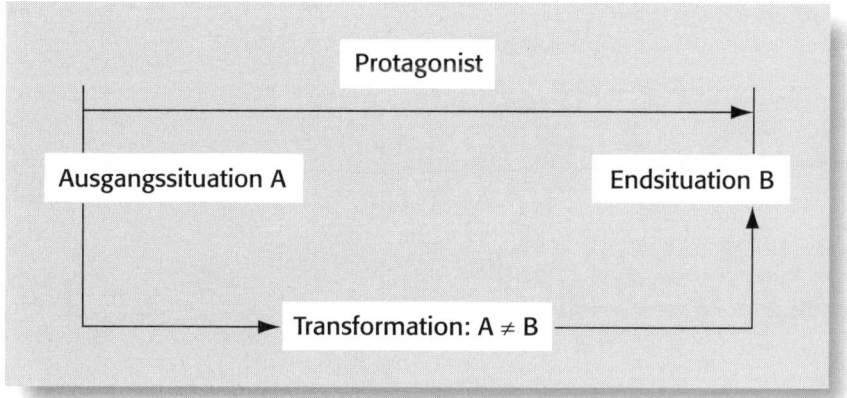

Die Transformation

Worin genau der Unterschied zwischen A und B besteht und wie groß er ist, hängt natürlich von der konkreten Geschichte ab. In Hollywoodfilmen wie »Independence Day« oder »Krieg der Welten« ist er riesig: Am Anfang ist die Erde von Außerirdischen bedroht, am Ende ist sie gerettet. Oder auch in der Nibelungensage: Am Ende, nach Kriemhilds Rache, sind alle Hauptfiguren tot, Ausgangs- und Endzustand unterscheiden sich extrem voneinander. In anderen Geschichten wiederum ist der Unterschied kleiner: Der vom Hund angefallene Manager aus unserer Beispielgeschichte ist am Anfang hoffnungsfroh und mit intakter Hose auf dem Weg zu einer wichtigen Präsentation, am Ende hält er sie vielleicht mit zerrissenen, notdürftig gestopften Beinkleidern, aber immer noch im Gleichklang mit sich und der Welt. Nichts im Vergleich zur Errettung der Welt. Doch für unseren Helden im Rahmen seiner Geschichte ist das doch ein wesentlicher Unterschied. Und wer weiß: Vielleicht bekommt er ja gerade, weil er so souverän mit der Unzulänglichkeit der kaputten Hose umgeht, den Auftrag, um den es bei der Präsentation geht?

Große und kleine Unterschiede.

77

Kleine Veränderungen

Natürlich gibt es auch Geschichten, wo die Veränderungen von A nach B sehr, sehr gering sind. Zum Beispiel die Geschichte von Rudolf, einem schüchternen Mann Mitte 30. Am Anfang der Geschichte lebt er einsam in einem Einzimmerapartment in München-Neuperlach (oder Berlin-Gropiusstadt, wenn Sie wollen), er hat einen langweiligen Job von neun bis fünf Uhr, und sein sehnlichster Wunsch ist es, endlich die Frau fürs Leben zu finden. Tatsächlich verliebt er sich in Susi, eine junge Dame, die er bei der Arbeit kennen lernt, und er tut alles, um sie für sich zu gewinnen. Eine Weile sieht es so aus, also ob tatsächlich etwas daraus werden könnte, doch nach vielen Verwicklungen ist das Projekt Beziehung gescheitert. Am Ende der Geschichte sitzt Rudolf einsam in seinem Einzimmerapartment in München-Neuperlach (oder Berlin-Gropiusstadt), geht täglich von neun bis fünf Uhr zu seinem langweiligen Bürojob. Eine Beziehung zu einer Frau hat er nicht. Bis dahin ist also alles so wie am Anfang: Außer Spesen nichts gewesen. Aber eine wesentliche Veränderung hat sich im Inneren Rudolfs vollzogen: Er hat jede Hoffnung verloren, dass er es jemals zu einer glücklichen Liebesbeziehung wird bringen können. Er ist verbittert, deprimiert, stets schlechter Laune. Ein deprimierendes Ende der Geschichte, natürlich. Doch eine Geschichte, die unserer Definition entspricht: Es hat sich etwas verändert, wenn auch nicht in seinem äußeren Leben, so doch in seinen Gefühlen, seiner Einstellung zum Leben. Wenn sich gar nichts verändert hätte, Rudolf zwar den Fehlschlag bei Susi zu verkraften hätte, aber voller Hoffnung auf die nächste Gelegenheit, eine Frau kennen zu lernen, wartete, würden Sie sich fragen, warum Ihnen diese Geschichte erzählt wird: Es wäre zwar vielleicht eine Menge passiert – Tränen, Küsse, Ohrfeigen, Sex, Streit und Versöhnung, was eben so dazugehören kann zu einer Liebesgeschichte –, aber es wäre nicht wirklich etwas geschehen: nichts, was eine Veränderung herbeigeführt hätte. Die Geschichte wäre eine zufällige Episode aus dem Leben Rudolfs, die keine Botschaft enthält.

Ohne Veränderung passiert zwar viel, aber es geschieht wenig.

Transformation und Botschaft

Denn – und hier sind wir bei einem wichtigen Punkt – die Botschaft einer Geschichte, über die wir im letzten Kapitel gesprochen haben, hängt ganz wesentlich von der Transformation ab, die im Lauf einer Geschichte vor sich geht. In der Geschichte mit dem Hund und dem Anzug – nehmen wir einmal an, die Präsentation war erfolgreich – ist die Botschaft zum Beispiel: »Wenn man mit Problemen souverän umgeht, hindern sie einen nicht am Erfolg.« Sie sehen: Damit sich diese Botschaft vermittelt, ist die Differenz zwischen Anfang und Ende entscheidend. In Rudolfs Geschichte könnte die Botschaft lauten: »Es gibt einfach Menschen, die nicht für Liebesbeziehungen geschaffen sind; sie sollten sich damit abfinden.« Natürlich spielen auch die einzelnen Ereignisse im Lauf der Geschichte für die Botschaft eine Rolle; doch ihre Grundaussage wird durch den Unterschied zwischen Anfang und Ende festgeklopft. Was auch immer im Einzelnen im Lauf des Werbens von Rudolf um Susi geschehen ist: Wenn der Schluss der Geschichte so ist, wie wir ihn oben beschrieben haben, kann die Botschaft nie und nimmer lauten: »Es ist nicht so schlimm, wenn man einmal nicht landen kann; man sollte es einfach wieder probieren.« Für eine solche Botschaft müsste das Ende anders sein: Vielleicht hat Rudolf bei seinen Bemühungen um Susi so viele Erfahrungen gemacht, dass er damit eine Ausbildung zum Frauenhelden durchlaufen hat und am Ende der Geschichte beschließt, fürderhin ein Leben als Playboy zu führen.

Die Botschaft einer Geschichte hängt wesentlich von der Transformation ab.

Anfang und Ende müssen zusammenpassen

In einem Storytelling-Workshop für einen Finanzdienstleister ging es darum, Geschichten zu sammeln und zu »shapen«, die die Kundenberater in Beratungsgesprächen anwenden können sollten. Einer der Teilnehmer erzählte folgende Geschichte:

> Seit ich als Kind die Sendungen von Jacques Cousteau gesehen hatte, war es mein größter Traum, zu tauchen. Als ich es als Jugendlicher

79

dann einmal ausprobierte, merkte ich jedoch, dass viele Dinge am Tauchen mir nicht so leicht fielen: Beim Bootfahren wurde mir schlecht, das Mundstück würgte mich, und wenn ich im Schwimmbad tauchte, merkte ich, dass ich Schmerzen in den Ohren hatte, also häufig der Druckausgleich nicht klappte. Trotzdem machte ich dann irgendwann, als ich es mir leisten konnte, einen Tauchkurs in Ägypten. Es ging alles ziemlich gut: Ich konnte meine Angst vor dem Bootfahren überwinden, und auch der Druckausgleich funktionierte meistens. Nach Abschluss des Kurses tauchten wir dann an einer abgelegenen Stelle, einem Haigebiet. Als ich ins Wasser ging, merkte ich gleich, dass heute der Druckausgleich schwer würde; ich dachte schon daran, den Tauchgang abzubrechen, doch die Kameraden, die schon unten gewesen waren, erzählten so begeistert davon, was es dort zu sehen gab, dass ich mich überwand und nach unten ging. Nach einiger Zeit wurde mir schlecht, ich bekam schreckliche Schmerzen in den Ohren und den Nebenhöhlen, und ich merkte, wie ich aus der Nase zu bluten anfing. Und das in einem Haigebiet. Ich zupfte meinen Tauchpartner an der Flosse, und langsam brachte er mich nach oben. Doch dort merkten wir, dass das Boot weit entfernt war, und keiner sah in unsere Richtung. Da schwamm ich nun, blutend über einem Meer voller Haie, zehn, 15 Minuten lang. Wenn die Raubfische das Blut röchen, würden sie uns sofort angreifen. Ich hatte natürlich riesige Angst, und langsam begann ich die Hoffnung aufzugeben. Plötzlich erschien das Schlauchboot hinter einer Welle, und jemand zog mich und meinen Tauchpartner ins Boot. Da dachte ich mir: Es ist doch gut, wenn man in der Not einen Helfer hat.

Diese Geschichte wollte er bei Schulungen mit Kundenberatern einsetzen, um ihnen das Bewusstsein zu vermitteln, dass sie ihren Kunden gegenüber diese Helfer sein sollen, auch wenn zum Beispiel die Aktien schlecht stehen.

Als wir in der Gruppe begannen, an dieser Geschichte zu arbeiten, war der erste Einwand, der kam, dass in dieser Geschichte der Anfang und das Ende nicht zusammenpassen: Ausgangspunkt und Endpunkt schienen von zwei verschiedenen Geschichten zu stammen. Denn der Erzähler beginnt mit der Geschichte von jemandem, der, obwohl ihm

Manchmal scheinen Anfang und Ende aus verschiedenen Geschichten zu stammen.

das Talent und die Eignung fehlen, unbedingt Taucher werden will –
und es auch wird. Und das Ende ist die Geschichte von jemandem, der
beim Tauchen in Not geraten ist und in letzter Minute gerettet wird.
Dieses Ende hätte auch erzählt werden können ohne den Anfang: Der
Held ist auf Tauchfahrt, geht unter Wasser, obwohl er feststellt, dass
er an diesem Tag Schwierigkeiten mit dem Druckausgleich hat, fängt
dann im Haigebiet zu bluten an, und so weiter. In diesem Fall wäre
die Botschaft eindeutig die gewesen, die der Erzähler am Schluss formuliert hat: dass es gut ist, wenn man in schwierigen Situationen
einen Helfer hat. Eine etwas platte Botschaft vielleicht, aber eine klare. Der tatsächliche Anfang jedoch – darin waren sich alle Teilnehmer
des Workshops einig – verlangt einen anderen Schluss (und damit auch
eine andere Botschaft): Wir alle erwarteten, dass sich am Ende aus der
Tatsache, dass der Protagonist entgegen seinen Anlagen und Talenten
dennoch das Tauchen lernte, irgendeine Konsequenz ergeben würde.
Zum Beispiel, dass er aufgrund seines Unfalls einsieht, dass es nichts
bringt, sich über die Realität (seiner mangelnden Voraussetzungen)
hinwegzusetzen, und er das Tauchen aufgibt. Oder aber, dass er die ge-
fährliche Situation in irgendeiner Weise meistert und damit sich selbst
und anderen beweist, dass man, auch wenn es am Anfang so aussieht,
als sei man für etwas nicht geeignet, dennoch erfolgreich darin sein
kann. Eine von diesen beiden Varianten hätten wir erwartet. Oder
einen anderen Schluss, der uns überrascht hätte, aber einen deutlichen
Bezug zu der Problematik am Anfang gehabt hätte.

Dem Erzähler ist übrigens im Lauf dieser Diskussion klar geworden, dass er tatsächlich aufgrund dieses Erlebnisses das Tauchen aufgegeben hat: auch ein Beispiel für die Kraft des narrativen Denkens. Er
hatte sich zwar noch nicht bewusst dafür entschieden, doch hatte er
es seit eineinhalb Jahren nicht mehr gewagt, auf Tauchtour zu gehen.
Für den Workshop entschied er sich, die Geschichte so umzuarbeiten,
dass sie mit einer Entscheidung gegen das Tauchen endete (obwohl
er zugab, dass es für ihn noch nicht so klar war, ob er von seinem
Traum wirklich so einfach lassen würde können). Die Botschaft der
Geschichte war nun: Man sollte sich, bevor man etwas anfängt, wirklich genau überlegen, ob es zu einem passt. Mit dieser Botschaft konnte er zum Beispiel die Geschichte bei Wertpapier-Verkaufsgesprächen

*Ein Anfang verlangt
seinen Schluss.*

81

*Nur wenn Ausgangs-
und Endzustand
aufeinander bezogen
sind, ist der Zuhörer
zufrieden.*

im Rahmen der Beratungspflicht einsetzen, und den Kunden helfen, herauszufinden, welche Art von Anlage die richtige für sie ist.

Was in einer Geschichte letztlich erzählt wird, ist der Veränderungsprozess, die Transformation, wie es vom Ausgangszustand zum Endzustand kommt. Nur wenn Ausgangs- und Endzustand aufeinander bezogen sind, wird daraus eine Geschichte, die die Zuhörer zufrieden stellt.

STORYTELLING-TIPP:
DAS FUNKTIONIEREN DER GESCHICHTE ÜBERPRÜFEN

Sie können jede Geschichte, die Sie erzählen möchten, nach diesen Kriterien auf ihr Funktionieren überprüfen:

- Ist der Endzustand auf den Ausgangszustand bezogen? Das heißt: Entwickelt sich der Endzustand in irgendeiner Weise aus dem Anfangszustand? Oder hätte man diesen Anfang (so wie in unserer Beispielgeschichte in ihrer ursprünglichen Form) gar nicht gebraucht, um das Ende erzählen zu können?
- Wird in der Geschichte der Veränderungsprozess (die Transformation) deutlich, der vom Anfangszustand A zum Endzustand B führt? Oder kommt das Ende wie aus heiterem Himmel und als Zuhörer bekommt man überhaupt nicht mit, wie es dazu gekommen ist?

Sehen Sie sich ruhig einmal Filme und vor allem TV-Movies daraufhin an, ob diese Kriterien für eine gute Geschichte erfüllt sind. Gar nicht so selten werden Sie gerade bei billigen Fernsehproduktionen feststellen, dass es daran hapert.

Triebfeder der Transformation: Der Konflikt

*Viele Geschichten,
die Manager erzählen,
sind keine richtigen
Geschichten.*

Der amerikanische Drehbuch-Guru Robert McKee hat in einem Interview mit der Zeitschrift »Harvard Businessmanager« im Oktober 2003 gesagt, die meisten Geschichten, die Manager erzählen, seien gar keine richtigen Geschichten: Sie würden immer nur erzählen, dass am Anfang alles sehr gut gelaufen sei, dann sei es besser geworden, dann noch besser, und heute sei alles sehr, sehr gut und erfolgreich. Eine solche »Geschichte«, sagt Robert McKee, sei langweilig: Es passiert nichts darin, was uns als Zuhörer mitgehen, mitfiebern, miterleben lässt: Denn in dieser Geschichte gibt es keinen Konflikt (McKee 2003)!

Wenn Sie einmal überlegen, welche Geschichten Sie begeistert und mitgerissen und welche Sie kalt gelassen oder gelangweilt haben, dann werden Sie feststellen, dass Robert McKee Recht hat: Es sind die Geschichten, in denen die Helden einen Konflikt meistern, ein Problem lösen, sich aus einer Gefahr retten oder eine(n) widerspenstige(n) Geliebte(n) zähmen müssen, die wir als spannend oder unterhaltsam empfinden. Eine Geschichte, in der der Held wie ein strahlender Ritter von Erfolg zu Erfolg reitet und ohne jegliche Mühe mit jeder Situation fertig wird, ist stinklangweilig. Das ist, als würde man sich neben einen Baum stellen und ihm beim Wachsen zusehen.

Geschichten, die mitreißen, sind Geschichten, in denen der Held einen Konflikt meistert.

Die meisten Geschichten, die Unternehmen von sich selbst verbreiten, realisieren jedoch das von McKee kritisierte Modell des »gut – besser – am besten«: Suchen Sie im Internet danach, und Sie werden von zehn »offiziellen« Unternehmensgeschichten maximal eine finden, die um einen Konflikt herum erzählt ist. Warum ist das so? Die meisten Unternehmenskommunikatoren und Manager scheinen zu glauben, man dürfe über das Unternehmen nur »Positives« reden – also über Erfolge. Probleme oder Konflikte werden als etwas »Negatives« gesehen. Doch was gibt es Positiveres als ein erfolgreich gelöstes Problem? In der Regel bewundern wir doch jemanden viel mehr, der sich das, was er erreicht hat, gegen Widerstände erkämpft hat, als jemanden, dem alles in den Schoß gefallen ist.

Was gibt es Positiveres als ein erfolgreich gelöstes Problem?

Der Konflikt ist das zentrale Ereignis

In einer Geschichte, die wir als spannend oder interessant erleben, kommt die Transformation vom Ausgangszustand zum Endzustand durch einen Konflikt oder ein Problem, das der Held bewältigen muss, zustande. Der Konflikt ist also das zentrale Ereignis, von dem wir einleitend gesprochen haben. In der Geschichte zu Beginn dieses Kapitels besteht das Problem für den Protagonisten darin, dass er mit einer zerrissenen Hose zu einer wichtigen Präsentation soll. Die Geschichte berichtet davon, wie er zusammen mit der Erzählerin dieses Problem löst. Die Tauchergeschichte in ihrer endgültigen Version sieht den Konflikt des Helden darin, dass er zwischen seinem Kindheitstraum, unbedingt tauchen zu wollen, und seiner Einsicht, fürs Tauchen ungeeignet zu sein, steht. Er löst diesen Konflikt am Ende durch eine klare Entscheidung. In der ersten Fassung der Geschichte, die, wie wir gesagt haben, aus zwei Geschichten zusammengewürfelt war, gab es dagegen keinen eindeutigen Konflikt; man fragte sich, was denn jetzt genau das Problem des Helden/Erzählers war: Dass er tauchte, ohne dafür geeignet zu sein? Oder dass er blutend über einem Haigebiet schwamm? Eigentlich beides; aber nur das Letztere wird vom Ende der Geschichte mit Bedeutung aufgefüllt, das Erstere verschwindet gewissermaßen im Nichts. In der zweiten Fassung der Geschichte haben wir natürlich auch noch beide Konflikte oder Probleme, aber sie sind klar hierarchisiert: Das Hauptproblem ist, dass der Held taucht, ohne dafür geeignet zu sein. Das zweite Problem, dass er blutend über Haien im Wasser paddelt, ist eine Folge davon: also ein sekundäres Problem, an dem das Grundproblem (der Konflikt, das zentrale Ereignis) auf dramatische Art deutlich wird.

Konflikte können durch klare Entscheidungen gelöst werden.

STORYTELLING-TIPP: VON KONFLIKTEN ERZÄHLEN

Wenn Sie einmal all die Geschichten, die Sie in Ihrem beruflichen Alltag schon erzählt haben, vor Ihrem geistigen Auge vorbeiziehen lassen und sich an die Momente erinnern, in denen Sie besonders aufmerksame Zuhörer hatten, dann werden Sie feststellen, dass das die Momente waren, in denen es in der Geschichte eine Schwierigkeit gab, die überwunden werden musste. Das ist der Moment, an dem eine Geschichte spannend wird: Die Zuhörer fragen sich, was der Held unternehmen wird, um das Problem zu lösen, und ob sein Handeln von Erfolg gekrönt sein wird. Wenn Sie also aufmerksame und gefesselte Zuhörer haben wollen, dann sollte es in Ihrer Geschichte einen Konflikt geben, ein Problem, eine Schwierigkeit, eine brenzlige Situation, die es zu überwinden gilt.

Auch Wissensgeschichten brauchen einen Konflikt

Vielleicht werden Sie jetzt sagen: Aber es gibt doch auch Geschichten, in denen alles glatt geht, und die ich dennoch erzählen möchte, zum Beispiel, um Wissen weiterzugeben. Wir sagen dazu: Wenn es überhaupt Sinn macht, dieses Wissen in narrativer Form (also als Geschichte) weiterzugeben, dann können Sie diese Geschichte auch so erzählen, dass zumindest ein potenzieller Konflikt darin wichtig wird. Und das natürlich, ohne die Geschichte zu verfälschen.

Was bedeutet das? Nehmen wir einmal an, Sie sind einer der erfahrensten und erfolgreichsten Verkäufer in Ihrem Unternehmen. In einem Kundengespräch haben Sie gerade ein umfangreiches Geschäft abgeschlossen. Von diesem Verkaufsgespräch, das ideal abgelaufen ist, möchten Sie gerne den Nachwuchskräften in Ihrem Unternehmen erzählen, denn Sie sind davon überzeugt, dass diese daraus lernen könnten, wie ein Verkaufsgespräch idealtypisch abläuft. Doch eben, weil es so gut abgelaufen ist, fragen Sie sich, wo hier der Konflikt sein soll.

Sie könnten die Geschichte nun rein faktisch erzählen, indem Sie einfach alles berichten, was tatsächlich geschehen ist: »Dann habe ich gesagt ...« »Dann hat er gesagt ...« »Dann habe ich Folgendes gemacht ...« Der Lerneffekt dieser Geschichte für die Nachwuchskräfte in Ihrem Unternehmen wird eher gering sein. Sie erleben jemanden, der offenbar instinktiv die richtigen Knöpfe drückt und das Verkaufsgespräch mit sicherer Hand zu einem guten Ende führt. Der hauptsächliche Effekt dieser Geschichte wird Bewunderung für Sie (oder auch Neid auf Sie) sein und das Gefühl bei den jungen Verkäufern, das niemals so hinkriegen zu können. Doch Sie wollten ja eigentlich etwas anderes. Sie wollten nicht als Objekt der Bewunderung dastehen, sondern den Nachwuchsverkäufern durch die Geschichte etwas beibringen: Wie man ein erfolgreiches Verkaufsgespräch führt. Und Menschen lernen am besten, wenn man ihnen nicht nur sagt, was sie tun sollen, sondern auch, warum dies sinnvoll ist. Nur so können sie später auf die konkreten Situationen in ihren eigenen Verkaufsgesprächen kreativ und flexibel auf die je individuellen Situationen reagieren, anstatt das ideale Verkaufsgespräch nach Schema F abzuspulen.

Menschen lernen, wenn man neben dem Was auch das Warum erzählt.

Also lassen Sie in Ihrer Geschichte die Zuhörer teilhaben an Ihren Überlegungen und strategischen Entscheidungen während des Verkaufsgesprächs. Denn sicherlich gibt es in einem solchen Gespräch Situationen, in denen man so oder anders reagieren kann, und nicht immer wird der Kunde so reagieren, wie man es vorausberechnet hat. Und genau hier haben Sie den Konflikt beziehungsweise die Schwierigkeit, die Sie überwinden müssen: Wie bringe ich den Kunden zum Kaufen? Auch wenn Sie mittlerweile vielleicht so routiniert sind, dass Sie nicht mehr groß nachdenken müssen: Irgendwann mussten Sie sich diese Überlegungen machen. Lassen Sie Ihre Zuhörer teilhaben an den Überlegungen, Entscheidungen und auch Problemen, die hinter Ihrem Handeln stehen. Dann wird die Geschichte spannend, die Zuhörer lernen wirklich etwas und bewundern Sie vielleicht obendrein doch ein wenig – weil Sie das Handwerk so gut beherrschen und auch das Wissen darüber so bereitwillig weitergeben.

Lassen Sie die Zuhörer am Lösungsweg teilhaben.

Checkliste: Die Grundelemente einer Geschichte

Sie sollten jede Geschichte, die Sie im Unternehmen oder in einem beruflichen Kontext bewusst einsetzen wollen, auf das Vorhandensein und die Stimmigkeit der Grundelemente überprüfen:

☐ Passen der Ausgangs- und der Endzustand der Geschichte zueinander? Sind sie Anfang und Schluss einer Geschichte oder gehören sie zu zwei verschiedenen Geschichten (wie im Fall der Tauchergeschichte)?
→ Wenn nicht, entscheiden Sie sich, welche der beiden Geschichten Sie erzählen möchten: die, die der Anfang nahe legt, oder die, für die der Schluss stimmig ist.

☐ Gibt es eine wirkliche Veränderung im Lauf der Geschichte? Sind Anfangs- und Endzustand durch diese Veränderung wirklich in mindestens einem Element verschieden?
→ Wenn nicht, haben Sie noch keine Geschichte, sondern eine Zustandsbeschreibung. Vielleicht eignet sich Ihr Stoff dann nicht für eine Geschichte oder Sie hören zu früh auf, zu erzählen, bevor die eigentliche Entwicklung eintritt.

☐ Ist die Triebfeder der Transformation ein Konflikt, eine Schwierigkeit, ein Problem, das der Held überwinden oder lösen muss?

→ Wenn nicht: Können Sie den Kontext als Konflikt oder Problem
erzählen – natürlich ohne die Geschichte zu verbiegen. Wie das
Beispiel unseres Starverkäufers zeigt, sind manchmal in Erlebnissen Konflikte verborgen, auch wenn es auf der Oberfläche
nicht so aussieht. Doch Vorsicht: Nicht jedes Erlebnis kann man
auf einen starken Konflikt »hinshapen«; manchmal muss man
der Authentizität zuliebe eben auf etwas Spannung verzichten.

Übung 1: Die Grundelemente herausarbeiten

Schreiben Sie folgende (Pseudo-)Geschichte so um, dass sich An-
fangs- und Endzustand klar unterscheiden, es eine wirkliche Veränderung gibt, die durch einen Konflikt oder ein Problem des Helden ausgelöst wird. Sie können so viel an dieser Geschichte verändern, wie Sie
wollen – oder sie auch ganz neu erfinden.

Am Morgen sitzt Herr N. in seinem Büro und ist frustriert. In dem
Projekt, das er leitet, hinkt er gewaltig hinter dem Zeitplan her. Eigentlich hat er schon gar keine Lust mehr, etwas zu tun. Sein Chef,
der ihn dauernd kritisiert, macht die Lage auch nicht besser. Und die
Kollegen, die ihn im Gang treffen, frotzeln immer über sein Projekt.
Am Nachmittag hat er einen Termin bei der Geschäftsleitung. Statt
ihm Hilfe anzubieten, wird er abgekanzelt. Er soll endlich die verlo-
rene Zeit aufholen. Aber wie? Am Abend sitzt Herr N. in seinem
Büro. Er ist frustriert, und hat eigentlich gar keine Lust, etwas zu tun.

Übung 2: Die Core-Story überprüfen

Checken Sie nun wieder Ihre Core-Story nach den Kriterien, die Sie in
diesem Kapitel kennen gelernt haben. Arbeiten Sie im Bedarfsfall
Transformation und Konflikt deutlicher heraus.

Helden, Erzähler und andere Beteiligte

Zu den Grundelementen einer Geschichte haben wir neben dem Ausgangs- und Endzustand und der Transformation auch den »Helden« beziehungsweise »Protagonisten« gezählt. Und das mit gutem Grund: Denn im Mittelpunkt jeder Geschichte stehen eine oder mehrere Personen, von der oder denen die Geschichte handelt. In der Regel sind dies Menschen, es können jedoch auch – erinnern Sie sich nur an berühmte Fabeln wie die vom Fuchs, dem die Trauben zu hoch hängen – Tiere oder sogar Dinge sein. Allerdings agieren Tiere oder Dinge in diesen Geschichten immer sehr menschlich: Sie sprechen, denken, fühlen wie wir. Sie sind letztlich nichts anderes als Masken für menschliche Figuren. Denn eine Grundvoraussetzung dafür, dass uns eine Geschichte interessiert, scheint zu sein, dass wir uns mit einer der Figuren oder dem Helden identifizieren können: In einer Liebesgeschichte leiden wir mit dem Helden oder genießen mit ihm das Glück. Im Krimi rätseln wir mit dem Detektiv über die Hintergründe eines Verbrechens. Und in einer Komödie sehen wir vielleicht in den komischen Verwicklungen, in die der Held gerät, einen Spiegel der kleinen oder größeren Unzulänglichkeiten unseres eigenen Lebens.

Jede gute Geschichte braucht eine Identifikationsfigur.

Damit wir uns mit einer Figur und ihrer Geschichte identifizieren können, müssen allerdings zwei Bedingungen erfüllt sein:

- Der Held (oder eine andere Figur) muss in seiner Art, in seiner Sehnsucht, seinen Träumen, seinen Vorlieben, seinen Zielen oder anderen für uns wichtigen Aspekten uns, den Zuhörern, ähnlich sein: Er muss ein Merkmal haben, an dem wir mit unseren Träumen, Sehnsüchten, Vorlieben und so weiter andocken können.
- Er muss in einer Situation oder Lage sein, die, wenn sie der unseren schon nicht ähnlich ist, so doch zumindest interessant für uns ist.

Wenn nicht mindestens eine dieser Bedingungen erfüllt ist, dann interessiert uns die Geschichte nicht. Das ist auch der Grund, warum zwölfjährige Schüler, die in der Schule zur Lektüre von Schillers »Don Carlos« oder Goethes »Faust« verdonnert werden, diese Texte so überaus langweilig finden: Weder extrem verliebte spanische Prinzen noch wissensdurstige deutsche Professoren haben irgendetwas mit der Lebensrealität dieser Schüler zu tun. Man könnte sehr viel Gutes für ihre Liebe zur Literatur tun, würde man sie in diesem Alter mit derartigen Lektüren verschonen. Und diese zwei Bedingungen sind auch der Grund, warum nicht jede Geschichte für jeden interessant ist: Der eine mag keine Liebesgeschichten, eine andere keine Science-Fiction, weil ihr die Beliebigkeit technischer Spielereien auf die Nerven geht, ein Dritter kann Krimis nicht ausstehen, weil ihn die ewig sich wiederholende Suche nach dem Täter langweilt.

Nicht jede Geschichte ist für jeden interessant.

Wer steht im Mittelpunkt?

Für das Erzählen im beruflichen Kontext bedeutet dies zum einen, dass man ebenfalls davon ausgehen kann, dass nicht jede Geschichte jeden interessieren wird. Und zum anderen, dass man entweder bei der Auswahl der Helden und der anderen Figuren berücksichtigen sollte, ob sie ein Identifikationsangebot für die Zielgruppe (oder für alle Zielgruppen, die man im Auge hat) zu machen in der Lage sind. Wenn immer nur Männer die strahlenden Helden der »Success Storys« sind, die in einem Unternehmen erzählt werden, muss man sich nicht wundern, wenn man den weiblichen Mitarbeitern damit auf die Dauer die Identifikation schwer macht. Oder ein anderes Beispiel: Bei einem unserer Kunden, einem Beratungsunternehmen, wurden die Mitarbeiter in Meetings und Veranstaltungen immer als »Berater« angesprochen. Und auch bei allen Geschichten, die in diesen Veranstaltungen oder in den Unternehmensmedien erzählt wurden, standen immer Berater im Mittelpunkt. Auch hier ist es wieder kein Wunder, dass die 15 Prozent der Mitarbeiter, die eben keine Berater waren, sondern Assistenten und Verwaltungsangestellte, Schwierigkeiten mit der Identifikation hatten. Auch wenn in einem Beratungsunternehmen die Berater natürlich im Mittelpunkt stehen, möchten die anderen Mitarbeiter sich auch angesprochen fühlen.

In sehr vielen Fällen, wenn wahre, authentische Geschichten aus dem beruflichen Leben erzählt werden, steht der Held natürlich von vornherein fest: Es ist der, der das Erlebnis hatte. Das kann der Erzäh-

Bei der Wahl von Figuren und Situationen an die Zielgruppe denken.

»Held« einer Geschichte kann auch eine Gruppe sein.

ler selbst sein oder ein Kollege, dessen Taten man zum Besten gibt, oder ein Kunde, der irgendetwas Besonderes getan hat. Und manchmal ist der Held auch ein Kollektiv: eine Projektgruppe, deren (Projekt-)Geschichte, oder das ganze Unternehmen, dessen Gründungs- und Entwicklungsstory erzählt wird. Was zeichnet also – bei all dieser Verschiedenheit – den Helden einer Geschichte aus?

Wer ist ein Held?

Der Held einer Geschichte muss nicht »heroisch« sein.

Zunächst einmal: Ein Held muss nicht »heldenhaft« sein. »Held« klingt natürlich sehr heroisch. Bei einigen von Ihnen wird der Begriff Assoziationen an Siegfried den Drachentöter oder die griechischen Heroen bei ihrem Kampf um Troja wecken. Um diese Anklänge zu vermeiden, verwendet man daher häufig den Begriff »Protagonist« für die Hauptfigur einer Geschichte. Aber weil dieser Begriff ein wenig sperrig ist, benutzen wir alternativ dazu auch das Wort »Held«, um die Hauptfigur einer Geschichte zu bezeichnen.

Der Held oder Protagonist einer Geschichte ist die Person, von der diese Geschichte in erster Linie handelt. Anders ausgedrückt bedeutet dies, dass es die Person ist, die die Transformation vom Ausgangs- zum Endzustand aktiv oder passiv auslöst, durchlebt oder erleidet. Der Held steht also im Mittelpunkt des Veränderungsprozesses, den eine Geschichte erzählt.

Der Erzähler als Held

Wenn Sie erzählen, wie Sie als Projektleiter ein bestimmtes Projekt gemanagt haben (zum Beispiel die Einführung eines neuen Zielvereinbarungssystems), dann erzählen Sie von dem Veränderungsprozess, den Sie (natürlich mit Ihren Mitarbeitern) initiiert und begleitet (und natürlich häufig auch durchlitten) haben. In diesem Fall sind Sie der Held der Geschichte (oder der Protagonist, damit es ein wenig bescheidener klingt). Vielleicht ist es aber ja auch das ganze Projektteam, das den Veränderungsprozess getragen hat? Der Protagonist wäre dann eine Gruppe, gewissermaßen ein »kollektiver Held«. Bei unserer Arbeit in Unternehmen stellen wir immer wieder fest, dass sich Führungskräfte auch dadurch unterscheiden, ob sie solche Geschichten in der Ich-Form (»Ich habe das angeleiert ...« »Dann habe ich entschieden, ...« etc.) oder in der Wir-Form (»Wir haben dann begonnen, zu arbeiten ...« »Dann haben wir beschlossen, ...«) erzählen. Das »Wir« muss dabei natürlich mit Fleisch gefüllt sein, sonst ist es nur ein Pluralis Majestatis. Hier drückt sich die Haltung zur Führung in der Erzählweise aus – und damit in der Frage, wen man zum Helden der Geschichte macht.

Wir haben in diesem Beispiel also den Fall, dass der Erzähler selbst der Protagonist (oder Teil eines kollektiven Protagonisten) ist. Dies ist wohl die ursprünglichste Form des Erzählens: Man berichtet anderen von den Erlebnissen, die man gehabt hat. Diese Art zu erzählen verbürgt natürlich große Authentizität: Ich war dabei, habe es selbst erlebt.

Der Erzähler als Gefährte des Helden

Wenn Sie an die Geschichten denken, die Sie öfter einmal erzählen, werden Sie darunter auch einige finden, in denen nicht Sie selbst die handelnde Person waren, sondern eher eine Nebenfigur oder ein Begleiter dessen, der eine Veränderung auslöst. Zum Beispiel, wenn Sie erzählen, wie Ihr Chef die Abteilung umstrukturiert hat: Sie waren dabei, haben alles miterlebt, aber das Agens der Veränderung, und damit der Held der Geschichte, ist Ihr Chef. Oder Sie sind neu in der Firma und dürfen den Starverkäufer auf einen seiner Kundentermine begleiten. Wenn Sie davon erzählen, steht ebenfalls ein anderer als Held im Mittelpunkt der Geschichte. Das klassische Gespann dieser Art sind Sherlock Holmes und Doc Watson. Watson ist der Erzähler, der berichtet, wie Holmes souverän die schwierigsten Fälle löst. Da Watson die komplizierten Gedankengänge des Meisters oft selbst nicht nachvollziehen kann, stellt er dankenswerterweise all die Fragen, die uns Lesern auf der Zunge liegen. Ein Vorteil dieser Art des Erzählens ist die größere Distanz des Erzählers zum Geschehen – eine

Der Erzähler muss nicht im Mittelpunkt stehen.

91

Erzählerische Distanz ermöglicht Kritik und Reflexion.

Distanz, die es auch ermöglicht, das, was der Held tut, zu kommentieren und kritisch zu reflektieren – und das mit großer Glaubwürdigkeit, denn der Erzähler war ja mit »dabei«.

Der Erzähler als Berichterstatter

Eine noch größere Distanz zwischen Held und Erzähler haben die Geschichten, in denen der Erzähler gewissermaßen von einem Geschehen »berichtet«, das er nicht selbst erlebt hat. Sei es, dass ihm selbst die Geschichte von anderen erzählt wurde oder dass er sie gelesen hat: Die Quelle dieser Geschichte ist auf jeden Fall nicht das eigene Erleben. Die Gründerstorys alter Unternehmen sind häufig von dieser Art: Wenn erzählt wird, wie Werner von Siemens seine Erfindungen entwickelt, sein Unternehmen gegründet und aufgebaut hat, dann ist der heutige Siemens-Kommunikator, der diese Geschichte auf der Internetseite des Unternehmens verbreitet, als Erzähler allein schon historisch sehr weit vom Geschehen und vom Helden entfernt. Aber auch viele der Geschichten, die wir als Beispiele oder zur Illustration in bestimmten Kontexten erzählen, gehören zu dieser Gruppe. Wenn zum Beispiel der Trainer in einem Rhetorik-Seminar erzählt, wie der berühmte griechische Redner Demosthenes immer den Mund voller Kieselsteine genommen hat, um dann gegen das Brandungsgetöse des Meeres anzureden, ist das eine Beispielgeschichte für eine besonders rigorose Methode der Stimmbildung, an deren Ereignissen der Erzähler in keiner Weise beteiligt war. Diese Geschichten können den Vorteil großer Objektivität haben, denn als Nicht-Beteiligter ist der Erzähler nicht so sehr in Versuchung, die eigene Rolle zu beschönigen. Andererseits haben für die meisten Zuhörer diese Geschichten nicht die gleiche Glaubwürdigkeit und Authentizität wie die Geschichten, in denen der Erzähler als Beteiligter mit auftritt: Er steht nicht als Bürge für die Wahrheit des Erzählten; es könnte ja sein, dass er, da er alles gewissermaßen nur vom Hörensagen kennt, Falschinformationen aufgesessen ist. Als wie authentisch diese Geschichten wahrgenommen werden, hängt stark vom Image der Quelle ab: Steht dahinter ein sicherer Gewährsmann oder jemand, dessen Zuverlässigkeit im Zweifel steht?

Die Wirkung der Geschichte hängt auch vom Image der Quelle ab.

Objektivität und Authentizität

Vergleicht man diese drei Beziehungen, in denen Held und Erzähler zueinander stehen können, stellt man fest, dass sie sich darin unterscheiden, wie authentisch einerseits und wie objektiv andererseits sie wirken:

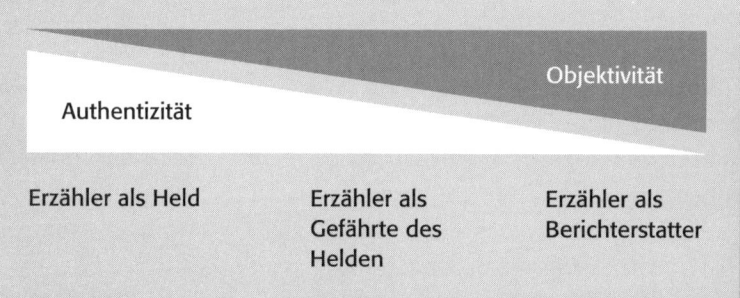

Objektivität

Authentizität

Erzähler als Held

Erzähler als
Gefährte des
Helden

Erzähler als
Berichterstatter

Diese Grafik gibt nur die allgemeine Tendenz wieder: Natürlich kann auch eine Geschichte, in der der Erzähler selbst der Held ist, sehr objektiv wirken – es kommt eben auch immer sehr stark auf die Person des Erzählers und seine Integrität an. Wenn dieser Erzähler, wie der berühmte Baron Münchhausen, jedoch als Lügner bekannt ist, wirkt nicht einmal das, was er von sich erzählt, authentisch. Und doch kann diese Einteilung eine Richtschnur geben, welcher Art von Geschichten man je nach Kontext und Ziel, das man mit dem Erzählen verfolgt, den Vorzug geben sollte (so man denn über einen genügend großen Schatz an Geschichten verfügt).

Weitere Beteiligte

Natürlich gibt es Geschichten, in denen nur der Held vorkommt und sonst niemand: Ganz allein kämpft er gegen die Widrigkeiten und Gefahren des Lebens und siegt natürlich am Ende ganz allein aus eigener Kraft. Bei Geschichten aus dem Unternehmensalltag wird dieser Typus von Geschichten allerdings kaum vorkommen: Wir kennen keine Firma, wo dieser einsame Wolf noch einen Platz hätte; zu sehr ist die tägliche Arbeit durch Vernetzung und Kooperation bestimmt. Wenn Sie also in Ihrer Firma jemanden so eine »Einsamer-Wolf-Geschichte« erzählen hören, sollten Sie ihn fragen, ob er denn wirklich glaube, alles (das ganze Projekt, den Change-Prozess etc.) alleine gestemmt zu haben. In der Regel wird man dann darauf kommen, dass der Betreffende entweder ein Problem mit der Wahrnehmung der Realität oder mit dem eigenen Ego hat.

Also: Normalerweise treten in einer Geschichte neben dem Helden auch noch andere Figuren auf: in der Geschichte eines Projekts etwa der Projektleiter (als Held? Oder vielleicht als Gegenspieler?), einige der Projektmitarbeiter, vielleicht der Vorgesetzte, der das Projekt in Auftrag gegeben hat, ein Kunde, wer weiß, wer noch alles. Wenn Sie eine authentische Geschichte erzählen, steht ja meist von vornherein fest, wer alles mitspielt.

Den Figuren der Geschichte die passende Rolle zuweisen.

Dennoch kann es nützlich sein, bei der eigenen Geschichte einmal zu überlegen, welche Figur, welcher Mitspieler welche Rolle übernimmt. Eine dieser Rollen, die in jeder Geschichte vorkommt, ist die des Helden. In den meisten Geschichten sind aber auch noch weitere Rollen von Bedeutung; die wichtigsten davon sind:

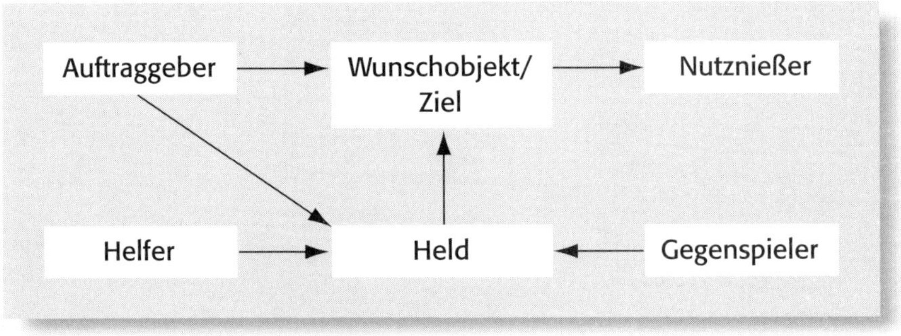

Abb. 5: Rollenmodell nach Greimas; vgl. auch Grimm 1996, Seite 172

Dieses Rollenmodell, das sehr vielen Geschichten zugrunde liegt, bildet gewissermaßen die Grundkonstellation der Beteiligten ab: Der Held verfolgt ein bestimmtes Ziel beziehungsweise will ein Wunschobjekt erringen (einen Schatz, eine Geliebte, Glück, eine positive Unternehmenskultur, einen Projekterfolg). Von irgendeiner Instanz hat er den Auftrag dazu: Das kann eine innere Stimme sein, aber auch ein Chef, oder er gehört zur Erfüllung seiner Berufspflichten. Erreicht der Held sein Ziel, hat ein Nutznießer etwas davon: der Held selbst oder die Menschheit oder das Unternehmen, das nach Abschluss des Projekts glücklich eine funktionierende neue Organisationsstruktur sein Eigen nennen kann. Auf dem Weg zum Ziel gibt es Helfer, die den Helden begleiten und unterstützen, und Gegenspieler, die ihm Steine in den Weg legen.

Die Besetzung der Rollen

Wie Sie schon sehen können, müssen nicht alle diese Rollen von Menschen besetzt sein: Das Wunschobjekt kann eine Person sein (die man als Liebespartner gewinnen oder die man retten will) oder aber ein abstraktes Ziel (eine bessere Welt, funktionierende Prozesse, eine effektive Kundenkommunikation). Der Gegenspieler kann ein Mensch sein oder die Eigenschaften der Organisation, in der man tätig ist: Wer je in einem sehr bürokratischen Unternehmen ein Veränderungsprojekt durchführen sollte, kennt das. Es müssen natürlich auch nicht immer alle Rollen besetzt sein, und manche Personen nehmen manchmal auch gleich zwei Rollen ein. Das kann dann mitunter aparte Kombinationen ergeben – wie in der folgenden Beispielgeschichte, die ein Mitarbeiter eines großen Unternehmens erzählte:

Spannende Konstellationen: wenn Figuren eine Doppelrolle spielen.

> In unserer Firma gab es vor einiger Zeit eine Initiative zum Qualitätsmanagement. Alle Abteilungen sollten sich beteiligen und man konnte sich für entsprechende Projekte freiwillig melden. Das tat ich dann auch sofort, weil mich das Thema Qualität immer schon interessiert hat und ich ohnehin das Gefühl hatte, dass wir dem Kunden noch nicht die Software liefern, die wir eigentlich machen könnten, weil wir ehrlich gesagt ziemlich oft unter zu großem Zeitdruck planen und programmieren. Da hat man dann weder die Ressourcen, um besser zu überlegen, was der Kunde eigentlich braucht und will, und manches wird schon etwas schludrig gemacht, eben auf Abgabetermin hin und so.

Mein Chef meinte, er fände es eine gute Idee, dass ich beim Qualitätsprojekt mitarbeite und hat meine Teilnahme ermöglicht. Das ging dann über mehrere Wochen, immer Donnerstag und Freitag. Zuerst mit Inputs und Unterstützung von externen Trainern, die uns das ganze Thema näher vermittelt haben, dann haben wir in verschiedenen Teams Dinge entwickelt. Es war eine gute Atmosphäre unter den Kollegen und eine produktive Zusammenarbeit. Allen, die dabei waren, lag das Thema am Herzen. Zum Abschluss haben wir dann ein Plakat gestaltet, auf dem waren sozusagen die zehn Gebote zur Qualität drauf, die wir unseren Kunden liefern wollen. Das konnte jeder bestellen und es war auch ein sichtbares Zeichen für diese Qualitätsoffensive und was sie gebracht hatte. Ich war ehrlich gesagt ziemlich stolz, als ich mit dem Ding wieder in die Abteilung zurückkam, sowohl wegen der Inhalte als auch wegen der Gestaltung, zu der ich einiges beigetragen hatte. Ich bin also dann an meinen Platz und hab es sofort aufgehängt. Die Kollegen fanden es auch sehr gut und haben gesagt: Ja, das ist eine vernünftige Sache.

Eine Woche später kam ein neuer Auftrag rein, die Aufgaben wurden verteilt und es hieß, jeder soll sich überlegen, wie lange er für sein Modul braucht. Und ich habe genau kalkuliert, wie ich das anpacke und wie viel Zeit ich brauche, um die Sache auch wirklich im Sinne von Qualität gut zu machen, und ich kam dann auf sechs Wochen. Am nächsten Tag kommt der Chef und fragt mich: Na, was haben Sie denn kalkuliert, und ich sage es ihm. Da schaut er mich an und sagt: Viel zu lange! Ich habe ihm in die Augen gesehen und auf unser Plakat gedeutet und gesagt: Viel schneller geht's aber nicht, wenn ich die Sache wirklich so gut machen will, wie wir uns das vorgenommen haben. Und da sagt er: Sie haben drei Wochen, sonst stimmt unsere Kalkulation nicht. Und basta. Das war also dann unsere Qualitätsoffensive.

Diese Geschichte wurde noch lange im Unternehmen erzählt, und zwar immer, wenn Fragen aufkamen wie: »Wie ernst ist es unserer Führung mit dem Qualitätsmanagement?« oder »Gelten die Vorgaben der Führung für alle oder werden Unterschiede gemacht?«. So zu reagieren war auf jeden Fall unklug von dem Chef; indem er diese Geschichte »auf die Welt gebracht« hat, hat er genau die falschen Zeichen gesetzt.

Aber sehen wir uns einmal die Rollen an, die in dieser Geschichte auftauchen:

- Der *Held* ist in diesem Fall der Erzähler; er ist als Projektmitarbeiter einer der Auslöser der Transformation (des Qualitätsmanagements).
- Das *Wunschobjekt* beziehungsweise das *Ziel*, das der Held bekommen beziehungsweise erreichen möchte, ist in dieser Geschichte ein qualitätsvolleres Arbeiten.
- *Auftraggeber* ist ganz klar die Führung und damit auch der Chef unseres Erzählers: Sie hat zum Qualitätsmanagement aufgerufen.
- Die *Nutznießer* des Zustands bei durchgeführtem Qualitätsmanagement sind das Unternehmen und der Kunde – zumindest nach der Absicht des Auftraggebers.
- *Helfer* sind die Kollegen, die den Helden bei seinem Vorhaben unterstützen; sie haben in dieser Geschichte keine sehr ausgeprägte Rolle.

Und wer ist in dieser Geschichte der *Gegenspieler*? Eindeutig ebenfalls der Chef. Er verhindert, dass der Held sein Ziel (qualitativ hochwertiges Arbeiten) erreichen kann.

Leider nicht ganz selten: der Chef als Auftraggeber und Gegenspieler.

STORYTELLING-TIPP: ROLLEN ANALYSIEREN

Sie können das Rollenmodell auch dazu verwenden, Geschichten, die im Unternehmen kursieren, zu analysieren – und damit auch das eine oder andere Problem in ihm zu entdecken. Denn man merkt ziemlich schnell, wenn wiederholt problematische Konstellationen auftreten. Das kann zum Beispiel auch eine sein, in der sich Nutznießer und Gegenspieler als identisch erweisen: Der Protagonist hat die ganze Zeit auf ein Ziel hingearbeitet, das dem eigenen Unternehmen nützen sollte, stellt aber am Ende fest, dass er dem schärfsten Konkurrenten in die Hände gespielt hat. Über IBM gibt es so eine Geschichte: Die anfängliche Ablehnung von Big Blue, PCs zu bauen, mit der Begründung, das sei ein Produkt, das niemand brauche und der Company nur Verluste bescheren würde, hat IBM fast den Hals gekostet, als sich diese Einschätzung als radikal falsch herausstellte.

Wir haben hier also den erstaunlichen Fall, dass der Auftraggeber zugleich der Gegenspieler ist: Die Führung setzt ein Ziel (Qualität) und verhindert – zumindest, was die Bemühungen des Helden betrifft –, dass es erreicht werden kann. Es entsteht das, was die Psychologen eine »Double-Bind«-Situation nennen: An ein und dieselbe Person werden zwei widersprüchliche Anforderungen oder Signale gesendet. Wir haben in diesem Unternehmen übrigens noch mehrere solche Double-Bind-Geschichten gehört und uns nicht gewundert, als wir einige Jahre später gelesen haben, dass es mit einem neuen Produkt grandios gescheitert ist.

Schwierige Besetzungen

Das Rollenmodell als Prüftool für Geschichten nutzen.

Man kann und sollte das Rollenmodell aber auch nutzen, um eigene Geschichten, die man zu einem bestimmten Zweck erzählt, zu überprüfen. Das ist besonders wichtig, wenn diese Geschichten eine strategische Positionierung des Unternehmens, zum Beispiel im Marketing oder in der internen Kommunikation, leisten sollen. Wenn ich zum Beispiel eine Geschichte im Marketing erzähle, ist ganz klar, wer der Nutznießer sein muss: der Kunde.

Ein Bahnmitarbeiter erzählte uns einmal folgende kurze Geschichte:

> Wir haben festgestellt, dass der Besuch unserer Zugrestaurants über die Jahre hinweg rückläufig war. Immer mehr Fahrgäste holten sich dort nur die Getränke oder ein Sandwich, um sie an ihrem Sitzplatz zu konsumieren. Eine Fahrgastbefragung deckte diese Tendenz ab: Die Menschen wollen an ihrem Platz essen und trinken. Wir haben deshalb die Sitzplätze in den Zugrestaurants bis auf wenige Tische abgebaut und dafür Stehtische mit Selbstbedienung eingeführt. Dies kommt nicht nur den Kundenbedürfnissen entgegen, sondern bringt der Bahn auch Einsparungen in beachtlicher Höhe.

Auf den ersten Blick ist natürlich der Kunde der Nutznießer in dieser Geschichte: Um seinen Bedürfnissen Genüge zu tun, werden die Sitzplätze abgeschafft. Der Verweis auf das Einsparpotenzial zeigt aber, dass es noch einen zweiten Nutznießer gibt: das Unternehmen selbst.

In diesem Zusammenhang ist es sicher interessant, dass alle Bahnkunden, mit denen wir auf unseren vielen Reisen über dieses Thema ins Gespräch gekommen sind, die Geschichte anders erzählen: Die Bahn hat die Sitzplätze abgeschafft, um Service und damit Geld zu sparen. Wir haben noch nie jemanden sagen hören, diese Aktion entspräche seinen Bedürfnissen; ganz im Gegenteil tauchen in diesen Geschichten immer schwärmerische Beschreibungen von ungarischen oder schweizerischen Zugrestaurants auf, in denen es ganz anders zugehe, und die darüber hinaus auch noch gut besucht seien. Man hat in solchen Fällen oft den Eindruck, dass die Befragungen oft nur der Absicherung dessen dienen, was man ohnehin beschließen will. Deshalb nutzen wir Geschichten auch in der Marktforschung; aber dazu später noch mehr.

Vielleicht ist diese Geschichte ja aber auch gar nicht so erzählbar, dass eindeutig der Kunde der Nutznießer ist (weil es eben nicht der Realität entspricht). Solche Geschichten sollte man dann im Marketing eher vermeiden.

Rollendopplungen

Weitere interessante Kombinationen von Rollen sind zum Beispiel:

Rollendoppelungen bieten viele erzählerische Möglichkeiten

- Der Held ist gleichzeitig sein Gegenspieler: Das sind die tragischen Geschichten, in denen jemand sich selbst und seinem Erfolg im Weg steht.
- Der Auftraggeber ist auch der (wichtigste) Helfer: die ideale Geschichte einer Unternehmensführung, die ihre Mitarbeiter mit vollen Kräften beim Erreichen ihrer Ziele unterstützt.
- Der Held ist der alleinige und heimliche Nutznießer seines Handelns: vielleicht die Geschichte eines Schurken, der unter Vorspiegelung sozialer Ziele nur in die eigene Tasche wirtschaftet.
- Der Held ist der Auftraggeber: die Geschichte eines echten Unternehmers, der sich selbst seine Ziele setzt und sie aus eigener Kraft realisiert.
- Der Gegenspieler ist der Auftraggeber (also die umgekehrte Richtung wie in der Qualitätsmanagementgeschichte): Die Konkurrenz zwingt einem Unternehmen ein bestimmtes Handeln auf, für das es sich nicht aus freien Stücken entscheiden würde (zum Beispiel,

dass traditionelle Airlines durch die Herausforderung der Billig-
flieger nun auch Billigtickets anbieten [müssen]).

- Der Gegenspieler ist der Helfer: Der Held trickst den Gegenspieler
so geschickt aus, dass sein ursprünglich gegen ihn gerichtetes Handeln ihm am Ende nutzt.

Rollen des Erzählers

Wie wir gesehen haben, kann der Erzähler entweder der Held sein
oder der Gefährte des Helden, wobei er die Helferrolle einnimmt.
Oder aber er ist ein Beobachter, und dann kann er grundsätzlich jede
Rolle einnehmen:

- Der Erzähler als Auftraggeber: Sie erzählen die Geschichte aus der
Sicht dessen, der den Helden mit einer bestimmten Aufgabe be-
traut hat. Das ist etwa der Fall, wenn Sie als Abteilungsleiter die
Geschichte erzählen, wie einer Ihrer Mitarbeiter (der Held der Geschichte) eine Herausforderung gut (oder schlecht) bewältigt hat.
- Der Erzähler als Nutznießer: Sie sind beispielsweise der Kunde eines Dienstleistungsunternehmens und erzählen die Geschichte, wie
ein Mitarbeiter dieses Unternehmens (der Held) Ihnen einmal besonders guten (oder besonders schlechten) Service bot.
- Der Erzähler als Gegenspieler: Sie erzählen, wie einmal ein Kon-
kurrenzunternehmen (der Held) es mit sehr viel Kreativität fast
geschafft hätte, Sie vom Markt zu drängen.

*Die passende Kon-
stellation für unter-
schiedliche Erzähl-
anlässe finden.*

Nicht jede Konstellation eignet sich, wie Sie sich denken können, für
jeden Zweck. Der Auftraggeber als Helfer ist eine gute Geschichte im
Kontext eines Leitbildes, um die positive Führungskultur des Unternehmens herauszustellen. Es ist aber vielleicht kein so gutes Modell,
um eine Geschichte über Kundenbeziehungen von Dienstleistungsun-
ternehmen zu erzählen: Wie, wird sich der Kunde fragen, soll ich etwa
selbst mitarbeiten an der Leistung, die ich kaufe?

Es lohnt sich also bei Geschichten, die gezielt unternehmensintern
oder extern, etwa in Marketing oder PR, eingesetzt werden sollen, darüber nachzudenken, welche Figur oder Instanz, die in der Story vorkommt, welche Rolle spielt.

_____ **Checkliste: Die Besetzung der Rollen** _____

☐ Ist die Rolle des Helden richtig besetzt? (Beispiel: Wenn die Zielgruppe Ihrer Geschichte rein weiblich ist, ist dann ein männlicher Held die richtige Besetzung?)

☐ Hat der Erzähler die richtige Rolle? (Beispiel: Wird aus einer Ich-Rolle oder einer Wir-Rolle erzählt?)

☐ Gibt es ungute Dopplungen von Rollen? (Beispiel: Der Auftraggeber als Gegenspieler?)

☐ Fehlt eine wichtige Rolle? (Beispiel: Der Nutznießer in einer Geschichte über Kundenservice.)

☐ Wie könnte die Kombination der Rollen Ihre Botschaft noch mehr unterstützen?

Übung: Die Rollen der Core-Story klären

Nehmen Sie Ihre Core-Story und überlegen Sie sich anhand des Rollenmodells, wie die Rollen in Ihrer Geschichte besetzt sind; denken Sie daran, dass eventuell bestimmte Rollen auch mit den gleichen Figuren/Instanzen besetzt sein können.

Wer oder was ist in Ihrer Geschichte

der Held _____

das Wunschobjekt/Ziel _____

der Gegenspieler _____

der Helfer _____

der Auftraggeber _____

der Nutznießer _____

Überdenken Sie diese Rollenverteilung vor dem Hintergrund der Botschaft, die Sie mit Ihrer Geschichte vermitteln wollen. Welche Besetzungen passen gut zu Ihrer Botschaft, welche nicht? Wo könnten bestimmte Dopplungen problematisch werden?

Tschechows Pistole und der Schwertwal: Funktionalität und Kausalität

Wir haben in der Einleitung zu diesem Teil schon darüber gesprochen, dass ein Erlebnis noch nicht automatisch eine gute Geschichte ergibt. Erinnern Sie sich an die Geschichte mit den Kaimanen? Diese gefräßigen Reptilien waren Bestandteil des Erlebnisses unseres Erzählers; in der Geschichte hatten sie allerdings nichts zu suchen: Sie hatten keine Funktion in ihr. Und deswegen haben die Zuhörer mit Verwunderung reagiert und mit ungeduldigen Fragen. »Und die Kaimane? Was ist mit ihnen passiert?«

Zu Recht möchte der Zuhörer oder Leser einer Geschichte auf jede Frage, die die Geschichte auf irgendeine Weise nahe legt, spätestens am Ende eine Antwort bekommen. Bleibt die Geschichte diese Antwort schuldig, ist der Zuhörer unzufrieden. Und warum bleiben Fragen unbeantwortet? Zum Beispiel, weil der Erzähler Dinge in die Geschichte einbaut, die später nicht wichtig werden: Sie bekommen keine Funktion in der Geschichte!

Tschechows Pistole

Alles was in der Geschichte vorkommt, muss auch eine Funktion haben.

Der russische Dramatiker und Erzähler Anton Pawlowitsch Tschechow (vielleicht haben Sie im Theater schon eines seiner Stücke gesehen, »Der Kirschgarten« zum Beispiel oder »Onkel Wanja«) hat einmal sinngemäß gesagt: Eine Pistole, die im ersten Akt eines Stücks an der Wand hängt, muss spätestens im dritten Akt abgefeuert werden! Damit meint er genau das: Alles, was in einer Geschichte vorkommt, muss zur Geschichte gehören. Und das bedeutet: Es muss im Lauf der Geschichte eine Funktion bekommen. Wenn die Kaimane in unserer Beispielgeschichte am Ende jemanden gefressen hätten, wäre das zwar tragisch – aber zumindest für die Geschichte stimmig gewesen.

Intuition für Funktionalität

Wir müssen uns also bei jedem Element der Geschichte fragen, ob es eine Funktion hat oder nicht. Das klingt jetzt komplizierter, als es ist. Denn meist haben wir eine sehr gute Intuition dafür, was dazugehört und was nicht. Allerdings wird diese Intuition häufig erst nach dem ersten Erzählen einer Geschichte »eingeschaltet« – besonders wenn diese Geschichte auf einem eigenen Erlebnis beruht. Beim ersten Erzählen suchen wir gewissermaßen noch die Geschichte in unserem Erlebnis: Ein weiterer guter Grund dafür, eine Geschichte, die Sie in einer konkreten Situation, wie einer Präsentation oder einem Kundengespräch, einsetzen möchten, vorher zu testen – und zwar vor Ihrem eigenen kritischen Verstand, der die unfunktionalen Teile schnell ausfindig machen wird.

Ein Gespür dafür entwickeln, was nicht zur Geschichte dazugehört.

Sehen wir uns als Beispiel die Geschichte einer Seminarteilnehmerin an. Die Aufgabe im Seminar bestand darin, eine Geschichte zu finden, die ein wenig davon ausdrückt, wie das eigene Berufsumfeld beziehungsweise der persönliche Berufsalltag »funktioniert«. Die Teilnehmerin war selbständige Beraterin und erzählte folgende Geschichte zum ersten Mal:

Die erste Version kritisch überprüfen.

> Vor einem Jahr habe ich mir ein neues Geschäftsfeld erschlossen, eine spezielle Art von Marketingberatung. Am Anfang habe ich ziemlich viel getan für die Akquise: Ich habe Mailings verschickt, Telefonaktionen gestartet, was man eben so tut. Alles ohne Erfolg. Nur einmal hatte ich einen Ansprechpartner am Apparat, der sehr interessiert war, und der auch mein Angebot interessant fand. Leider wurde dann doch nichts daraus. Erst ein halbes Jahr später rief dann die Mitarbeiterin einer Firma an und sagte, ihr Chef, Herr K. würde sich für mein Angebot interessieren, und sie solle einen Termin vereinbaren. Erst fanden wir keinen Termin, weil ich in der Zeit in einem festen Projekt war, das 100 Prozent meiner Arbeitskraft forderte. Das war ein Projekt für eine kleine Firma, in der ich Berater und Umsetzer für ein Webprojekt war. Ziemlich anstrengend. Jedenfalls, wir fanden dann doch noch einen Termin. Als ich dann bei der Firma ankam, empfing mich die Mitarbeiterin, mit der ich telefoniert hatte, und sagte, es sei ihr furchtbar unan-

genehm, aber Herr K. müsse dringend in eine Stadt etwa 100 Kilometer entfernt und müsse den Termin absagen. Ich weiß auch nicht, warum mir das einfiel, aber ich sagte wie aus der Pistole geschossen: Ich kann ihn ja hinfahren, dann reden wir im Auto. Sie rief ihren Chef an, und er sagte zu. Während ich auf ihn wartete, wurde mir ein wenig mulmig, besonders wenn ich an mein nicht gerade großes und auch nicht mehr ganz neues Auto dachte. Schnell räumte ich noch Papiere, eine leere Pralinenschachtel und einen Stapel Landkarten, die sich auf der Rückbank verteilt hatten, in den Kofferraum. Als Herr K. kam, schien es mir, als ob er tatsächlich meinen Wagen sehr misstrauisch beäugte. Doch er stieg wortlos ein. Ich fuhr los, aber das Gespräch wollte nicht recht in Gang kommen. Ich war nervös und ratterte meine Produktvorstellung wohl ziemlich leblos herunter. Er sagte nur hm und ja. Auch er war nervös, aber aus anderem Grund: Es schien ihm gar nicht zu behagen, von einer Frau chauffiert zu werden, und er drückte mir beim Mitbremsen fast das Bodenblech durch. Die Stimmung änderte sich erst, als kurz vor unserem Zielort ein Stau angesagt wurde. Da ich mich dort ziemlich gut auskenne, fuhr ich von der Autobahn und brachte meinen Fahrgast rechtzeitig ans Ziel. Ich merkte seiner Körperhaltung an, dass er jetzt ein bisschen gelöster war: Meine Ortskenntnis hatte ihm vielleicht imponiert. Zu meinem Angebot sagte er immer noch nichts. Er fragte mich, ob ich eine Stunde warten könne, um mit ihm dann wieder zurückzufahren. Ich dachte mir, der Tag ist sowieso schon verdorben, und sagte zu. Ich setzte mich in ein Café; dort lernte ich eine Frau kennen, die mittlerweile übrigens zu meinen besten Freundinnen zählt. Sie wohnt in der gleichen Stadt wie ich. Nach einer Stunde ging ich zu dem Firmengebäude, in dem Herr K. verschwunden war, und wartete dort in der Lobby. Er ließ mich durch die Rezeptionistin nach oben rufen, stellte mich seinem Geschäftspartner vor, und teilte mir mit, dass sie beide in Zukunft eng zusammenarbeiten würden und daher beide ihre Marketingstrategie verbessern müssten, und dass sie dies beide gerne mit mir tun würden. So hatte ich plötzlich zwei Kunden auf einmal gewonnen, wo ich doch eigentlich den Tag schon als verloren abgeschrieben hatte. Für mich ist dieses Erlebnis ein Beleg dafür, dass man erst am Ende wissen kann, wofür etwas gut ist.

Übung: Unfunktionale Elemente finden

Unterstreichen Sie für sich in dieser Geschichte die Elemente, die Ihrer Ansicht nach keine Funktion haben – also die »Pistolen«, die am Ende nicht abgefeuert werden.

Sehen wir uns die verdächtigen Stellen einmal gemeinsam an:

Am Anfang habe ich ziemlich viel getan für die Akquise: Ich habe Mailings verschickt, Telefonaktionen gestartet, was man eben so tut. Alles ohne Erfolg.

Dieses Detail ist zwar nicht unbedingt notwendig, um die Logik der Geschichte zu verstehen, doch es hat eine Funktion für die Atmosphäre, die die Geschichte aufbaut: Es zeigt, wie viel die Erzählerin schon für ihr Produkt getan hat, und dass sie wegen des ausbleibenden Erfolgs wohl schon nahe am Aufgeben war. Man kann es also weglassen, muss es aber nicht.

Nur einmal hatte ich einen Ansprechpartner am Apparat, der sehr interessiert war, und der auch mein Angebot interessant fand. Leider wurde dann doch nichts daraus.

Ein typischer Kandidat für eine Streichung: Der Beinahe-Kunde taucht später nicht mehr auf, bekommt keine Funktion in der Geschichte – eine Pistole, die nicht abgefeuert wird. Der Zuhörer fragt sich, warum ihm dieses Detail erzählt wird, und erwartet, dass ihm diese Frage im Lauf der Geschichte beantwortet wird. Leider vergeblich.

Anders wäre es, wenn die Erzählerin diesen Fast-Kunden für ihre Geschichte funktionalisiert hätte: Als sie wegen mangelnden Erfolgs schon fast am Aufgeben war, habe das Gespräch mit ihm sie so motiviert, dass sie eine letzte Anstrengung unternommen habe, und dabei sei sie dann in Kontakt mit dem späteren Kunden, von dem die weitere Geschichte handelt, gekommen. Auf diese Weise funktionalisiert würde das Detail Sinn machen. Als wir in dem Seminar die Erzählerin darauf hinwiesen, entschied sie sich jedoch für die Streichung: In der

Realität habe das Telefongespräch keine motivierende Wirkung auf sie gehabt.

Das war ein Projekt für eine kleine Firma, in der ich Berater und Umsetzer für ein Webprojekt war. Ziemlich anstrengend.

Hat keine Funktion für die Geschichte: Weg damit! Anders wäre es, wenn die Erfahrungen in diesem Projekt der Erzählerin letztendlich bei der Akquise des Auftrags von Herrn K. geholfen hätte.

Schnell räumte ich noch Papiere, eine leere Pralinenschachtel und einen Stapel Landkarten, die sich auf der Rückbank verteilt hatten, in den Kofferraum.

Diese Passage hat eine Funktion für die Atmosphäre der Geschichte: Wir sehen die Erzählerin förmlich vor uns, wie sie nervös und sich selbst für ihren Einfall verfluchend die Rückbank aufräumt. Man könnte sie zwar weglassen, da ohne sie die Logik der Geschichte genauso funktionieren würde, aber sie wäre ohne dieses Detail weniger plastisch.

… dort lernte ich eine Frau kennen, die mittlerweile übrigens zu meinen besten Freundinnen zählt. Sie wohnt in der gleichen Stadt wie ich.

Das ist eine ganz andere Geschichte, die man vielleicht bei einer anderen Gelegenheit einmal erzählen sollte: In dieser Geschichte hat dieses Detail nichts verloren.

Ein Beispiel für ein Detail, das ganz klar funktionalisiert ist, ist der Stau: Er hat zum Stimmungsumschwung von Herrn K. geführt. Wäre er dagegen danach immer noch genauso griesgrämig gewesen wie vorher, dann wäre der Stau ebenfalls ein Detail ohne Funktion und damit ein Streichkandidat.

Wir hoffen, Sie haben durch dieses Beispiel ein wenig Gespür dafür bekommen, was der Unterschied zwischen funktionalen und unfunktionalen Elementen einer Geschichte ist. Unfunktionale Elemente werden sich beim ersten Erzählen einer (authentischen, selbst erlebten) Geschichte immer einschleichen: Man muss ja im Akt des Erzählens die Geschichte erst aus dem Erlebnis herausfiltern. Doch ab dem zweiten Mal sollte man diese Elemente unbedingt weglassen: Sie sind nicht nur unökonomisch, sondern lenken vor allem die Aufmerksamkeit des Zuhörers in die falsche Richtung.

Checkliste: Fragen zum Aufspüren von Problemen mit der Funktionalität

Stellen Sie bei jedem Ereignis, jeder Begebenheit in Ihrer Geschichte die Fragen:

☐ Warum wird das erzählt?

☐ Welche Auswirkungen/Funktion hat dieses Ereignis für die Transformation vom Anfangs- zum Endzustand?

Falls Ihnen keine beziehungsweise nur verneinende Antworten einfallen, stellen Sie noch folgende Frage:

☐ Hat das Ereignis/die Passage eine Funktion für die Atmosphäre der Geschichte? Lässt sie uns den Helden oder eine andere Figur lebendiger oder eine Situation plastischer erscheinen?

Wenn Ihre Antwort wieder negativ ist: Streichen Sie die betreffende Passage!

STORYTELLING-TIPP: GESCHICHTEN STRAFF ERZÄHLEN

Oft tut es Geschichten gut, wenn man sie eher straff als ausufernd erzählt: Man konzentriert sich dann automatisch auf das Wesentliche. Geben Sie sich als Übung einmal »zu wenig« Zeit für das erste Erzählen einer Geschichte. Sie werden dabei unfunktionale Elemente von selbst weglassen, um Zeit für die wichtigen Informationen zu gewinnen.

Der Schwertwal und der große Zusammenhang: Kausalität

Ein zweiter neuralgischer Punkt, an dem irreführende Fragen der Zuhörer entstehen können, ist die kausale Abfolge der Ereignisse der Geschichte: Folgen die einzelnen Geschehnisse logisch aufeinander? Deckt sich diese Abfolge mit unseren Vorstellungen dessen, was realistisch möglich ist?

Sehen wir uns eine Geschichte an, die von den Indianern an der nördlichen Pazifikküste Amerikas erzählt wird:

> Ein Fischer fing einen seltsamen Fisch, den er seiner Frau zum Ausnehmen gab. Als sie damit fertig war, wusch sich die Frau die Hände im Meer. Plötzlich tauchte ein Schwertwal aus dem Wasser auf und zog sie hinunter. Der Schwertwal nahm die Frau des Fischers mit zu seinem Haus am Meeresgrund, wo sie als Sklavin für ihn arbeiten musste.
>
> Mit Hilfe seines Freundes, des Hais, folgte der Fischer dem Schwertwal zu dessen Haus auf dem Meeresgrund. Der Hai hatte viele Tricks auf Lager, und er blies im Haus des Schwertwals alle Lichter aus und rettete die Frau des Fischers.
> (Zitiert nach: Tobias 1999, Seite 21 f.)

Diese Geschichte stellt uns nicht zufrieden; zu viele Fragen, die wir an sie haben, bleiben unbeantwortet, Fragen wie zum Beispiel:

- Was hat der seltsame Fisch, den der Fischer gefangen hat, mit dem Auftauchen des Schwertwals zu tun? Unsere Vermutung ist vielleicht, dass der Schwertwal die Fischersfrau wegen des seltsamen Fisches (vielleicht war er ein Verwandter des Schwertwals?) raubt, doch Klarheit darüber bekommen wir nicht.
- Warum entführt der Schwertwal sonst die Frau? Weil er böse ist? Aus Rache? Aus Jux?
- Welche Beziehung besteht zwischen dem Hai und dem Fischer? Woher kommt er? Warum hilft er ihm?
- Weshalb genügt allein schon das Ausblasen der Lichter, um die Frau zu retten? Kann der Hai im Dunkeln sehen, der Schwertwal aber nicht?

Offene Fragen und kausale Lücken verärgern die Zuhörer.

Fragen über Fragen. Und immer, wenn sich der Zuhörer einer Geschichte solche Fragen stellt und keine Antworten bekommt, wird er unzufrieden und manchmal sogar sauer. Sie kennen das sicherlich auch von so manchem Fernsehkrimi: Wie kommt der Kommissar darauf, dass ausgerechnet dieser Mann der Täter ist? Wieso ist er ganz zufällig genau im richtigen Moment an der richtigen Stelle? Und warum ist der Täter so dumm und geht an einen Ort, wo er unter Garantie der Polizei in die Arme laufen muss? Wenn es zu dick kommt, zappen Sie weg und sind sauer über das, was Ihnen da als Geschichte aufgetischt wird.

Wir haben oben eigens ein Beispiel aus einer anderen Kultur (der der nordamerikanischen Indianer) ausgewählt, um ein besonders drastisches Beispiel für fehlende kausale Verknüpfung der einzelnen Elemente zu haben. Man muss natürlich dazusagen, dass die Geschichte in der Kultur der Indianer wohl funktioniert – sonst würde sie nicht erzählt werden. Mit ziemlicher Sicherheit gibt es in dieser Kultur ein Wissen zum Beispiel über die mythologischen Rollen des Hais und des Schwertwals, was es bedeutet, von einem Wal geraubt zu werden, etc. – ein Wissen also, das die Lücken, die die Geschichte lässt, auffüllt. Solches spezifische Wissen gibt es in jeder sozialen Gruppe. Bestimmt haben Sie es auch schon erlebt, dass Sie mit Kollegen einer anderen Abteilung oder aus einem anderen Unternehmen zusammensaßen und eine Geschichte über deren Chef erzählt wurde. An einer bestimmten Stelle lachen dann alle – und Sie verstehen nur Bahnhof, bis man Ihnen den Hintergrund für den Heiterkeitsausbruch erklärt.

Auf den Wissensstand der Zuhörer Rücksicht nehmen.

Die Frage hinter den Fragen, die sich uns bei der Schwertwalgeschichte stellen, ist: Wie stehen die Ereignisse kausal zueinander? Wir haben schon im Zusammenhang mit den Grundbestandteilen einer Geschichte gesagt, dass der Anfang und das Ende einer Geschichte aufeinander bezogen sein müssen. Jetzt können wir ergänzen: Auch die einzelnen Schritte, die von A über die Transformation zu B führen, müssen aufeinander bezogen sein – im Sinne einer logischen, kausal verknüpften Abfolge der Ereignisse.

Die Abfolge der Ereignisse nachvollziehbar gestalten.

Checkliste zum Aufspüren von Problemen mit der Kausalität

Fragen Sie wieder für jedes Ereignis (und ziehen Sie dabei sozusagen die Schuhe des Zuhörers an):

☐ Warum geschieht das? Ergibt es sich klar aus dem Vorhergehenden beziehungsweise trägt es eine Erklärung in sich? Kennt der Zuhörer diese Erklärung aus Ihrer Erzählung oder weil er mit Ihnen ein bestimmtes Wissen teilt? (Das erste Ereignis in einer Geschichte steht zum Beispiel normalerweise für sich allein: »Auf einer Geschäftsreise kam ich nach Hildesheim« ist Erklärung genug; wenn der Zweck der Geschäftsreise für Ihre Geschichte keine Funktion hat, brauchen Sie ihn nicht zu erklären).

☐ Falls der Zuhörer keine Antwort auf diese Frage bekommt, überlegen Sie, was fehlt, um dem Zuhörer die kausale Abfolge der Ereignisse plausibel zu machen.

Übung 1: Dem Schwertwal Kausalität geben

Denken Sie sich eine Fassung der Geschichte vom Schwertwal aus, die die offenen Fragen beantwortet. Lassen Sie ruhig Ihre Phantasie spielen, erfinden Sie Zusammenhänge, machen Sie die Geschichte rund. Und wenn Sie möchten, schreiben Sie Ihre Fassung hier auf:

_____

_____

_____

_____

_____

_____

_____

_____

_____

Übung 2: Die Core-Story überprüfen

Nehmen Sie sich Ihre Core-Story noch mal vor. Überprüfen Sie: Hat sie Elemente, die nicht funktional sind? Sind manche Ereignisse nicht kausal miteinander verknüpft? Spielt der Zufall eine große Rolle?

Die Dramaturgie des Erzählens

Ich bin auf einer Party, drehe mich um, und plötzlich sehe ich diesen Mann. Beinahe hätte ich mich an meinem Drink verschluckt. Der hier! Er war wirklich der Letzte, dem ich begegnen wollte. Ich denke, ich muss hier weg. Ich will ihm auf keinen Fall begegnen. Aber da kommt er auch schon auf mich zu. Und mit jedem Schritt, den er auf mich zugeht, fühle ich mich schlechter. Zum Weglaufen ist es jetzt zu spät. Ich weiß, das wird Ärger geben.

Diese Geschichte, die eine Teilnehmerin an einem Storytelling-Workshop erzählt hat, beginnt unmittelbar vor ihrem dramatischen Höhepunkt. Die Zuhörer wissen nicht, was vorher geschehen ist, warum die Erzählerin so erschrickt, sie wissen auch nicht, was gleich passieren wird, nur, dass es unangenehm, peinlich, vielleicht sogar gefährlich werden wird.

Dieser Einstieg in die Erzählung erzeugt Spannung und Aufmerksamkeit. Er entfesselt die Neugierde der Zuhörer, und zwar gleichzeitig in zwei Richtungen: Einerseits möchte man erfahren, was als Nächstes passiert. Es ist Gefahr in Verzug: Wie wird der Mann handeln, wird es einen Skandal geben, wird es sogar zu Tätlichkeiten kommen? Oder wird die Erzählerin in letzter Sekunde eine rettende Idee haben, wird ihr jemand zu Hilfe kommen? Andererseits möchte man natürlich mehr über die Vorgeschichte des Konfliktes wissen, der hier auf seinen Höhepunkt zustrebt: Wer ist der Mann, woher kennen sich die beiden, was ist früher zwischen den beiden vorgefallen?

Die Neugierde der Zuhörer wecken.

Spannungslinien

Der Beginn der Geschichte erzeugt also gleichzeitig zwei Spannungslinien. Als Erstes muss nun eine Rückblende kommen: Die Erzählerin gibt wieder, wie sie den Mann kennen lernte, wie es zum Konflikt kam. Während sie das alles berichtet, bleibt bei den Zuhörern die bange Frage nach der Reaktion, nach dem, was der Mann sagen und tun wird, wenn er die Frau erreicht hat, bestehen. Mehr noch: Jede Information, die sie über die Vorgeschichte erhalten, regt sie zur Hypothesenbildung an, lässt sie Vermutungen über die mögliche Reaktion des Mannes anstellen. Jeder gute Krimi lebt von dieser Dynamik. Wir Zuschauer, Leser, Zuhörer genießen dieses Spiel, dieses Mitraten, Mitdenken, Theorienaufstellen, diese Einladung an unser Gehirn, aktiv zu werden und sich zu beteiligen. Eine gute Geschichte ist immer auf Beteiligung angelegt, sie bezieht uns ein, lässt uns geistig mitmachen und teilhaben. Und ein solcher Einstieg wie der oben ist eine besonders attraktive Einladung dazu, die kaum jemand abschlagen wird.

Den Zuhörer zum Mitdenken herausfordern.

Und dann schließlich kommt die Auflösung, und die ist bei einer guten Geschichte überraschend, hat einen »Dreh«, auf den die meisten Zuhörer nicht gekommen sind. (Übrigens: Ob sie vorher schon »darauf kommen«, hängt nicht zuletzt von der Art des Vortrags ab. Wenn man etwa von Gestik und Stimme her zu dick aufträgt, wird man den Verdacht nähren, dass sich am Ende wahrscheinlich alles in Wohlgefallen auflösen wird.)

Und hier nun die ganze Geschichte:

Ich bin auf einer Party, drehe mich um, und plötzlich sehe ich diesen Mann. Beinahe hätte ich mich an meinem Drink verschluckt. Der hier! Er war wirklich der Letzte, dem ich begegnen wollte. Ich denke, ich muss hier weg. Aber da kommt er auch schon auf mich zu. Und mit jedem Schritt, den er auf mich zugeht, fühle ich mich schlechter. Zum Weglaufen ist es jetzt zu spät. Ich weiß, das wird Ärger geben.

Ein Jahr zuvor war der Mann Kunde bei mir gewesen. Es war die Zeit des New-Economy-Booms, und der Kunde war von der allgemeinen Goldgräberstimmung wie so viele andere heftig angesteckt. Er hatte eine nennenswerte Summe bei uns angelegt – einen Teil in Aktien investiert, einen Teil aber auch sicher konservativ angelegt und war damit immer gut gefahren. Und nun war ihm das alles nicht mehr genug. Er wollte nicht nur, dass wir sein gesamtes Geld in IT- und Internetaktien anlegen sollten, er wollte sich zusätzlich noch einen hohen Betrag von uns leihen und das geliehene Geld gleich auch dort investieren. Als ich ihm abriet, wurde er richtig pampig. Es sei schließlich sein Geld, was ich mir einbildete, er sei langjähriger Kunde. Als ich ihm dennoch den Kredit verweigerte und ihm das Risiko zu erklären versuchte, flippte er regelrecht aus. Schließlich versuchte er, mich zu erpressen, verlangte, meinen Chef zu sprechen, um sich über mich zu beschweren. Ich blieb aber bei meiner Meinung. Tatsächlich wurde ich am nächsten Tag zum Chef bestellt. Es gab ein für mich sehr unangenehmes Gespräch, der Chef machte richtig Druck, aber ich blieb bei meiner Einschätzung und schließlich sagte er, er überlasse mir die Entscheidung.

Der Kunde war weg. Hatte wütend seine Konten gekündigt, wollte sich eine andere Bank suchen. Und dieser Typ kam also jetzt auf dieser Party auf mich zu, Schritt für Schritt zwischen den anderen Gästen durch und ließ mich nicht aus den Augen. Meine Hände schwitzten. Und dann stand er vor mir, sah mich eindringlich an und sagte: »Danke!«

Mir blieb fast die Luft weg. »Danke, dass Sie mir damals den Kredit nicht gegeben haben. Ich habe mich fürchterlich aufgeführt, ich war gierig. Ich habe dann nach einem anderen Institut gesucht, wollte riesige Kredite aufnehmen ... und dann kam der Crash. Wenn Sie nicht gewesen wären, dann stünde ich heute mit einem Haufen Schulden da.«

Auf diese Weise erzählt, erzeugt die Geschichte mehr Spannung und Dramatik, als wenn man sie chronologisch von Anfang an durcherzählen würde.

Mit Vorschau und Rückblenden Spannung erzeugen.

Histoire und discours

Wir haben an diesem Beispiel gesehen, dass sich die »eigentliche« Reihenfolge der Ereignisse und die Reihenfolge ihrer Präsentation unterscheiden können. Unter Drehbuchautoren wird häufig das eine »plot« genannt, das andere »story« – oder umgekehrt. Da die Verwendung dieser Begrifflichkeiten etwas widersprüchlich ist, weichen wir aufs Französische aus (weil französische Literaturwissenschaftler diese Unterscheidung erstmals eingeführt haben) und nennen die beiden Aspekte »histoire« und »discours«.

113

> ### Histoire und discours
>
> *Histoire:* Die Ereignisse der Geschichte in der Reihenfolge, in der sie wirklich geschehen sind beziehungsweise in der sie von der Logik her aufeinander folgen. (»Erst geschah dies, dann das, dann jenes, dann ...«)
>
> *Discours:* Die Reihenfolge und Art und Weise, wie diese Ereignisse tatsächlich beim Erzählen präsentiert werden.

Geschichten müssen nicht unbedingt chronologisch erzählt werden.

Grundsätzlich kann man bei jeder Geschichte an jedem einzelnen Punkt des Verlaufs einsetzen. Aber nicht jeder Punkt ist bei jeder Geschichte gleich geeignet und die Wahl des Einstiegs hängt selbstverständlich auch davon ab, worauf es einem in der jeweiligen Situation ankommt: Muss man seine Zuhörer erst interessieren, fesseln, um sie für die Botschaft der Geschichte zu gewinnen? Oder befindet man sich in einer Situation, wo bereits Konsens über das Thema und die Inhalte besteht? Wenn beispielsweise klar ist, dass man Geschichten darüber austauschen will, wie man den Kunden trotz widriger Umstände helfen konnte, ist allen Zuhörern bereits von vornherein klar, dass die Geschichte »gut« ausgehen wird, und man kann sich »Effekte« eigentlich sparen. Aber in allen Situationen, wo Geschichten eingesetzt werden, um überhaupt Aufmerksamkeit zu gewinnen, Zuhörer für bestimmte Ideen, Haltungen, Produktvorteile zu interessieren, lohnt es sich, über den Aufbau und die Wirkung verschiedener Story-Strukturen nachzudenken und an seiner Geschichte zu feilen.

Der richtige Einstiegspunkt

Der Einstiegspunkt hängt vom Vorwissen der Zuhörer ab.

Der richtige Einstiegspunkt für eine Geschichte hängt natürlich auch vom Vorwissen der Zuhörerschaft ab. Nehmen wir an, jemand, der in einer Firma lange Zeit als »Enfant terrible« bekannt war und dem niemand ernsthafte Chancen auf eine Beförderung zugetraut hätte, wäre in eine führende Position gelangt. Und diese Führungskraft erzählt jetzt bei entsprechenden Gelegenheiten »seine« Geschichte.

114

Dass diese biografische Erzählung eine überraschende Wendung besitzt, ist allen Zuhörern klar. Ein Einstieg im Stile unserer obigen Beispielgeschichte: »Und dann sah ich, wie der CEO auf mich zukam, und ich dachte, o je, das gibt wieder einen Anschiss ...«, kommt also in dieser Situation nicht in Frage. Wenn alle das Ende der Geschichte bereits kennen, liegt das Interesse nicht beim Ergebnis, sondern beim Auslöser (oder den Auslösern), beim Wie. Wie war das möglich? Wie hat er das gemacht? Spielte der Zufall die entscheidende Rolle oder steckte Strategie dahinter? Gibt es einen Trick, den uns die Geschichte verrät? Und wie ging es dem »Helden«: Hat er immer an sich geglaubt oder hatte er die Hoffnung schon aufgegeben oder aber wollte er vielleicht nie dahin, wo er jetzt ist?

Ist der Ausgang bekannt, liegt das Interesse beim Wie.

Um den richtigen Einstiegspunkt in die Geschichte zu finden, die angemessene Dramaturgie, muss man sich also über das Vorwissen (beziehungsweise die Vorurteile) der Zuhörer Rechenschaft ablegen. Und eventuell unterschiedlichen Zielgruppen je nach ihrem Wissensstand die Geschichte anders präsentieren. So kann es zum Beispiel auch sein, dass die Zuhörer alle die Geschichte schon bis zu einem gewissen Punkt kennen: Dann ist es natürlich sinnvoll, in der Mitte anzufangen, anstatt sie mit einer langen, schon bekannten Vorgeschichte zu langweilen.

Unterschiedliche Dramaturgie je nach Zielgruppe.

Wenn Sie ein wenig geübt im Erzählen sind, werden Sie häufig den richtigen Punkt, um in den discours einzusteigen, spontan, aus dem Bauch heraus finden. Manchmal ist es jedoch auch hilfreich, diesen Punkt durch Nachdenken zu bestimmen. Dabei können Sie folgendermaßen vorgehen:

1. Vergegenwärtigen Sie sich die wichtigsten Ereignisse der histoire, in der Reihenfolge, in der sie geschehen sind:

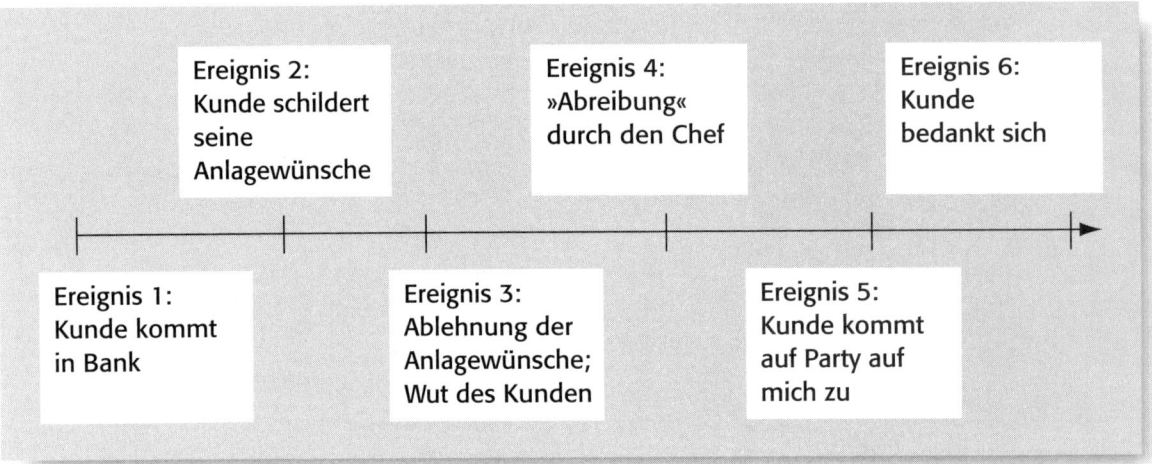

2. Stellen Sie sich folgende Fragen:

Checkliste histoire und discours

1. Gibt es in der Geschichte einen dramatischen Höhepunkt, der eine überraschende Wendung bringt? Dann würde sich dieser Punkt als Einstieg gut eignen.
2. Kennen die Zuschauer das Ende der Geschichte schon? Dann könnten Sie etwa beim Ende anfangen und die Vorgeschichte, wie es dazu kam, rückblickend erzählen.
3. Ist es Ihnen wichtig, Ihre Zuhörer sofort zu fesseln, aber noch nicht zu viel zu verraten? Dann könnte es gut sein, an einer spannenden Stelle relativ am Anfang einzusteigen. Beispiel: »Der Kunde schrie mich an, er werde sich bei meinem Chef über mich beschweren. Und das nur, weil ich seinen Anlagewünschen nicht gefolgt war ...«
4. Wie sind Ihre Zuhörer? Eher nüchtern-sachlich? Oder lassen sie sich gerne auch mal unterhalten? Je nachdem könnten verschiedene Einstiegspunkte passend sein.

3. Wenn Sie den Einstiegspunkt gefunden haben, überlegen Sie, in welcher Reihenfolge Sie die übrigen Ereignisse erzählen. An unserem Beispiel verdeutlicht:

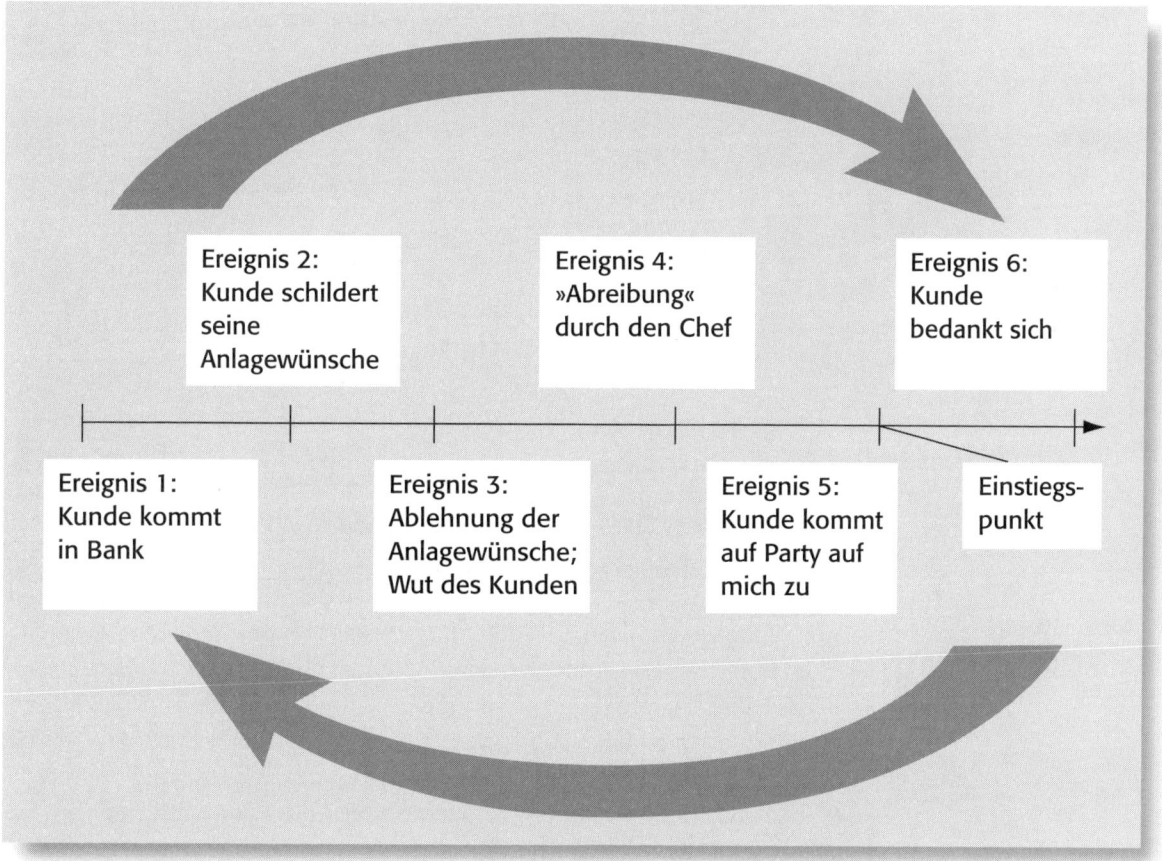

Ereignis 2:
Kunde schildert seine Anlagewünsche

Ereignis 4:
»Abreibung« durch den Chef

Ereignis 6:
Kunde bedankt sich

Ereignis 1:
Kunde kommt in Bank

Ereignis 3:
Ablehnung der Anlagewünsche; Wut des Kunden

Ereignis 5:
Kunde kommt auf Party auf mich zu

Einstiegspunkt

Übung: Den richtigen Einstiegspunkt für Ihre Core-Story finden

Sehen Sie sich unter dem Licht dieses Kapitels Ihre Core-Story nochmals an. Ist es besser, die Ereignisse der Reihenfolge nach zu erzählen, oder bietet sich ein besonderer Einstiegspunkt an?

Aufbruch ins Unbekannte: Das Erzählmodell der Heldenreise

Ein Erzählmodell mit vielen Einsatzmöglichkeiten.

Wir haben in den vorhergehenden Kapiteln die Bausteine beschrieben, aus denen jede Geschichte besteht. Jetzt möchten wir Sie noch mit einer besonderen Form von Geschichten bekannt machen, für die es zahlreiche Einsatzmöglichkeiten gibt: das Erzählmodell der Heldenreise.

Geschichten, die diesem Modell folgen, bestehen natürlich auch aus den Bausteinen, die Sie kennen gelernt haben, aber sie folgen darüber hinaus noch einem ganz bestimmten Ablaufschema. Sehen wir uns als Beispiel eine Geschichte an, die uns vor einigen Jahren der Projektleiter für die SAP-Einführung in einem großen Konzern erzählt hat:

Man munkelte im Unternehmen schon seit längerer Zeit, dass so etwas kommen würde, aber Gewissheit bekam ich erst, als ich eines Tages zum Vorstand gerufen wurde. An diesem Tag sollte sich mein Leben für die nächsten Jahre grundlegend ändern. Ich war damals der Leiter einer kleinen Stabsabteilung, die sich mit betriebswirtschaftlichen Mehr-Jahres-Planungen beschäftigte. Das war ein interessanter, aber eher ruhiger Job. Tja, mit der Ruhe war es dann vorbei, denn der Vorstand, Herr Dr. K., sagte mir, dass beschlossen worden sei, SAP im Unternehmen einzuführen, und man mich bitte, die Projektleitung zu übernehmen. Das kam für mich ziemlich überraschend, denn SAP hat ja ziemlich viel mit IT zu tun, und davon verstehe ich nun mal überhaupt nichts. Außerdem wusste ich nicht, ob ich die Kraft haben würde, ein mit sehr heterogenen Mitarbeitern besetztes Projekt zu leiten, in dem es sicher auch zahlreiche Konflikte geben würde. Und der erste Konflikt schien mir auch schon vorprogrammiert: Unsere IT-Abteilung saß seit Jahren daran, eine SAP vergleichbare Betriebswirtschaftssoftware speziell für unser Haus zu programmieren. Die SAP-Einführung würde das Aus für dieses Vorhaben bedeuten. Ich sagte dies dem Vorstand auch klar, und Dr. K. erwiderte, dass es einer der Gründe für die Vorstandsentscheidung sei, die jahrelange Misserfolgsgeschichte dieses IT-Projekts endlich zu beenden. Deshalb wolle man auch niemanden von den ITlern als Projektleiter haben. Ich bat um ein paar Tage Bedenkzeit, aber Dr. K. meinte, ich müsse mich bis zum nächsten Tag entscheiden. Nach einer schlaflosen Nacht, in der ich mehrmals nahe daran war, abzusagen, gab ich mir nach einem Gespräch mit meiner Frau einen Ruck, rief Dr. K. an und sagte zu.

Schon zwei Tage später stand der Leiter der IT-Abteilung, den der Vorstand mittlerweile informiert hatte, in meinem Büro und erzählte mir von tausend Schwierigkeiten, auf die ich mich einstellen müsse, und ob ich mir denn überhaupt »als Fachfremder«, so sagte er wörtlich, im Klaren darüber sei, was es bedeute, eine solche Software zu implementieren. Kurz, er versuchte, mich ins Bockshorn zu jagen.

Als ich dann meine Projektgruppe zusammenstellte, achtete ich natürlich darauf, auch genügend IT-Mitarbeiter in wichtigen Positionen einzubinden. Trotzdem machten sie es uns am Anfang sehr schwer. Zum Beispiel waren alle Analysedaten, die wir vom IT-Projekt übernehmen wollten, plötzlich verschwunden; irgendwer musste sie gelöscht haben, aber keiner wusste, wer. Das warf uns einige Zeit zurück. Doch schließlich konnten wir loslegen. Ich hatte mir noch einen externen IT-Berater engagiert, der mich coachte, ohne dass dies im Unternehmen bekannt wurde; aber ich hatte einfach das Gefühl, dass ich unseren IT-Leuten nicht trauen konnte.

Gut, wir legten dann los. Ich überspringe jetzt die tausend Probleme, die sich uns in den nächsten Monaten gestellt haben. Die Sabotageakte der ITler wurden zwar langsam weniger, ich habe es geschafft, immer mehr von ihnen auf meine Seite zu ziehen, indem ich ihnen mehr Eigenverantwortung gab. Dafür gab es Führungskräfte, die ihre Aufgaben nicht erfüllten, unvorhergesehene Schwierigkeiten, rechtliche Probleme mit Kunden und so weiter. Es war ein langer Weg, bis wir schließlich kurz vor dem »Go live« standen. Wir mussten gewissermaßen nur noch den Schalter umlegen, und da geschah das Unglaubliche: Der Vorstand setzte das ganze Projekt vorübergehend aus. Wir alle waren schockiert und sprachlos. Was war geschehen? Der IT-Leiter hatte mit einer externen Firma seine Software zu Ende programmiert, mit Billigung eines Vorstandsmitglieds. Jetzt hatte der durchgesetzt, dass diese Software eine Chance gegen SAP bekommen sollte: Beide sollten überprüft werden und dann sollte eine Entscheidung gefällt werden, welches System endgültig implementiert werden sollte. Dr. K. hatte diese Entscheidung nicht verhindern können. Wir mussten uns also auf ein Duell vorbereiten. Und jetzt zahlte es sich aus, dass viele IT-Mitarbeiter mittlerweile auf unserer Seite standen; sie kannten die andere Software gut genug, so dass wir in der Präsentation unsere Vorteile gegenüber ihr sehr gut verargumentieren konnten. Als dann der große Tag kam, waren wir super vorbereitet, und wir trugen dann auch um Haaresbreite den Sieg davon.

SAP ging also live; in zahlreichen Schulungen bereiteten wir die Mitarbeiter auf die Benutzung des Systems vor. Auch in den folgenden Wochen ging noch einiges schief; ich hatte oft das Gefühl, dass es Sabotage war, denn die Fehler sahen oft so aus, als ob jemand beweisen wollte, dass unser Projekt nicht funktionierte. Aber wir kämpften uns durch. Schließlich ging dann der IT-Leiter zu einer anderen Firma, und damit kehrte Ruhe ein. Heute arbeiten wir sehr erfolgreich mit SAP.

Eine Projektgeschichte also, wie Sie selbst vielleicht schon mehrere erlebt haben. Wenn wir uns den Ablauf dieser Geschichte einmal ansehen, können wir ganz bestimmte Phasen ausmachen:

1. Zunächst arbeitete unser Held, der Projektleiter, in seinem Job ganz normal vor sich hin; er selbst bezeichnet ihn als einen ruhigen Job. Doch dann kommt der Ruf zum Vorstand, der eine besondere Herausforderung für ihn bereithält: Er soll die Leitung eines schwierigen und aufwändigen Projekts übernehmen.
2. Unser Held ist nicht gleich Feuer und Flamme. Während einer schlaflosen Nacht ist er mehrmals nahe daran, nein zu sagen, sich zu weigern, die Aufgabe zu übernehmen. Doch schließlich sagt er zu, stellt sein Team zusammen und will losmarschieren. Doch dann sind die Analysedaten weg: Jemand scheint verhindern zu wollen, dass das Projekt in Angriff genommen wird.
3. Der Held und seine Helfer überwinden das Problem, erstellen eigene Daten. Und dann arbeiten sie, was als eine ganze Serie von Problemen und ihre Bekämpfung beschrieben wird. Schließlich sind sie kurz vor dem Ziel.

4. Doch genau in diesem Moment muss das Projekt seine härteste Probe bestehen: Der Vorstand überlegt, ob nicht doch das konkurrierende System des IT-Chefs realisiert werden soll. Doch auch dieses Problem wird überwunden: Die SAP-Lösung kann online gehen. Unser Held und seine Helfer sind am Ziel angelangt.

5. Doch mit diesem Sieg ist das Projekt noch nicht zu Ende. Denn die SAP-Anwendung muss erst noch im Unternehmen verankert werden, die Mitarbeiter müssen mitziehen, die neuen Abläufe zum Alltag werden. Erst dann kann man wirklich von einem Erfolg des Projekts sprechen.

Campbells Entdeckung

Der Ablauf dieser Geschichte entspricht einem der ältesten Erzählmodelle der Menschheit. Entdeckt hat es der amerikanische Mythenforscher Joseph Campbell (1904–1987), der in den 30er und 40er Jahren des letzten Jahrhunderts die Mythen und Sagen ganz unterschiedlicher Kulturen und Zeiten miteinander verglich. Dabei fiel ihm auf, dass in den Heldenepen des antiken Griechenland, den Mythen Asiens und Afrikas bis hin zu den Erzählungen der Inuit oder der Indianer immer wieder der gleiche Ablauf auftauchte. Campbell nannte ihn die »Heldenreise«: Einen Helden oder Heros ereilt der Ruf des Abenteuers (eine Prinzessin ist gefangen, das Goldene Vlies gilt es zu erobern), er bricht auf, um den Schatz zu finden (oder die Prinzessin zu befreien), und muss dabei einen langen Weg der Prüfungen mit vielen Gefahren bestehen. Schließlich kommt er dort an, wo die Prinzessin gefangen, der Schatz von einem gefährlichen Drachen bewacht wird. Er kämpft seinen letzten Kampf, erringt den Schatz und kehrt mit ihm schließlich in die Heimat zurück (Campbell 1999).

Wenn Sie sich einmal an die Geschichten, die Sie kennen, erinnern, werden Sie feststellen, dass viele genau diesem Modell folgen: Das griechische Heer zieht gegen Troja, um die schöne Helena zurückzuholen, Odysseus muss anschließend eine zehnjährige Irrfahrt durchmachen, bevor er wieder zu seiner Frau Penelope nach Hause kommt,

Heldenreise: ein universelles und zeitloses Erzählmodell.

121

Siegfried tötet den Drachen und erringt den Hort der Nibelungen, der junge Wilhelm Meister in Goethes gleichnamigem Roman reist durch Deutschland, weil ihn der Ruf des Theaters nicht mehr loslässt, und findet auf dieser Reise den Schatz seiner wahren Berufung: Er wird am Ende Arzt. Aber auch viele Kinofilme und Bücher unserer Zeit nutzen dieses Modell: Indiana Jones auf der Suche nach dem Heiligen Gral, Luke Skywalkers Kampf gegen das Imperium in der Star-Wars-Trilogie oder Harry Potters immer ernster werdende Auseinandersetzung mit Lord Voldemort – all diese Geschichten variieren das Modell der Heldenreise. Manche übrigens durchaus bewusst – bei Hollywoods Drehbuchautoren sind Campbells Forschungen sehr populär.

Die Heldenreise bildet Grundzüge menschlichen Erlebens ab.

Joseph Campbell war davon überzeugt, dass das Modell der Abenteuerreise des Helden deshalb so häufig in Geschichten auftaucht, von den ältesten Zeiten bis heute, weil es ein grundsätzliches menschliches Erleben abbildet: »Das ist das Grundmotiv der weltweiten Fahrt des Helden – dass man einen Zustand verlässt und den Ursprung des Lebens findet, durch den man in einen reicheren und reiferen Zustand befördert wird« (Campbell 1994, Seite 150). Das betrifft die großen, existenziellen Veränderungen des menschlichen Lebens, aber ebenso die kleinen, fast schon alltäglichen Reisen in die Veränderung.

Die Phasen der Heldenreise

Campbell hat die Mythen der Welt sehr genau analysiert und den Ablauf in 18 Stationen beschrieben. Wir haben dieses Modell aus praktischen Gründen auf die fünf Hauptstationen reduziert.

Die fünf Phasen der Heldenreise

1. Der Ruf des Abenteuers
2. Der Aufbruch ins Unbekannte
3. Der Weg der Prüfungen
4. Der Schatz
5. Die Rückkehr

Der Ruf des Abenteuers

Die Geschichte beginnt immer damit, dass der Held in seiner gewöhnlichen Umwelt sein ganz normales, alltägliches Leben lebt. Im Märchen oder Heldenepos ist das der Prinz oder König, der auf seinem Schloss die Tage genießt, in einem Action-Film sehen wir den Helden am Anfang, wie er zu Hause oder in seiner Arbeitsstelle das tut, was er immer tut, in einem Unternehmen ist es das, was man als »business as usual« bezeichnet. In diese Situation hinein kommt nun der Ruf des Abenteuers: Eine Prinzessin ist entführt worden, das Reich ist in Gefahr, ein Konkurrent fordert das Unternehmen heraus oder, wie in unserem Beispiel, der Vorstand ruft ein Projekt ins Leben. In manchen dieser Geschichten weigert sich der Held zunächst, diesem Ruf zu folgen, er möchte nicht aus seiner gewohnten Umgebung gerissen werden und all die Gefahren auf sich nehmen, die das Abenteuer für ihn bereithält. Die biblische Geschichte von Jonas ist ein Beispiel dafür: Gott ruft ihn, in Ninive den Untergang zu verkünden, doch er entzieht sich diesem Auftrag durch Flucht; wie Sie wissen, endet sie im Bauch eines Wals.

Am Beginn steht immer der Normalzustand.

Der Aufbruch ins Unbekannte

Folgt der Held dem Ruf, rüstet er sich zur Reise in ein Land oder eine Welt, die er bisher noch nie betreten hat. Das kann in Märchen und Sagen ein tatsächliches Land sein, ein Abenteuerwald zum Beispiel. Oder es ist das Land einer ganz neuen Erfahrung: eine neue Liebe, ein neuer Job, ein Projekt, das einen vor nie erlebte Herausforderungen stellt. Der Held überschreitet dabei immer eine Grenze: die Grenze zum Unbekannten. Und häufig begegnet er dabei einem Schwellenwächter: einer Instanz, die ihn diese Grenze nicht überschreiten lassen will. Im Märchen ist das oft ein Zwerg oder ein Riese, der den Wald bewacht und den der Held erst überwinden muss. Oder der Schwellenhüter stellt ihm ein Rätsel, wie die Sphinx, und das Abenteuer kann erst beginnen, wenn es gelöst ist. In Unternehmen kann diese Rolle eine Abteilung oder eine Gruppe übernehmen, die – wie in unserer Beispielgeschichte zu Beginn dieses Kapitels – ein Interesse hat, das Projekt zu hintertreiben. Oder vielleicht ist der Schwellenwächter ja auch nur die eigene Trägheit, der innere Schweine-

Keine Heldenreise ohne Grenzüberschreitung und Betreten von Neuland.

123

hund, der einen hindert, etwas anzugehen. Überwindet der Held den Schwellenwächter, kann das Abenteuer richtig losgehen.

Der Weg der Prüfungen

Widerstände, Gefahren und Probleme gehören dazu.

Ein Abenteuer wäre diesen Namen nicht wert, gäbe es in seinem Verlauf nicht eine Menge Gefahren und Prüfungen zu bestehen. Der Märchenprinz kämpft gegen allerlei Riesen, Hexen oder verzauberte Tiere, die Helden vor Troja mussten zehn Jahre die härtesten Kämpfe bestehen, und in Action-Filmen jagt eine Gefahr die nächste. Wer je das Unternehmen gewechselt hat, weiß auch, dass die ersten Monate in der neuen Firma durchaus ein solcher Weg der Prüfungen sein können: Man kennt die ungeschriebenen Regeln nicht, Leute, denen man nie etwas getan hat, entpuppen sich als Feinde, weil sie selbst scharf auf den Job waren, und so weiter. Und in jedem Projekt, das Neuland betritt, stellt sich dem Projektteam Unvorhergesehenes oder Überraschendes in den Weg, Mitarbeiter entpuppen sich als Gegner, Führungskräfte lassen auf die zugesagte Unterstützung warten: Gefahren über Gefahren. In den Geschichten und Filmen (und auch in den meisten Prozessen im wirklichen Leben) ist diese Phase die längste der Abenteuerreise. In ihr muss der Held beweisen, dass er wert ist, den Schatz zu erringen.

Der Schatz

Der Held muss beweisen, dass er wert ist, das Ziel zu erreichen.

Schließlich ist der Held am Ziel seiner Reise angelangt: Vor ihm ragt das Schloss auf, in dem der Drache die Prinzessin gefangen hält. Indiana Jones hat endlich die Bundeslade, die er um die Wette mit den Nazis in der ägyptischen Wüste gesucht hat, gefunden. Die Software ist online, das neue Organigramm steht, der CI-Prozess dokumentiert sich in vielen bunten Drucksachen mit dem neuen Logo. Häufig, wie im Fall des Märchenprinzen vor der Drachenburg oder dem Projektleiter in unserer Beispielgeschichte, wartet auf den Helden gewissermaßen in Sichtweite des Schatzes noch ein entscheidender Kampf, in dem es um alles oder nichts geht. Besteht er auch diesen Kampf, hält er den Schatz in Händen. Damit ist das Abenteuer zu Ende, könnte man meinen. Doch es fehlt noch etwas.

Die Rückkehr

Wenn er auch den Schatz gefunden hat, der Held befindet sich ja immer noch tief im Abenteuerland, und er muss den Schatz erst einmal heil nach Hause bringen. Und natürlich sind die Gefahren nicht weniger geworden. Leicht kann der Held da seinen Schatz wieder verlieren, wenn er nicht aufmerksam und vorsichtig ist. Indiana Jones wird in dieser Phase die Bundeslade zum Beispiel noch einmal von den Nazis abgejagt. Oder denken Sie an die Geschichte von Orpheus und Eurydike: Eurydike wird von einer Schlange gebissen und stirbt. Orpheus, der Sänger, ist darüber so untröstlich, dass er durch ganz Griechenland bis an den Eingang der Unterwelt zieht und seine Klagelieder singt. Sogar die Götter rührt er mit diesem Gesang, und sie erlauben ihm, Eurydike wieder aus der Unterwelt herauszuführen. Nur eine Bedingung stellen sie: Er darf sich auf dem Weg nicht nach ihr umsehen. Doch Eurydike weiß von dieser Bedingung nichts und kann nicht verstehen, warum der Geliebte sie nicht ansieht. »Ach, du liebst mich nicht mehr«, klagt sie, so lange, bis Orpheus nicht mehr anders kann und sich umdreht. Und damit hat er sie zum zweiten Mal verloren, diesmal für immer.

Der Held kann den Schatz auch wieder verlieren.

In Unternehmen wird häufig bei Projekten die Phase der Rückkehr vernachlässigt. Man hat das vorher definierte Ziel erreicht, die Software ist online, das Organigramm steht und man beendet das Projekt. So verlaufen viele Projekte im Sand, das Geld, das dafür ausgegeben wurde, ist verschwendet. Denn die Rückkehr bedeutet hier: Man muss das Projekt beziehungsweise sein Ergebnis erst noch in den Alltag bringen, in den Köpfen der Mitarbeiter verankern. Das ist es letztlich, was im Management-Deutsch mit dem schönen Wort »implementieren« gemeint ist: Das Ergebnis des Projekts zurück in den Alltag zu bringen.

Die Phase der Rückkehr wird allzu oft vernachlässigt.

Typen, denen man im Abenteuerland begegnen kann

Natürlich ist der Abenteuerwald bevölkert mit allerlei sympathischen oder weniger sympathischen Figuren, die dem Helden begegnen, ihn unterstützen oder ihm Steine in den Weg legen.

Figuren im Abenteuerland
Herold
Mentor
Schwellenhüter
Gestaltwandler
Gegenspieler
Helfershelfer des Gegenspielers
Hüter des Horts
Helfer
Gefährte des Helden
Gott auf tönernen Füßen
Trickser

Der Herold

Der Herold ruft den Helden zur Abenteuerreise: Er ist es, der den ersten Anstoß gibt für den Helden, aktiv zu werden. Er erzählt dem Helden vom Schatz, von der gefangenen Prinzessin, die es zu befreien gilt. Im Unternehmen ist der Herold die Instanz, die zuerst die Notwendigkeit des Projekts, des Veränderungsprozesses festgestellt hat.

Mögliche Herolde im Unternehmen: Führungskräfte, Fachreferenten und Spezialisten, externe Berater, Banken etc.

Der Mentor (auch: weise alte Frau, weiser alter Mann)

Er steht dem Helden als Helfer und Berater zur Seite. Er teilt seine Erfahrungen mit dem Helden, gibt ihm Werkzeuge und Waffen an die Hand, mit deren Hilfe er seine Aufgabe besser bewältigen kann. Außerdem ist der Mentor häufig zur Stelle, wenn der Held verzweifelt ist, und gibt ihm durch seinen Rat wieder Mut.

Mögliche Mentoren im Unternehmen: ältere Führungskräfte, Berater, Kollegen, die schon Erfahrung mit ähnlichen Projekten haben, Chefs etc.

Der Schwellenhüter

Über den Schwellenhüter haben wir schon gesprochen; er bewacht den Eingang zum Abenteuerwald und versucht, den Helden von der

Reise abzuhalten. Schwellenhüter können während der Reise zum Projektziel auch mehrmals auftauchen, in immer unterschiedlicher Gestalt. Der Held ist herausgefordert, den Schwellenhüter zu bekämpfen, zu überlisten oder auf seine Seite zu ziehen.

Mögliche Schwellenhüter im Unternehmen: Bedenkenträger, Menschen, Teams oder Abteilungen, die ein Interesse daran haben, den Status quo zu erhalten, Ehrgeizlinge etc.

Der Gestaltwandler

Der Gestaltwandler ist eine Person mit mehreren Gesichtern: Nie weiß man ganz genau, woran man bei ihm ist. Er ist wie der Zauberer im Märchen, der mal als Rabe, mal als Tiger und mal als Maus erscheint; man ist nie sicher, ob er im nächsten Moment nicht zur Bedrohung wird. In Projekten und Prozessen sind Gestaltwandler diejenigen Personen oder Teams, bei denen man nie genau sagen kann, auf wessen Seite sie in Wirklichkeit stehen: Ist die Freundlichkeit nur eine Maske oder kommt sie von Herzen?

Mögliche Gestaltwandler im Unternehmen: verkappte Gegner des Projekts, die nicht die Macht oder den Mut haben, offen zu opponieren.

Der Gegenspieler

Die Ziele des Gegenspielers sind denen des Helden genau entgegengesetzt: Er ist der Rivale, der dem Helden die Belohnung abjagen will. Im Mythos ist er meist der Böse, er kann aber auch einfach nur ein Konkurrent des Helden sein, nicht schlechter und auch nicht besser als dieser. Fest steht jedoch: Es kann nur einer gewinnen – der Held oder der Gegenspieler.

Mögliche Gegenspieler im Unternehmen: Personen, die aus irgendwelchen Gründen ein Interesse daran haben, dass ein Projekt scheitert (der IT-Leiter in unserer Beispielgeschichte), Teams oder Abteilungen, die konkurrierende Projekte aufgesetzt haben.

Der Helfershelfer des Gegenspielers

Häufig hat der Gegenspieler einen oder mehrere Helfer, die ihn unterstützen, oft auch die »Drecksarbeit« für ihn machen. Manchmal bleibt der eigentliche Gegenspieler im Verborgenen und schickt nur

127

seine Gefährten an die Front; in diesem Fall sind die Winkelzüge des Gegenspielers besonders schwer zu durchschauen.

Mögliche Gefährten des Gegenspielers im Unternehmen: Mitarbeiter aus konkurrierenden Abteilungen, Kollegen, die an einer Erhaltung des Status quo interessiert sind.

Der Hüter des Horts

Er ist der Drache, der die gefangene Prinzessin bewacht, der Zwerg, der eifersüchtig den Schatz hütet, oder die Räuberbande, die ihr Diebesgut in einer Höhle hortet. Er ist der wichtigste Gegner des Helden, denn er will das nicht herausgeben, was zu gewinnen das Ziel seiner Abenteuerreise ist. Der Hüter des Horts will, dass alles so bleibt, wie es ist: Er ist ein Gegner der Veränderung. Meist muss der Held ihn bekämpfen, wenn er etwas an diesem Status quo verändern und den Schatz gewinnen will. Manchmal, bei großem Geschick, gelingt es jedoch auch, den Hüter des Horts zum Verbündeten zu machen.

Mögliche Hüter des Horts im Unternehmen: Besitzstandswahrer, Menschen, die von Veränderungen, wie sie das Projekt mit sich bringt, Nachteile für sich befürchten, Menschen, die ihr Wissen eifersüchtig hüten und nicht teilen, oder allgemein: eine Haltung der Trägheit im Unternehmen.

Der Helfer

Es kann sein, dass der Helfer den Helden von Anfang an begleitet. Oder er taucht an einem kritischen Punkt der Reise plötzlich auf und hilft aus einer (vielleicht scheinbar aussichtslosen) Situation. Und manchmal gelingt es dem Helden auch, einen Gegenspieler oder Schwellenhüter »umzudrehen« und ihn zum Helfer zu machen.

Mögliche Verbündete im Unternehmen: Führungskräfte oder Mitarbeiter, die das Projektteam nach Kräften unterstützen, Kollegen oder Berater, die in schwierigen Situationen Hilfe anbieten, »umgedrehte« einstige Rivalen, etc.

Der Gefährte des Helden

Manchmal wird der Held auf seiner Abenteuerreise von einem Freund begleitet, der ihm in seinen Fähigkeiten ebenbürtig ist oder, noch häufiger, ihn ergänzt: Ist der Held eher praktisch-handlungsorientiert, kann es sinnvoll sein, einen Freund zu haben, der mehr nachdenklich und strategieorientiert ist. Der Freund begleitet den Helden von Anfang an bis zum Ziel der Reise und ist ein stets verlässlicher Partner.

Mögliche Freunde des Helden im Unternehmen: Co-Projektleiter, andere Teams, die mit dem eigentlichen Projektteam an einem Strang ziehen, externe Berater, die das Projektteam begleiten.

Der Gott auf tönernen Füßen

Er scheint fast unbegrenzte Macht und Weisheit zu besitzen, und jeder bewundert ihn. Er ist vielleicht die Führungskraft, die immer wieder betont, dass sie ihren schützenden Mantel über das Projekt gebreitet hat. Und wenn es dann in einer kritischen Situation darauf ankommt, kneift sie oder kann sich nicht durchsetzen. Und jeder merkt: Man hat sich getäuscht in der Menge des Einflusses, den man ihr zugetraut hat.

Mögliche »Götter auf tönernen Füßen« im Unternehmen: Führungskräfte, die ihre Macht überschätzen.

Der Trickser

Der Trickser ist entweder ein (verkappter oder offener) Gegner, der alle möglichen Tricks anwendet, Intrigen schmiedet, Fallen aufbaut, kurz: der falsch spielt. Oder er ist ein Verbündeter, der ebenfalls nicht sehr wählerisch in seinen Methoden ist und die Gegner mit Tricks bekämpft; ihn muss der Held nicht selten zurückpfeifen, wenn er über das ethisch Tragbare hinausgeht.

Mögliche Trickser im Unternehmen: Menschen – Gegner ebenso wie Verbündete –, die mit verborgenen Karten spielen.

Sie sehen: All die Typen in Campbells Mythen und in den Geschichten, denen das Modell der Abenteuerreise zugrunde liegt, sind uns aus unserer Alltagserfahrung nicht ganz unbekannt.

Die Heldenreise als Erzähl-Tool

Deshalb folgen auch sehr viele Geschichten, die wir im Alltag oder im Unternehmen erzählen, grundsätzlich dem Modell der Heldenreise, auch wenn uns das gar nicht bewusst ist. Wenn Sie erzählen, wie Sie in

Ihrem Leben etwas Bestimmtes erreicht haben (zum Beispiel einen Job bekommen oder einen Wettkampf im Sport gewonnen haben), ist es letztlich eine Abenteuerreise, die Sie erzählen. Dieses Modell ist ja vor allem deshalb in so vielen Mythen überall auf der Welt zu finden, weil es wiedergibt, wie wir Menschen Abläufe in der Zeit häufig erleben. Und auch Geschichten in Unternehmen bedienen sich häufig dieses Modells – erinnern Sie sich nur an die Projektgeschichte zu Beginn dieses Kapitels. Sie können daher das Heldenreisemodell für viele Geschichten (nicht für alle!) als »Bauplan« für Ihr Erzählen nutzen.

Heldenreisen: Geschichten darüber, wie etwas erreicht wurde.

Welche Art von Geschehnissen eignet sich nun für das Erzählen nach dem Heldenreisemodell? Im Grunde alle, bei denen es um das Erreichen eines Ziels, eines bestimmten Status geht, oder Geschichten, mit denen man erläutern will, »wie es zu einem ganz bestimmten Zustand gekommen ist«. Beispiele dafür sind:

Die Geschichte des Unternehmens: Wie entstand die Idee für die Gründung des Unternehmens (Ruf)? Wie fiel die Entscheidung für die Gründung (Aufbruch)? Welche Schwierigkeiten mussten in den Anfangsjahren überwunden werden (Weg der Prüfungen)? Wann wurde klar, dass das Unternehmen erfolgreich sein würde (Schatz)? Und wie konnte dieser Erfolg – auch gegen Widerstände – nachhaltig gesichert werden (Rückkehr)?

Projektgeschichten: Diesen Typus von Geschichten haben wir zu Beginn dieses Kapitels ja schon ausführlich behandelt.

Erfolgsgeschichten: Wie kam der Kunde auf Sie zu und worin bestand sein Problem (Ruf)? Welches Angebot haben Sie ihm gemacht und wie konnten Sie ihn begeistern (Aufbruch)? Welche Probleme gab es auf dem Weg zum Ziel dieses Auftrags zu überwinden (Weg der Prüfungen)? Wie wurde das Ziel schließlich erreicht (Schatz)? Und wie konnten die Kundenbedürfnisse langfristig und nachhaltig befriedigt werden (Rückkehr)? Damit bekommen Sie eine Geschichte mit Fleisch und Blut, die sich fundamental von den langweiligen, nur Erfolg auf Erfolg häufenden Success Stories unterscheidet, die üblicherweise in Unternehmen erzählt werden.

»Success Storys« werden oft nicht als Heldenreise erzählt.

Geschichten im Marketing: Was ist das Problem des Kunden (Ruf)? Durch welche Umstände wird er zum Handeln herausgefordert (Aufbruch)? Welche Schwierigkeiten muss er auf dem Weg zum Ziel überwinden und wie kann ihm Ihr Produkt dabei helfen (Weg der Prüfungen)? Wie erreicht er mit Hilfe Ihres Produkts schließlich sein Ziel (Schatz)? Und wie wird er langfristig damit zufrieden sein (Rückkehr)?

Mit der Heldenreise experimentieren

Sicher fallen Ihnen aus Ihrem Umfeld noch weitere Einsatzmöglichkeiten für das Modell der Heldenreise ein. Wichtig ist, dass Sie den Weg der Prüfungen und die Rückkehr nicht vergessen. Für den Weg der Prüfungen gilt im Grunde das Gleiche, was wir schon über den Konflikt gesagt haben: Eine Geschichte, in der der Held keine Widerstände überwinden muss, ist schlicht und ergreifend langweilig! Es würde sich lohnen, viele Unternehmensgeschichten und Success Storys einmal daraufhin anzusehen, ob der »Weg der Prüfungen« wirklich berücksichtigt wurde. Wenn nicht, bleibt die Geschichte blass und uninteressant. Und auch die Phase der »Rückkehr« ist sehr wichtig: Sie zeigt, dass der Erfolg kein einmaliges Highlight war, sondern nachhaltig und von Dauer.

Wenn alles glatt läuft, fehlt die eigentliche Geschichte.

Übrigens: In der Regel tauchen in Geschichten, die dem Modell der Heldenreise folgen, Begriffe wie »Ruf«, »Schatz« oder »Schwellenhüter« und dergleichen natürlich überhaupt nicht auf – die Projektgeschichte zu Beginn dieses Kapitels zeigt deutlich, wie man mit diesem Modell arbeiten kann, ohne es explizit zu erwähnen. Für ein Publikum, dem das Modell bekannt ist, können Sie natürlich auch explizite Parallelen einbauen: »Und dann hatten wir den Schatz in Händen – das System war online.« Probieren Sie es einfach aus, experimentieren Sie mit dem Modell. Sie werden sehen – auch Sie werden dabei so manchen Schatz entdecken.

_____ **Checkliste: Das Erzählmodell der Heldenreise** _____

Folgende Fragen können Ihnen helfen, Ihre Geschichte nach dem Modell der Heldenreise zu bauen:

Der Ruf des Abenteuers:
☐ Wie lässt sich das »normale Leben« des Helden zu Beginn der Geschichte beschreiben?
☐ Worin besteht genau der Ruf des Abenteuers?
☐ Von wem kommt der Ruf?
☐ Wie reagiert der Held auf den Ruf? Weigert er sich zunächst, ihm zu folgen? Oder folgt er ihm bereitwillig?

Der Aufbruch ins Unbekannte:
☐ Was ist die Grenze, die es zu überschreiten gilt? Welche ersten Schritte in ihre Richtung sind zu tun?
☐ Wer sind die Gefährten, die den Helden begleiten?
☐ Welche Hilfsmittel/Ausrüstungsgegenstände nimmt er mit?
☐ Hat er einen Mentor (Berater)?
☐ Gibt es einen Schwellenhüter, der den Eintritt ins Abenteuerland versperrt? Wie kann er überwunden werden?

Der Weg der Prüfungen:
☐ Welche Gefahren warten auf dem Weg zum Ziel? Steigern sie sich?
☐ Welche Gegenspieler oder sonstigen Figuren tauchen auf?
☐ Begegnet der Held einem »Hüter des Horts«?

Der Schatz:
☐ Worin besteht der Schatz?
☐ Wie wird er gewonnen?

Die Rückkehr:
☐ Wie bringt der Held den Schatz in den Alltag zurück?
☐ Welche Gefahren oder Probleme tauchen dabei noch auf?
☐ Wie ist der Zustand, wenn der Schatz nachhaltig gesichert ist?

Die Heldenreise als Planungs- und Reflexions-Tool

Sie können das Modell der Heldenreise auch als ein Werkzeug zur Planung und Reflexion von Prozessen benutzen, denen Sie im Unternehmen oder auch in Ihrem Privatleben begegnen. Die Vorgehensweise dabei ist einfach: Überlegen Sie sich, was der Schatz in diesem Prozess ist, dann ordnen Sie die einzelnen Phasen des Prozesses denen der Heldenreise zu. Überlegen Sie, an welchem Punkt der Reise Sie derzeit stehen. Haben Sie den Schatz schon gefunden oder sind Sie erst auf dem Weg der Prüfungen? Oder haben Sie gar die Grenze zum Abenteuerland noch gar nicht überschritten? Dann denken Sie darüber nach, welche von den Figuren im Abenteuerwald Ihnen bei Ihrem Prozess begegnen. Gibt es einen Schwellenhüter? Wer hat diese Funktion übernommen? Ist der vermeintliche Mentor ein Gott auf tönernen Füßen? Und so weiter.

Heldenreise als Tool: Wechselfälle und Gefahren voraussehen.

Wenn Sie einen Prozess nicht reflektieren, sondern planen, können Sie sich im Voraus diese Fragen stellen. Welche Prüfungen und Gefahren werden auf mich zukommen? Was bedeutet es, die Rückkehr zu schaffen? Hier einige Beispiele für den Einsatz der Heldenreise als Planungs- und Reflexions-Tool:

Projektplanung und -reflexion

In einer relativ frühen Phase eines Projekts, am besten schon im Kick-off-Meeting, hängen Sie eine lange Papierbahn an die Wand und schreiben nebeneinander die fünf Phasen der Heldenreise darauf. Für die Figuren haben Sie Kärtchen vorbereitet. Sie erläutern den Projektmitarbeitern kurz das Modell der Heldenreise, dann sammeln Sie gemeinsam auf der Papierbahn an der Wand, welche Ereignisse, Handlungen etc. in den einzelnen Phasen zu erwarten sind. Denken Sie dabei auch an die Widerstände, die es geben kann, an Probleme, die unerwartet kommen, und wie Sie auf solche reagieren können. Dann gehen Sie die Figuren durch, überlegen, wer im Unternehmen wohl welche Rolle übernehmen wird, und pinnen die Kärtchen an die Stelle des Prozesses, an dem die jeweilige Figur erwartungsgemäß auftauchen oder ins Geschehen eingreifen wird.

Wer wird welche Rolle spielen?

Ein Gefühl für das Große und Ganze vermitteln.

Sie haben dann vorausschauend die Geschichte des Projekts erzählt, und alle Mitarbeiter des Projekts haben ein Gefühl für das Große und Ganze des Projekts bekommen: Sie können es als Geschichte, als organischen Ablauf wahrnehmen, und nicht nur als eine Abfolge von Einzelaktionen, die Sie natürlich jetzt auch mit Ihren gängigen Projektplanungs-Tools vorbereiten – aber immer eingebettet in die große Geschichte der Heldenreise.

Wenn Sie während eines Projekts eine Zwischenreflexion einschalten wollen, gehen Sie ebenso vor: Ordnen Sie alles, was bisher geschehen ist, den Phasen der Heldenreise zu, überlegen Sie, wo Sie gerade stehen, und planen Sie dann die nächsten Stationen.

Wenn Sie die Heldenreise als Projektplanungs-Tool einsetzen, finden Sie heraus, was Sie möglicherweise bisher an kommunikativen, gruppendynamischen oder »politischen« Einflussfaktoren auf Ihr Projekt übersehen haben.

Perspektivwechsel: Der Kunde als Held seiner Geschichte.

Was erlebt der Kunde mit mir/mit uns/mit unserem Produkt?
Versetzen Sie sich einmal in die Lage Ihrer Kunden. Denken Sie das Erlebnis des Kunden mit Ihnen als Teil *seiner* Abenteuerreise: Zu welchem Schatz ist er auf dem Weg? Und an welchem Punkt seiner Reise kommen Sie ins Spiel? Und welche Rolle übernehmen Sie bei der Abenteuerreise des Kunden? Nur einige Beispiele: Wenn Sie ein Reisebüro betreiben, dann ist der Schatz Ihrer Kunden der Urlaub. Ein Schatz, der mit sehr vielen Emotionen besetzt ist. Und Sie stehen an der Schwelle zum Abenteuerland: Von Ihrer Beratung und dem Angebot, das Sie machen, hängt ab, ob der Kunde Sie als Schwellenhüter oder als Helfer und Gefährte auf dem Weg zu seinem Traumurlaub wahrnimmt. Und diese Einschätzung »steht« im Kopf des Kunden letztlich erst, wenn er von seiner Reise zurück ist: War der Urlaub wirklich so, wie Sie ihn geschildert haben? Fühlt er sich in seinen Bedürfnissen von Ihnen verstanden? Oder sind Sie für ihn zu einem Gott auf tönernen Füßen geworden? Damit Sie ihn optimal beraten können, ist es vor allem wichtig, dass Sie seinen Ruf zum Abenteuer und damit den Schatz, den er sich vorstellt, verstehen können.

STORYTELLING-TIPP:
GEFÄHRTE UND HELFER DES KUNDEN WERDEN

In der Sprache der Heldenreise ausgedrückt, bedeutet guter Kunden-service, dass Sie als Dienstleister oder Anbieter Helfer und Gefährte Ihrer Kunden werden sollten. Behalten Sie immer im Hinterkopf, dass Ihr Kunde nicht nur jemand ist, der etwas bei Ihnen kauft oder bucht und dann wieder aus Ihrem Laden verschwunden ist, sondern verstehen Sie ihn als jemanden, der auf einer Abenteuerreise ist.

Was auch immer Ihr Unternehmen herstellt oder verkauft: Überlegen Sie sich die Marketingstrategie anhand des Modells der Heldenreise Ihres Kunden, und Sie werden – wenn Sie genügend über Ihre Kunden wissen – besser auf seine Bedürfnisse eingehen können.

Wo stehe ich in meiner Karriere/mit meiner Tätigkeit?

Das Modell der Heldenreise eignet sich auch vorzüglich, sich darüber Gedanken zu machen, wo man – in Abhängigkeit von den eigenen Zielen – gerade bei der eigenen Karriere oder der Laufbahn als Selbst-ständiger, Unternehmer oder Freiberufler steht und welche nächsten Schritte man gehen soll. Im Zentrum dieser Art von Selbst-Coaching steht dabei die Frage, was der Schatz ist. Anders gesagt, ist das die Frage danach, was Sie erreichen möchten: Ist es eine bestimmte Position in der Hierarchie? Oder möchten Sie sich inhaltlich ein neues Arbeitsfeld erschließen? Ist es ein bestimmtes Umsatzziel, das Sie als Unternehmer oder Freiberufler erreichen möchten? Oder eine bestimme Marktposition? Oder aber ein bestimmtes Lebensmodell, etwa im Sinne der Work-Life-Balance? Manchmal wird es gar nicht so leicht sein, dieses Ziel klar zu bestimmen – und das ist ja immer ein Zeichen dafür, dass sich die Mühe lohnt, darüber nachzudenken.

Selbst-Coaching: Was ist wirklich das Ziel der Reise?

Nach der Definition des Schatzes versuchen Sie zu bestimmen, an welchem Punkt der Reise dorthin Sie gerade stehen. Sind Sie schon im Abenteuerwald oder stehen Sie noch vor seiner Grenze? Was hält Sie ab, sie zu überschreiten? Ist der Schwellenhüter eine Person oder eine bestimmte Konstellation oder steckt er vielleicht in Ihnen selbst? Und

135

eine wichtige Frage, die sich häufig bei Coachings stellt: Sind Sie überhaupt im »richtigen Wald«, in dem der Schatz auch zu finden ist? Versuchen Sie vielleicht, Ihr Ziel zu erreichen auf einem Weg, der nicht zum Erfolg führt? Dann müssen Sie vielleicht in ein anderes Abenteuerland wechseln.

Wenn Sie bestimmt haben, an welchem Punkt Sie gerade stehen, und sich auch sicher sind, dass Sie auf dem richtigen Weg sind, dann können Sie in die Planung übergehen: Was werden die nächsten Gefahren oder Prüfungen sein, die mir entgegentreten werden? Welche Figuren werden mir begegnen? Und wie bringe ich den Schatz, so ich ihn einmal habe, sicher nach Hause? Und welche Helfer und Gefährten brauche ich dazu?

Übung 1: Ihr Projekt als Heldenreise erzählen

Erinnern Sie sich an ein Projekt, an dem Sie in den letzten Jahren mitgearbeitet haben. Erzählen Sie es in der Form einer Heldenreise (»im Kopf« oder, wenn Sie das lieber mögen, schriftlich). Überlegen Sie anschließend: Sind Ihnen dabei neue Dimensionen des Projekts bewusst geworden?

Übung 2: Die Core-Story als Heldenreise erzählen

Sehen Sie sich Ihre Core-Story nochmals an. Ist ihre Struktur der der Heldenreise ähnlich? Das muss natürlich nicht so sein – wenn aber doch, fragen Sie sich, ob Sie die einzelnen Phasen dieser Story noch genauer herausarbeiten können.

Exkurs: Geschichten zur Analyse nutzen

Wie schon mehrfach in diesem Buch angeklungen ist, können Geschichten oder Aspekte von Geschichten auch ein hervorragendes Werkzeug zur Reflexion und zur Analyse sein. Wenn man versteht, wie Geschichten funktionieren, kann man sie als Spiegel benutzen, in dem Haltungen und Einstellungen, der Status eines Projekts, die Kultur eines Unternehmens oder die Denk- und Handlungsmuster von Kunden und Zielgruppen sichtbar werden.

Das Unternehmen als Geschichte denken

Am Beispiel der Heldenreise haben Sie schon gesehen, wie man einen Prozess mit diesem mythischen Erzählmodell planen und reflektieren kann. Und im Kapitel »Helden, Erzähler und andere Beteiligte« haben wir Geschichten – hinter denen ja konkrete Ereignisse im Unternehmen stehen – nach dem Figurenschema analysiert und uns dabei die Frage gestellt, wer der Auftraggeber, wer der Gegenspieler etc. ist. Diese Geschichten lassen natürlich Rückschlüsse zu auf bestimmte Zustände des Unternehmens.

Die Storytelling-Analyse

Wie wir schon in unserer Core-Story angedeutet haben, ist unser wichtigstes Beratungsinstrument die Storytelling-Analyse, mit der wir Kultur, Kommunikation und Organisationsstruktur eines Unternehmens umfassend analysieren. Je nach Unternehmensgröße lassen wir zwischen 20 und 50 Mitarbeiter ihre Arbeitsbiografie im Unternehmen erzählen. Diese Erzählungen interpretieren wir dann nach dem von uns entwickelten Analyseverfahren SAI (struktural-analytische Interpretation), das auf den Erkenntnissen der modernen Semiotik und Narratologie beruht. Dabei finden wir heraus, wie das Unternehmen »wirklich tickt«, welche verborgenen Regeln gelten, welche Prägungen und Erfahrungen das Verhalten und die Motivation der Mitarbeiter bestimmen, wo verborgene Probleme, aber auch Potenziale liegen. Auf der Basis dieser Erkenntnisse entwickeln wir dann mit unserem Auftraggeber einen Veränderungsprozess.

Mehr zur Storytelling-Analyse finden Sie in unseren Büchern Frenzel/ Müller/Sottong 2004 und Frenzel/Müller/Sottong 2005. Einen Einblick in die Grundlagen unserer Analysemethode vermittelt Sottong/Müller 1998. Wie Erzählungen von Mitarbeitern im Wissensmanagement benutzt werden können, beschreibt Thier 2005.

Die Storytelling-Analyse in der Marktforschung
Wir wenden die Storytelling-Analyse auch in der Markt- und Kundenforschung an. Dabei bitten wir Kunden und andere Angehörige der Zielgruppe, uns ihre Geschichten mit dem Produkt, der Produktgruppe und den lebensweltlichen Zusammenhängen, in denen sie stehen, zu erzählen. Diese Geschichten werden dann ebenfalls mit Hilfe von SAI analysiert. Wir bekommen dabei sehr viel tiefere Einsichten in die Denk- und Handlungsmuster von Zielgruppen als durch jede herkömmliche Befragung.

Die Storytelling-Analyse ist ein komplexes Verfahren, das nur von entsprechend ausgebildeten Beratern angewendet werden kann.

Story-Shaping:
Geschichten Schritt für Schritt verbessern

Sie haben in diesem Teil des Buches die wichtigsten Bausteine einer Geschichte kennen gelernt und, wenn Sie Lust hatten, vielleicht auch schon den einen oder anderen Verbesserungsschritt bei Ihrer Core-Story ausprobiert. Wenn Sie die vorhergehenden Seiten gelesen haben, haben Sie das Rüstzeug, um Ihre eigenen Geschichten besser zu machen – wenn sie denn eine Verbesserung nötig haben. Denn auch wenn Sie an dieser Stelle vielleicht das Gefühl haben: Oh Gott, was muss man alles beachten, um eine Geschichte gut zu erzählen – an vielen Geschichten, die wir bei unseren Workshops und Seminaren in Unternehmen hören, ist gar nicht so viel zu tun, und es gibt auch einige Geschichten, die auf Anhieb perfekt sind. Und Sie werden vermutlich auch die Erfahrung gemacht haben, dass eine Geschichte gewissermaßen »von selber« immer besser geworden ist, je öfter Sie sie erzählt haben. Das hat damit zu tun, dass wir, bewusst oder unbewusst, die Reaktionen unserer Zuhörer wahrnehmen, spüren, wo sie aufmerksam und interessiert oder gelangweilt reagieren; und dann bauen wir eine Passage eher aus und behandeln die andere nur beiläufig.

Manchmal dagegen haben die Menschen, mit denen wir in den Unternehmen arbeiten, das Gefühl, irgendetwas stimme nicht an ihrer Geschichte; und wir helfen ihnen dann mit den Mitteln, die wir in den vorhergehenden Kapiteln beschrieben haben, die Geschichte zu verbessern. Wenn Sie mit diesem Wissen jetzt an zwei oder drei Geschichten denken, die Sie schon einmal erzählt oder gehört haben, fallen Ihnen bestimmt einige Punkte auf, an denen Sie sagen: »Ja, da hat der Konflikt gefehlt, darum war diese Geschichte so fad.« Oder: »Ich hatte bei dieser Geschichte immer ein ungutes Gefühl; jetzt weiß ich, das liegt daran, dass sie einige Elemente hat, die unfunktional sind.« Und Sie können – so es denn Ihre Geschichte ist – genau diesen problematischen Punkt angehen.

Eine Geschichte besser machen

Story-Shaping:
Training im narrativen
Denken.

Wenn wir jetzt also zur Zusammenfassung eine Geschichte von Anfang bis Ende und Schritt für Schritt shapen, dann ist das etwas, was
Sie in der Praxis wohl eher selten tun werden. Vielleicht, wenn Sie eine
sehr wichtige Präsentation haben, in die Sie eine Geschichte einbauen
und wirklich auf Nummer sicher gehen wollen, ob auch wirklich alles
stimmt. Also: Verstehen Sie die folgenden Schritte nicht als Abtöten
der Spontaneität und Kreativität des Erzählens, sondern als ein Hilfsmittel und ein Training im narrativen Denken, das Ihnen zur Verfügung steht, das Sie aber nicht immer und vor allem nicht immer vollständig verwenden müssen.

Verbessern wir also Schritt für Schritt eine konkrete Geschichte.

Eigentlich lief alles ganz normal. Man hat dann dieses Projekt angesetzt. Es ging um eine völlige Umorganisation des ganzen Unternehmens. Man hat dann eine Projektgruppe eingerichtet, die hat sich dann
erst einmal zusammengesetzt. Und zwar in einem schicken Hotel in
der Eifel. Man ließ es sich auf Firmenkosten gut gehen. Zum Beispiel aß
man zum Abendessen ein Drei-Gänge-Menü. Zur Vorspeise gab es
Krabbencocktail. Dann hat man einen Plan erarbeitet. Der lag dann erst
einmal ein paar Wochen herum. Irgendwann wurden dann mehrere Arbeitsgruppen gegründet. Da waren dann die unterschiedlichsten Leute
drin. Es war nicht wichtig, ob man etwas davon verstanden hat oder
nicht. Man hat sich dann öfter getroffen und geredet. Dann hat man
das alles wieder einschlafen lassen. Keiner hat mehr etwas gehört. Na
ja, aber eigentlich läuft alles ganz normal.

Manchmal hören wir Geschichten, die in diese Richtung gehen, bei
unseren Storytelling-Analysen; in diesem Kontext sind sie uns auch
sehr wertvoll, weil man aus ihnen, wie Sie sich unschwer vorstellen
können, Rückschlüsse auf die Kultur des Unternehmens ziehen kann.
In diesem Fall wäre das ein Unternehmen, das undurchsichtig geführt
ist und seinen Mitarbeitern wenig Orientierung und »Sinn« liefert.

Aber nehmen wir einmal an, Sie sind ein Mitarbeiter dieser Firma
und Sie möchten in einem Führungskräftemeeting diese Geschichte

erzählen, um mit diesem Beispiel Sensibilität dafür zu schaffen, wie im Unternehmen mit Ressourcen und Engagement der Mitarbeiter umgegangen wird, in der Hoffnung natürlich, damit den Anstoß zu einer Veränderung zu geben. Dann ist klar: An dieser Geschichte muss noch gearbeitet werden, soll sie tatsächlich diese Wirkung entfalten. Aber gehen wir Schritt für Schritt vor:

Jede Geschichte ist informativ – aber nicht jede wirkt.

Story-Shaping Schritt 1: Die Frage nach der Botschaft

Wenn man eine Geschichte gezielt einsetzen will, muss natürlich die Botschaft klar sein. Deshalb ist immer die erste Frage beim Story-Shaping: Kommt die intendierte Botschaft klar heraus? In unserem Fall ist das nur zum Teil mit Ja zu beantworten. Die Geschichte macht zwar klar, dass das Projekt im Sande verlaufen ist, doch was bedeutet dies für die Mitarbeiter, für die Beteiligten? Die Geschichte erzählt in einem derart lakonischen Ton, dass man auch das Gefühl haben könnte, es sei dem Erzähler (und allen anderen Beteiligten) im Grunde herzlich gleichgültig, was geschehen ist. Also: Die Botschaft muss klarer werden, wir müssen in unserer Erzählung zeigen, welch negative Auswirkung dieser Zustand hat. Wir wissen jetzt, worauf wir hinauswollen und werden am Ende noch mal überprüfen, ob durch unsere Shaping-Schritte die Botschaft klar geworden ist.

Story-Shaping Schritt 2: Anfang, Ende, Transformation

Auf den ersten Blick ist Ihnen wahrscheinlich schon aufgefallen, dass unser Beispiel eine der Grundregeln für eine gute Geschichte nicht beachtet: Anfang und Ende unterscheiden sich nicht. Am Ende der Geschichte ist überhaupt nichts anders als am Anfang; »alles läuft ganz normal«. Unser Text ist also beinahe mehr eine Zustandsbeschreibung als eine Geschichte. Was kann man machen? Darüber nachdenken, ob sich in der beschriebenen Situation wirklich nichts verändert hat. Ist dies so: Verwerfen Sie die Geschichte, Sie werden dafür keine aufmerksamen Zuhörer finden. In unserem Fall liegt eine Veränderung jedoch auf der Hand, sie ist nur nicht erzählt worden: Die Mitarbeiter, vor allem die, die sich für das Projekt engagiert haben, sind frustriert und desillusioniert, und vor allem: Sie werden kaum mehr sehr großes

Engagement aufbringen, wenn das nächste Projekt angesetzt wird. Also sollten wir das Ende so beschreiben. Und da Sie als Mitarbeiter dieser Firma tatsächlich beobachtet haben, dass die Projektmitarbeiter am Anfang sehr engagiert bei der Sache waren, fügen wir das auch noch ein, um die Fallhöhe zu verdeutlichen und damit die Transformation klarer herauszuarbeiten:

Eigentlich lief alles ganz normal. Man hat dann dieses Projekt angesetzt. Es ging um eine völlige Umorganisation des ganzen Unternehmens. Man hat dann eine Projektgruppe eingerichtet, die hat sich dann erst einmal zusammengesetzt. **Alle waren begeistert dabei.** Und zwar in einem schicken Hotel in der Eifel. Man ließ es sich auf Firmenkosten gut gehen. Zum Beispiel aß man zum Abendessen ein Drei-Gänge-Menü. Zur Vorspeise gab es Krabbencocktail. Dann hat man einen Plan erarbeitet. Der lag dann erst einmal ein paar Wochen herum. Irgendwann wurden dann mehrere Arbeitsgruppen gegründet. Da waren dann die unterschiedlichsten Leute drin. Es war nicht wichtig, ob man etwas davon verstanden hat oder nicht. Man hat sich dann öfter getroffen und geredet. Dann hat man das alles wieder einschlafen lassen. Keiner hat mehr etwas gehört. **Die meisten Mitarbeiter der Projektgruppe waren enttäuscht, frustriert und sauer. Und als kurze Zeit später ein neues Projekt aufgesetzt wurde, wunderte man sich in der Führung darüber, dass so wenig Begeisterung bei den Mitarbeitern dafür aufkam.**

Was erzählt werden kann wirkt stärker, als was nur behauptet wird.

Jetzt tritt die Botschaft schon sehr viel deutlicher hervor. Am Ende sehen Sie übrigens einen Kunstgriff, den Sie, sooft es geht, anwenden sollten: Wann immer Ihnen die Wirklichkeit das Material dazu in die Hand gibt, sollten Sie erzählen statt behaupten. In unserem Beispiel haben wir in unserer kreativen Freiheit einfach den Glücksfall angenommen, dass es tatsächlich ein nächstes Projekt gab, und wir von der Reaktion der Mitarbeiter darauf erzählen können. Das wirkt weitaus stärker, als wenn Sie nur behaupten würden, die Mitarbeiter seien frustriert.

Story-Shaping Schritt 3: Helden, Erzähler, Figuren

Über weite Strecken erzählt unsere Beispielgeschichte in der Man-Form, der schlechtesten Erzählform überhaupt. Denn das »man« ist wie eine Mauer, hinter der sich alles Menschlich-Konkrete versteckt: Wer ist eigentlich der Erzähler dieser Geschichte? Wo steht er? War er Mitglied der Projektgruppe? Oder hat er die Ereignisse von außen beobachtet? Und wer ist eigentlich der Held der Geschichte? Und welche anderen Figuren (zum Beispiel in der Führung) spielten eine Rolle – als Auftraggeber zum Beispiel, Helfer oder Gegenspieler?

Fragen über Fragen, deren Antworten sich alle hinter dem »man« verbergen. Wir müssen also zunächst einmal klären, wer der Held ist und aus welcher Position erzählt wird. Erinnern Sie sich: Der Held beziehungsweise Protagonist kann entweder eine konkrete Person sein oder ein Kollektiv; in unserem Fall könnte etwa die gesamte Projektgruppe der Held sein. Und der Erzähler kann entweder der Held selbst sein, ein Begleiter oder Helfer des Helden oder aber ein außenstehender Beobachter.

Nehmen wir der Einfachheit halber an, der Erzähler war der Projektleiter und erzählt aus seiner Perspektive die Erlebnisse. Dann ist er zugleich Held und Erzähler. Und wer ist der Auftraggeber? Nehmen wir einmal an, der Vorstand:

Eigentlich lief alles ganz normal. **Dann setzte der Vorstand dieses Projekt an. Ich wurde zum Projektleiter ernannt.** Es ging um eine völlige Umorganisation des ganzen Unternehmens. **Ich habe dann eine Projektgruppe zusammengestellt, mit einigen Leuten, die ich kannte und von denen ich wusste, dass sie gut waren.** Alle waren begeistert dabei. **Wir trafen uns das erste Mal** in einem schicken Hotel in der Eifel und **ließen es uns** auf Firmenkosten gut gehen. Zum Beispiel **aßen wir** zum Abendessen ein Drei-Gänge-Menü. Zur Vorspeise gab es Krabbencocktail. Dann **haben wir** einen Plan erarbeitet **und ihn beim Vorstand abgegeben.** Der lag dann erst einmal ein paar Wochen herum. Irgendwann **haben wir dann erfahren, dass der Vorstand** mehrere Arbeitsgruppen gegründet hat. Da waren dann die unterschiedlichsten Leute drin; es war **scheinbar** nicht wichtig, ob **sie** etwas **von**

143

der Sache verstanden oder nicht. **Wir waren bei der Bildung dieser Gruppen nicht gefragt worden, wir sollten nur einfach in ihnen mitarbeiten. Die Motivation meiner ursprünglichen Mitarbeiter war da schon relativ weit im Keller. In diesen Gruppen haben wir uns** dann öfter getroffen und geredet. **Irgendwann ist das alles dann stillschweigend** wieder eingeschlafen. Keiner hat mehr etwas gehört. Die meisten Mitarbeiter der Projektgruppe waren enttäuscht, frustriert und sauer. Und als kurze Zeit später ein neues Projekt aufgesetzt wurde, wunderte man sich in der Führung darüber, dass so wenig Begeisterung bei den Mitarbeitern dafür aufkam.

So klingt die Geschichte doch schon etwas persönlicher und spannender. Gehen wir noch einen Schritt weiter:

Story-Shaping Schritt 4: Der Konflikt

Das zentrale Ereignis, der Wendepunkt in der Geschichte, in dem die Stimmung der Mitarbeiter von Begeisterung zu Frustration umschlägt, ist sicherlich der Moment, in dem der Vorstand nach langem Schweigen gewissermaßen über die Köpfe der Projektgruppe hinweg plötzlich neue Arbeitsgruppen gegründet hat, die noch dazu nicht kompetent besetzt waren. Man kann vermuten, dass das letztendliche »Im-Sande-Verlaufen« des Projekts eine Folge von dieser inkompetenten Arbeit der Gruppen war. Die Frage ist nun: Können Sie diesen entscheidenden Wendepunkt, in dem ja ein Konflikt verborgen ist, nämlich der Ziel- und Interessenkonflikt zwischen Projektgruppe beziehungsweise Projektleiter und Vorstand, noch stärker herausarbeiten? Gab es ein konkretes Ereignis, bei dem diese Interessen aufeinander prallten? Wenn ja, sollten Sie es erzählen! Denn das macht die Geschichte spannender, erhöht so die Aufmerksamkeit der Zuhörer und konkretisiert das, was passiert ist. Vielleicht ist es ja zum Beispiel so gelaufen:

Eigentlich lief alles ganz normal. Dann setzte der Vorstand dieses Projekt an. Ich wurde zum Projektleiter ernannt. Es ging um eine völlige Umorganisation des ganzen Unternehmens. Ich habe dann eine Projektgruppe zusammengestellt, mit einigen Leuten, die ich kannte und von denen ich wusste, dass sie gut waren. Alle waren begeistert dabei. Wir trafen uns das erste Mal in einem schicken Hotel in der Eifel und ließen es uns auf Firmenkosten gut gehen. Zum Beispiel aßen wir zum Abendessen ein Drei-Gänge-Menü. Zur Vorspeise gab es Krabbencocktail. Dann haben wir einen Plan erarbeitet und ihn beim Vorstand abgegeben. Der lag dann erst einmal ein paar Wochen herum. Irgendwann haben wir dann erfahren, dass der Vorstand mehrere Arbeitsgruppen gegründet hat. Da waren dann die unterschiedlichsten Leute drin; es war scheinbar nicht wichtig, ob sie etwas von der Sache verstanden oder nicht. Wir waren bei der Bildung dieser Gruppen nicht gefragt worden, wir sollten nur einfach in ihnen mitarbeiten. **Meine Mitarbeiter und ich, wir regten uns natürlich furchtbar auf. Die Mail, die uns die Gründung der Arbeitsgruppen mitgeteilt hatte, war vom Assistenten des Vorstands gekommen. Ich ließ mir natürlich sofort einen Termin bei ihm geben. Er behandelte mich sehr von oben herab und meinte nur, man habe auf den von uns erarbeiteten Plan hin die Notbremse ziehen müssen. Auf meine Frage, warum man uns nicht Feedback und die Chance der Überarbeitung gegeben habe, zuckte er nur mit den Schultern. Beim Vorstand selbst bekam ich keinen Termin.** Die Motivation meiner ursprünglichen Mitarbeiter war da schon relativ weit im Keller. In diesen Gruppen haben wir uns dann öfter getroffen und geredet. Irgendwann ist das alles dann stillschweigend wieder eingeschlafen. Keiner hat mehr etwas gehört. Die meisten Mitarbeiter der Projektgruppe waren enttäuscht, frustriert und sauer. Und als kurze Zeit später ein neues Projekt aufgesetzt wurde, wunderte man sich in der Führung darüber, dass so wenig Begeisterung bei den Mitarbeitern dafür aufkam.

Wie ausführlich Sie eine solche zentrale Situation erzählen, hängt natürlich vom Einsatz der Geschichte ab. Wenn Sie polarisieren wollen, erzählen Sie den Konflikt mit dem Vorstandsassistenten natürlich noch etwas pointierter (solange es der Wahrheit entspricht), wenn Sie jedoch eher die Wogen glätten möchten, erzählen Sie sie versöhnlicher. Aber Sie sehen, die Geschichte ist wieder ein Stück weit interessanter geworden: Es gibt eine konkrete Situation, in der der Konflikt kulminiert.

Story-Shaping Schritt 5: Funktionalität und Kausalität

Als aufmerksamer Leser der vorhergehenden Kapitel haben Sie sicher schon beim ersten Lesen der Geschichte gemerkt: Das Abendessen im Seminarhotel und auch die Wendung »ließen es uns auf Firmenkosten richtig gut gehen« leitet die Aufmerksamkeit der Zuhörer in die falsche Richtung. Also, weg damit.

Außerdem gibt es noch einige Punkte, die man hinsichtlich der Kausalität überdenken sollte: Warum setzte der Vorstand das Projekt überhaupt an? Gab es irgendwelche Probleme oder Herausforderungen? Oder wurde das Projekt nur gestartet, weil gerade mal wieder »eine Umorganisation anstand«? Warum hat der Vorstand den Plan, den die ursprüngliche Projektgruppe ausgearbeitet hat, so lange liegen lassen?

Auch zwei weitere Lücken in der Kausalität haben wir schon in der letzten Überarbeitung geschlossen: Warum hat der Vorstand die neuen Arbeitsgruppen gegründet? Und warum sind diese im Sande verlaufen?

Bleibt also nur noch die allererste Frage nach dem Grund für das Projekt. Machen wir es uns leicht und sagen: Wegen eines Umsatzeinbruchs sollte das Umorganisationsprojekt gestartet werden (den ersten Satz haben wir gestrichen, weil er mittlerweile überflüssig ist):

Als wir damals einen Umsatzeinbruch hatten, setzte der Vorstand dieses Projekt an. Ich wurde zum Projektleiter ernannt. Es ging um eine völlige Umorganisation des ganzen Unternehmens. Ich habe dann eine Projektgruppe zusammengestellt, mit einigen Leuten, die ich kannte, und von denen ich wusste, dass sie gut waren. Alle waren begeistert dabei. Wir trafen uns das erste Mal in einem Hotel in der Eifel. Dann haben wir einen Plan erarbeitet und ihn beim Vorstand abgegeben. Der lag dann erst einmal ein paar Wochen herum. Irgendwann haben wir dann erfahren, dass der Vorstand mehrere Arbeitsgruppen gegründet hat. Da waren dann die unterschiedlichsten Leute drin; es war scheinbar nicht wichtig, ob sie etwas von der Sache verstanden oder nicht. Wir waren bei der Bildung dieser Gruppen nicht gefragt worden, wir sollten nur einfach in ihnen mitarbeiten. Meine Mitarbeiter und ich, wir regten uns natürlich furchtbar auf. Die Mail, die uns die Gründung der Arbeitsgruppen mitgeteilt hatte, war vom Assistenten des Vorstands gekommen. Ich ließ mir natürlich sofort einen Termin bei ihm geben. Er behandelte mich sehr von oben herab und meinte nur, man habe auf den von uns erarbeiteten Plan hin die Notbremse ziehen müssen. Auf meine Frage, warum man uns nicht Feedback und die Chance der Überarbeitung gegeben habe, zuckte er nur mit den Schultern. Beim Vorstand selbst bekam ich keinen Termin. Die Motivation meiner ursprünglichen Mitarbeiter war da schon relativ weit im Keller. In diesen Gruppen haben wir uns dann öfter getroffen und geredet. Irgendwann ist das alles dann stillschweigend wieder eingeschlafen. Keiner hat mehr etwas gehört. Die meisten Mitarbeiter der Projektgruppe waren enttäuscht, frustriert und sauer. Und als kurze Zeit später ein neues Projekt aufgesetzt wurde, wunderte man sich in der Führung darüber, dass so wenig Begeisterung bei den Mitarbeitern dafür aufkam.

Story-Shaping Schritt 6: Discours und histoire

Jetzt ist die Geschichte doch schon sehr gut erzählbar, finden Sie nicht? Am Ende des Story-Shaping-Prozesses sollten wir uns noch die Frage stellen, ob es bei dieser Geschichte Sinn macht, sie anders als in der Reihenfolge der histoire zu erzählen. Sie sollten mit dieser Option sparsam umgehen; im Fall unserer Beispielgeschichte würde es wohl keinen Sinn machen, von der Reihenfolge der histoire abzuweichen. Also lassen wir sie jetzt so, wie sie ist.

Performance: Erzählen für alle Sinne

Am Ende unseres Weges vom Erlebnis zur guten Geschichte wollen wir Sie einladen, mit uns noch ein kleines Stück weiterzugehen: von der gut gestalteten, gut durchdachten, richtig eingesetzten nun noch zur großartig erzählten Geschichte.

In diesem Kapitel finden Sie eine Menge Tools, Methoden, Tipps und Übungen, mit deren Hilfe Sie Ihre Geschichte noch plastischer, spannender und interessanter machen können – mit Ihrer Stimme, mit Gesten und Mimik, mit sprachlichen Mitteln oder der Charakterisierung Ihrer Figuren. Verstehen Sie diese Angebote als einen Werkzeugkasten: Suchen Sie sich heraus, was Sie gerade brauchen können und was Ihnen leicht fällt. Wie beim echten Werkzeugkasten auch brauchen Sie alle diese Werkzeuge nie auf einmal (das würde sehr schnell zum erzählerischen »Overkill« führen). Auch hier gilt: Ein sparsamer, aber bewusster Einsatz der Mittel wirkt stärker als eine Überinstrumentierung, bei der die Geschichte hinter ihrer Gestaltung verschwindet. Denn Voraussetzung für das Feilen und Ausgestalten einer Geschichte ist und bleibt, dass sie in sich stimmt.

Stimme, Mimik, Gestik beim Erzählen gezielt einsetzen.

Mehr erzählen, weniger berichten

Auch eine »wahre«, authentische Geschichte ist keine Blaupause der Wirklichkeit, die die realen Begebenheiten einfach nur abbildet. Wer bewusst an einer Geschichte arbeitet und feilt, weil er sie vielleicht öfter erzählt, weil er sie einem größeren Publikum vorstellen möchte oder weil sie aufgeschrieben werden soll, hat in den bisherigen Kapiteln schon einiges über Aufbau, Elemente und Strukturen von guten Geschichten erfahren. Aber auch die Sprache, die verwendeten Worte und Bilder, die Art des Erzählens, die Präsentation können dazu beitragen, die Zuhörer für eine Geschichte zu interessieren. Dazu ist einige Vorbereitung nötig, ähnlich wie beim Kochen, wo ein besonderes Menü auch immer etwas mehr Zeit und Aufwand voraussetzt. Man zelebriert das Essen, schmeckt es besonders aufmerksam ab, ver-

Performance: die Geschichte zelebrieren.

wendet spezielle Gewürze und besondere Zutaten, man will den Gaumen kitzeln und das Auge erfreuen, die Geschmacksnerven überraschen oder dem Feinschmecker etwas Besonderes bieten. Trotzdem achtet man darauf, den ursprünglichen Geschmack der Zutaten nicht zu verfälschen. Auch eine Geschichte sollte man beim Verbessern, Feilen und sprachlichen Überarbeiten nur so weit verändern, dass das ursprüngliche Erlebnis für andere interessanter, spannender, mitreißender wird, ohne den Kern des Erlebnisses zu verfälschen.

Den Kern der Geschichte nicht verfälschen.

Bei einem Bericht sollte man möglichst genau, nacheinander und klar beschreiben, was geschehen ist und wer dabei war, um den Zuhörer oder Leser genau über einen Vorgang zu informieren, an dem er nicht beteiligt war. Man engt die Phantasie des Hörers also bewusst ein, damit das, was er versteht, möglichst nah an dem ist, was passiert ist.

Bericht über ein Fußballspiel:
Es war ein spannender Kampf um den Klassenerhalt, den der Favorit trotz 1:1 beim Heimspiel vor ausverkauften Rängen verlor. Ein umstrittener Elfmeter in der 92. Minute brachte den schwachen Gästen den Ausgleich und damit den entscheidenden Punkt, während die lange dominierenden Gastgeber die notwendigen drei Siegpunkte knapp verfehlten.

Wer jemals auf dem Fußballplatz mit seiner Mannschaft gezittert hat, weiß, wie viele Emotionen hinter diesen kargen Zeilen stecken. Die Zuschauer durchleben Hoffnung, Vorfreude, unerwartete Wendungen, Beinahe-Sieg, Ungerechtigkeit und enttäuschendes Ende. Sie rufen, klatschen, springen auf, buhen, schimpfen, weinen, umarmen sich – alles Reaktionen, die der Leser dieses Berichts wohl nicht zeigen wird, obwohl die Worte »spannend«, »Abstieg«, »umstrittener Elfmeter« etc. den Sachverhalt, dass es für seine Mannschaft um alles ging und alles verloren wurde (oder gewonnen, je nach Lager), richtig wiedergeben.

Worte für den Gaumen, Bilder für die Ohren

Man sagt beim Essen: Das Auge isst mit. Aber auch die Phantasie spielt bei unserm Appetit eine Rolle, man denke nur an die Speisekarte. Der Namen eines Gerichts zählt dem Gast nicht nur die verwendeten Zutaten auf (Rinderbrühe mit Einlage), sondern regt seine Phantasie an (Schokoladentraum mit Erdbeerschaum) und macht den Gästen Appetit mit Worten.

STORYTELLING-TIPP: SCHON MAL EINE GESCHICHTE IM SUPPENTELLER ERZÄHLT?

»Schneeflockensuppe – in 2000 Metern Höhe über Kiefernfeuer geschmolzener Schnee mit zartem Rauchgeschmack und überkrusteter Gletscherhaube«. Das ist nicht nur ein geschicktes Spiel mit der Namensgebung, mit dieser originellen und bewusst umständlichen Zubereitungsart »erzählt« der Kochpoet Stefan Wiesner quasi eine ganze Geschichte im Suppenteller. Wie die schweren Töpfe auf den Berg getragen werden, wie das Gletschereis langsam über dem Feuer in den Topf tröpfelt und sich mit dem Kiefernrauch vermischt. Im Sommer bietet er seinen Gästen »durch Apfelblüten getropftes Regenwasser« als Vorspeise an.

Mehr solche erzählten Köstlichkeiten finden Sie in dem poetisch-philosophischen Koch-Geschichten-Buch von Gisela Räber und Stefan Wiesner (Räber/Wiesner 2003).

Der Zuhörer gehört dazu

Sicher hat das jeder schon mal erlebt: Die Anekdote, über die man sich neulich ausgeschüttet hat vor Lachen, kommt beim Weitererzählen im Freundeskreis irgendwie unter die Räder, die anderen können nicht nachvollziehen, was daran so komisch sein soll, während man selbst immer wieder losprustet, begleitet von einem: »Das war aber

wirklich unheimlich lustig!« Eine Erfahrung, die deutlich macht, dass
es beim Erzählen weniger darauf ankommt, die Stimmung des Erzählers rüberzubringen, als eine bestimmte Stimmung beim Zuhörer zu
erzeugen. Das heißt, dass eine »lustige« Geschichte erst dann lustig
ist, wenn sie die Zuhörer zum Lachen bringt. Ebenso wird eine »Lei-
densgeschichte« erst durch deren Anteilnahme am Schicksal der beteiligten Figuren möglich. Und wenn man eine »merkwürdige Begebenheit« erzählen will, dann braucht man das Erstaunen des Publikums.
Machen Sie sich also bei der Vorbereitung Ihrer Geschichte auch über
den Zuhörer als wichtigen Teil Ihrer Erzählung Gedanken. Je weniger
Sie ihm fertig »vorschreiben« und je mehr Sie ihn erleben lassen, desto
eher wird er wirklich in die Geschichte hineingezogen. Bieten Sie ihm
viele Möglichkeiten an, sich in die Figuren und Geschehnisse hinein-
zuversetzen, Assoziationen, Gefühle und Bilder zu entwickeln. Ein guter Erzähler führt den Zuhörer nicht wie ein routinierter Reiseleiter
durch den Verlauf der Geschichte (»links sehen wir eine Kirche, darin
befindet sich ein Fresco aus dem 15. Jahrhundert«), sondern er nimmt
ihn als kompetenter Begleiter mit auf den Weg. Er gibt nicht nur den
roten Faden vor, sondern weiß auch interessante Details zu erzählen
(»Drei kalte Wintermonate des Jahres 1465 kletterte der damals schon
betagte Maler täglich bei Sonnenaufgang auf das wankende Bauge-
rüst unter die Kirchendecke, nur liegend konnte er dieses Fresco voll-
enden«).

*Die Zuhörer nicht be-
vormunden, sondern
teilhaben lassen.*

An Geschichten arbeiten

Wenn man in einer Fremdsprache ein Wort nicht weiß, muss man es
gezwungenermaßen lang und breit umschreiben. Man beschreibt einen
netten Abend in Ecuador mangels der passenden spanischen Wörter
mit vielen umständlichen Sätzen, statt einfach »muy lindo« zu sagen,
was dort für alles Angenehme und Schöne steht. In der Muttersprache
macht man es dagegen oft umgekehrt und fasst in einem kurzen Wort
zusammen, was man auch in langen Sätzen erklären könnte. Es spart
Zeit, das treffende Adjektiv zu benutzen, es ist praktisch und geht
schnell, wenn man eine Frucht als »süß« beschreibt, ein Haus als »ge-

räumig« oder einen Weg als »lang und beschwerlich«. In einer Geschichte kann man aber ruhig etwas weiter ausholen und »viele Worte machen«, um die Vorstellungskraft der Zuhörer anzusprechen.

> Beispiel: Der erschöpfte Wanderer aß unterwegs eine ihm unbekannte Frucht.
> Dem Wanderer war nach tagelangen Entbehrungen ganz flau zumute. Seine Beine waren schwer, sein Mund ausgetrocknet von Hitze und Sonne. Da streifte ein Ast seine schweißnasse Stirn. Er blickte hoch und sah kleine, blaue Beeren durch das Grün der Blätter schimmern. Unwillkürlich griff er nach ihnen und roch erwartungsvoll daran: Ein herber, fremdartiger Duft entströmte den Früchten in seiner rissigen Hand. Die größte und glänzendste wählte er aus und biss hinein.

Sprechen Sie die Sinne an

Sinnliche Eindrücke »zur Sprache« bringen.

Lebendig erzählte Geschichten finden einen Weg über die Sinne des Menschen, zu denen nicht nur Klänge, Gerüche, Bilder führen, sondern eben auch die Erzählung eines Klangs oder die Beschreibung eines Geruchs oder eines Gefühls. Wenn Sie also etwas als »heiß« beschreiben, überlegen Sie: Wie fühlt sich diese Hitze an? Welche Auswirkungen hat die Hitze auf Mensch und Natur? Ist es angenehm oder unangenehm, dass etwas heiß ist? Füttern Sie die Vorstellungskraft der Zuhörer mit Details, Szenen und Vergleichen. Nutzen Sie Bilder, Beispiele und Szenen, um die Worte anschaulich zu machen, die Sie benutzen.

> Zum Beispiel das Wort »ratlos«:
> Auf einmal kam eine Welle und spülte mich auf eine abgelegene Insel. Dort waren einige Eingeborene, die ratlos waren. Wie ich nach einiger Zeit feststellte, waren sie immer ratlos. Sie hatten ihrer Insel noch nicht einmal einen Namen gegeben. (http://www.wdr.de/tv/blaubaer/baerchen_gewinner_03_a_051219.phtml, Stand 16. Februar 2006)

Sie können Adjektive umschreiben, begleiten, mit einem Beispiel ergänzen. Manchmal kann man sogar auf das »Schlüsselwort« ganz verzichten. Wenn Sie beispielsweise von einer gefährlichen Situation erzählen möchten, dann brauchen Sie das Wort »gefährlich« vielleicht gar nicht. Der Tiger ist gefährlich. Es ist gefährlich, unangeschnallt Auto zu fahren. Die Mutter warnt das Kind vor der Steckdose, denn sie ist gefährlich. Viren können gefährlich sein und Liebschaften. Aber was bedeutet das Wort in Ihrer Geschichte? Bei einer selbst erlebten Geschichte erinnern Sie sich an die Situation, von der Sie erzählen wollen, und an die Einzelheiten, die Ihnen selbst das Gefühl gaben, dass es sich um eine Gefahr handelte. Beschreiben Sie die drohende Gefahr, wie Sie sie erlebt haben. Oder Sie stellen sich die jeweilige Szene bildlich vor: Ein gefährliches Raubtier hat scharfe Zähne, seine Pranken haben lange Krallen, es holt sein Opfer mit langen, blitzschnellen Sprüngen ein und verbeißt sich im Nacken und so weiter. Wie verhält sich ein gefährlicher Konkurrent? Ist er fies, nutzt geheimes Wissen über den Mitbewerber, spielt es im Gespräch mit dem Kunden aus? Oder ist er einfach besser als man selbst, hat im entscheidenden Moment die richtige Idee und setzt sie um, nutzt einen Vorteil geschickt? Lassen Sie den Zuhörer etwas (mit)erleben, statt ihm allzu viel vorzugeben. Seine Rolle in Ihrer Geschichte ist genauso wichtig wie die Ihre: Nur was bei ihm ankommt, (ist er)zählt.

Eindrücke, Bilder, Empfindungen statt verallgemeinernder Begriffe.

Den Zuhörer miterleben lassen.

Szenisch erzählen

Um Emotionen spürbar zu machen, genügt es nicht, sie zu benennen. Besser ist es, zu zeigen, was sie bei den Figuren der Geschichte auslösen. Wenn Sie also sagen wollen, dass jemand beispielsweise überglücklich ist, verzweifelt oder niedergeschlagen, aufgeregt oder selbstsicher, dann malen Sie sich aus, was er tut, was er sagt, was er vorher erlebt hat, wie er auf seine Umwelt reagiert, an wen er denkt, was er nicht tut. Lassen Sie die Szene ruhig erst einmal in Ihrem Kopf entstehen und malen Sie sich auch die Kleinigkeiten aus: Denken Sie an seinen Gesichtsausdruck, seine Körperhaltung, an seine Hände oder daran, wo er gerade ist. Je plastischer und anschaulicher Sie die Szene vor sich sehen, desto leichter fällt es Ihnen auch, sie zu schildern.

Anschaulichkeit durch beobachtbare Details.

Übung: Der innere Film

Stellen Sie sich zu jedem der folgenden Sätze eine Szene ganz genau vor. Lassen Sie sich ein paar Sekunden Zeit, bis der »innere Film« angelaufen ist. Erst dann schildern Sie die Situation, ohne den unterstrichenen »Schlüsselbegriff« zu benutzen.

Beispiel:
Er war *verzweifelt*.
Jetzt war auch sein letzter Trumpf verspielt. Leer und stumpf streifte sein Blick die Adressdatei, kein einziger Kollege war mehr darin, den er nicht schon in dieser Sache um Hilfe gefragt hätte. Vergebens.

Der Gastredner verspätete sich und das Publikum wurde langsam unruhig.

_____

_____

In der Firma herrschte schlechte Stimmung.

_____

_____

Die gute Nachricht verbreitete sich schnell.

_____

_____

Das Auto war nagelneu.

_____

_____

Es handelte sich um äußerst dreiste Diebe.

_____

_____

Partnerübung/Gruppenübung: Szenen zu Wörtern finden

Für diese Übung sollten Sie einen Partner finden. Oder führen Sie sie in der Gruppe, in Ihrem Team durch. Jeder schreibt sich fünf Adjektive auf (zum Beispiel: geistreich, borniert, aufgeregt, naiv, verantwortungslos) und schildert dem anderen eine Situation, die das Wort beschreibt, aber ohne das Adjektiv zu benutzen. Fragen Sie anschließend, welches Wort Ihr Partner (oder die Gruppe) mit der Szene assoziiert. Ist es dasselbe oder ein ähnliches? Gut! Aber wenn es ein ganz anderes ist, wie kamen die Zuhörer darauf? Sie lernen dabei, die Vorstellungswelt anderer anzusprechen, aber auch, wo die Grenzen der Übereinstimmungen und Gemeinsamkeiten sind.

Beispiel: nervös
Er nestelte an seinem Hemdkragen, räusperte sich zweimal und rieb seine verschwitzten Hände noch einmal verstohlen am Stoff seines Anzugs ab, bevor er etwas ungelenk auf das Rednerpult zuging.

Man kann auch mit ganz kurzen Sätzen arbeiten. Wichtig ist, weniger von Fakten (»er glaubte ihr nicht«) und mehr von Handlungen zu erzählen (»er schaute sie ungläubig an«).

Gewöhnen Sie sich die Übung des »inneren Films« an und übersetzen Sie möglichst vieles in Handlung:

Er hatte Hunger: Ihm war flau im Magen/sein Magen knurrte.

Sie war müde: Sie gähnte/sie brachte die Augen kaum auf/ihr fielen die Augen zu.

Sie war lang im Büro: Alle anderen Kollegen waren längst nach Hause gegangen/die Putzkolonne war schon zugange/alle Büros waren schon dunkel.

Bei Adjektiven geht es also darum, sie durch Handlungen zu ergänzen oder zu ersetzen. Aber auch Verben, obwohl sie ja »Tätigkeitswörter« sind, drücken nicht immer eine Handlung aus, die man sich bildlich vorstellen kann. Bei vielen Verben bleibt offen, was die Menschen genau tun: »Sie freute sich sehr« kann vieles bedeuten. Was tut jemand, der sich freut? Springt er durchs Zimmer, lächelt er, küsst er einen Fremden, weint er sogar?

Übung: Verben erzählen

Finden Sie für die folgenden Sätze eine kurze szenische Beschreibung. Versetzen Sie sich in die Situation, erzählen Sie, was die Person macht.

Beispiel:
Sie *verwöhnte* ihren kleinen Hund.
Die Schleife ihres Hündchens hatte dieselbe Farbe wie das seidene Tischset, das sie ihm zum Frühstück unter seinen Porzellannapf legte.

Sie liebt ihren Beruf.

_____

_____

Niemand versteht seine neue Idee.

_____

_____

Er wurde von allen gemieden.

_____

_____

Sie fand keinen Anschluss in der neuen Abteilung.

_____

_____

Sie zögerte, ihn anzurufen.

_____

_____

Er wartete lange auf seine Beförderung.

_____

_____

Es gibt verschiedene Arten, dasselbe zu erzählen. Mancher fasst eine spannende, aufregende Sache lakonisch zusammen: »Du, Freitag konnte ich nicht zu deinem Fest kommen, da hatte ich Besuch.« Höchstens auf Nachfrage legt er nach. »Wer war denn da?« »Ach, bei meinen Nachbarn wurde eingebrochen, da war stundenlang die Polizei im Haus und die haben sich dann nicht mehr in ihre Wohnung getraut und haben bei mir übernachtet.« Der Erzähler will vielleicht kein Aufhebens machen und macht sozusagen aus dem Elefanten eine Mücke. Wir malen jetzt dagegen umgekehrt einen Satz so detailliert und farbig aus, dass eine kleine Geschichte daraus wird.

Zwei Beispiele:
Die Präsentation wurde gerade noch rechtzeitig fertig.

Die Präsentation war für Mittwoch neun Uhr angesetzt. Schon zwei Tage vorher musste ich die Mittagspause durcharbeiten, am Dienstag stapelten sich die Kaffeebecher neben der unerledigten Tagespost, und als ich schließlich eine Minute vor Eintreffen der Kunden den Beamer einschaltete, stand mir noch der Schweiß des gestrigen Abends auf der Stirn, denn zum Heimfahren und Duschen hat es an diesem denkwürdigen Morgen nicht mehr gereicht.

157

Partner-/Gruppenübung: Aus Sätzen Szenen machen

Schreiben Sie fünf kurze Sätze auf eine Flipchart oder eine Tafel. Sie sollen nun von jedem einzeln mit einer kleinen Szene geschildert werden (drei bis fünf Minuten, aufschreiben).

Beispiel: Sie freuten sich auf die Reise.

a) Keiner tat in der Nacht vor der Abfahrt ein Auge zu.
b) Wenn sie nur an die bevorstehende Reise dachten, bekamen sie Schmetterlinge im Bauch.
c) Jedem, ob er es hören wollte oder nicht, erzählten sie schon Wochen vorher von der großen Reise.

Beim anschließenden Vorlesen und Austausch der kleinen Texte zeigt sich die große Bandbreite der Möglichkeiten. Man kann die Übung auch umgekehrt versuchen: Jeder schreibt für sich ein Stichwort auf und ersetzt es durch einen szenischen Satz. Danach stellt jeder diese Umschreibung den anderen vor und hört, ob sie auch das raten, was er damit ausdrücken wollte. Sie werden vielleicht aus der Gruppe für eine beschriebene Szene unterschiedliche Variationen an Deutungen hören (Keiner tat in der Nacht vor der Abfahrt ein Auge zu: »Vor Angst?« »Vor Aufregung?« »Aus Vorfreude?«). Aber keine Sorge, beim Erzählen kann man die Szene ja auch mit dem Schlüsselbegriff kombinieren: »Keiner tat in der Nacht vor der Abfahrt ein Auge zu vor Freude.«

Nach drei Tagen bekam er die Zusage für das Stipendium in Berkeley endlich.

Täglich erwartete er die Nachricht. Am ersten Morgen sprang er noch im Schlafanzug zum Briefkasten hinunter, zog seinen Schlüssel aus der Hosentasche, öffnete die Klappe und lugte neugierig hinein: Nichts, nicht einmal eine Werbung. Am nächsten Morgen lief er wieder gleich nach dem Aufstehen die Treppe hinab, unten angekommen riss er erwartungsvoll den Briefkasten auf: Ein Brief war darin, aber der war nicht der ersehnte. Also stand ihm noch eine weitere Nacht voller Träume und Unruhe bevor.

Übung: Eine kleine Geschichte über einen Satz

Jemand ist gestresst, ein Zustand ist nervtötend, eine Nachricht wird herbeigesehnt: Stellen Sie sich die Szenen vor, holen Sie genüsslich aus und entwerfen Sie kleine Szenen zu den folgenden Sätzen:
Meine Schwiegermutter wohnt zurzeit bei uns.

_____

_____

Das Konzert war langweilig.

_____

_____

Er lebt sehr zurückgezogen.

_____

_____

Sie war ihm nicht mehr böse.

_____

_____

Zeit erlebbar machen

Wie lang ist eine Minute? Dass sie 60 Sekunden dauert, ist nur ein Teil der Wahrheit. Wer spüren will, wie quälend langsam eine Minute vergeht, kann ja mal die Luft anhalten und dabei den Sekundenzeiger sei-

Quantitative Angaben durch Bilder und Vergleiche ersetzen.

ner Armbanduhr verfolgen. Aber wie knapp bemessen ist eine Minute, wenn wir verzweifelt unseren Hausschlüssel suchen, während das Taxi schon vor der Tür wartet. Zeit kann sich dehnen, sie kann verfliegen, sie kann verrinnen. Verlassen wir also einmal die üblichen Maßstäbe der numerischen Angaben (drei Jahre später; nach einer Woche) und suchen nach Vergleichen, Bildern und Worten, die Zeit und Raum anders vermessen.

Beispiel:
Die Menschen in Sansikan mussten drei magere Jahre überstehen.

Die Menschen in Sansikan mussten drei magere Jahre überstehen. Sie saßen vor leeren Schüsseln und träumten von den üppigen Gelagen vergangener Tage.

Die Menschen in Sansikan mussten drei magere Jahre überstehen. Im ersten Jahr fehlte es ihnen an Fleisch für ihre Suppe, im zweiten wurde auch das Gemüse knapp, und im dritten kannten die kleineren Kinder des Landes das Wort »Suppe« gar nicht mehr.

Um Zeit anschaulich zu machen, haben Sie verschiedene Möglichkeiten. Sie können zum Beispiel die Zeit dehnen durch das Nennen von Einzelheiten in der Situation:

Als er sie in der Kantine sah, setzte er sich zu ihr.

Er kam an dem Tisch vorbei, wo sie vor ihrem unberührten Tablett saß. Da blieb er einfach stehen. Er schaute sie an. Sie nickte ihm freundlich zu. »Darf ich Ihnen vielleicht kurz Gesellschaft leisten?«

Die Vorstellungsgespräche zogen sich länger hin als erwartet.

Der erste Kandidat kam um zwei Uhr und konnte kein Englisch, der zweite wollte alles ganz genau wissen, der dritte war zu jung, der vierte wollte nur Teilzeit arbeiten. Und draußen vor der Tür waren zwei Stunden später noch immer alle Stühle mit weiteren zwölf Bewerbern besetzt. Wie sollten wir die Neueinstellung bis heute Abend klären?

Sie können aber auch die Veränderungen zwischen »früher« und »heute« zeigen:

Früher war es hier familiärer als heute.

Als wir meinen Einstand in die Firma gefeiert haben, habe ich für alle Kuchen mitgebracht, das waren drei Torten. Heute sind wir so viele, da müsste ich eine ganze Bäckerei leer kaufen.

Oder Sie machen beim Erzählen Hektik, Geschwindigkeit, Druck sichtbar:

Ich schaffe das nicht mehr bei dem Stress!

Wenn ich am Freitagabend auf der Autobahn bin, höre ich immer ganz laut Musik, das entspannt mich, und ich kann abschalten von dem ständigen Telefonklingeln, den Nachfragen der Aushilfe, den genervten Chefs. Dann vergesse ich für kurze Zeit die unerledigten Papierstöße auf meinem Schreibtisch, die mich am Montagmorgen erwarten.

Wege, Entfernungen, Orte

Um Entfernungen, lange Wege, hohe Berge, anstrengende Etappen für die Zuhörer fühlbar zu machen, helfen wiederum Details, die anschaulich machen, wie unendlich weit entfernt ein Ort ist, wie unerreichbar eine Zielvorgabe, wie nah eine Lösung, wie lange eine Reise.

Mit vielen kleinen Details das Gesamtbild evozieren.

In dem Film »African Queen« sind Katharine Hepburn und Humphrey Bogart auf seinem altersschwachen Kahn auf der Flucht. Zuerst fahren sie auf einem Fluss mit gefährlichen Stromschnellen. Dann wird der Fluss schmaler, Krokodile lauern am Ufer, Gestrüpp und Äste behindern die Fahrt, bis sie ins Dickicht eines Schilfgürtels gelangen. Jetzt ist der Fluss so seicht, dass sie das Boot ziehen müssen, aber das Schilf wird immer dichter, alles rundherum sieht gleich aus, sie verlieren die Orientierung und die Hoffnung. Sie kämpfen den ganzen Tag und die halbe Nacht und kommen doch kaum voran. Schließlich geben sie auf.

Die Szene des Films ist so erzählt, dass man als Zuschauer mit hineingezogen wird in ihr aussichtsloses Unterfangen. Man spürt förmlich, wie der See, den sie unbedingt erreichen wollen, immer weiter wegrückt. Am Ende, als sie aufgeben, sieht der Zuschauer in einer Kamerafahrt, was die beiden nicht mehr wahrnehmen, weil sie erschöpft eingeschlafen sind: Nur wenige Meter hinter ihrem Boot endet das Schilf und das ersehnte offene Wasser beginnt.

Figuren und Rollen gestalten: Von wem erzählen Sie?

Wenn im Film eine Geschichte erzählt wird, dann ist sie oft gerade deshalb interessant, weil die Hauptfiguren zunächst ganz klare Rollen bekommen und damit eingeschränkte Optionen haben, die sie dann im Lauf der Geschichte durchbrechen: Der ernste, griesgrämige Vater wird von der quirligen Tochter um den Finger gewickelt (Vater der Braut), die stets korrekte und ernste Sekretärin lässt sich zu einem Abenteuer hinreißen (Loriot), der Lebemann meint es einmal wirklich ernst mit einem Mädchen (James Bond, »Der Spion, der mich liebte«). Bei dem Hollywood-Remake von »Im Dutzend billiger« macht es eben den Reiz aus, dass der Vater (Steve Martin) immer und erwartbar gestresst-überfordert-chaotisch agiert. Eine reale Person ist unberechenbarer als eine bewusst geformte Figur. Sie reagiert einmal so, einmal anders. Deshalb sind die alltäglichen Erlebnisse eines real existierenden Vaters mit seinen Kleinen in der Regel nicht so zugespitzt komisch. Für eine Geschichte kann es also sinnvoll sein, die beteiligten Figuren zunächst in ihrem Charakter zu skizzieren und sie dann vor diesem Hintergrund agieren zu lassen. Wenn Sie etwa von einem Kunden erzählen, den Sie von Ihrem Angebot überzeugen konnten, dann muss man diesen Kunden vor Augen haben, um zu verstehen, was seine Entscheidung bedeutet.

Charakterisieren heißt immer auch: zuspitzen und überzeichnen.

> Beispiel:
> Herr Dr. Mahler von der Firma Stierer hat gute Erfahrungen mit unserer neuen Art der Kundenbefragung gemacht.

Wen haben Sie in »Herrn Dr. Mahler« von Ihrer neuen Methode überzeugt? Einen Skeptiker? Einen Zahlenmenschen? Einen Bürokraten? Einen Reformer? Zeigen Sie, warum es etwas Besonderes ist, diesen Mann für etwas Neues, Unerprobtes zu gewinnen, indem Sie die Figur zum Leben erwecken.

162

Herr Dr. Mahler, Ingenieur durch und durch, war von unserer Idee, Kundenemotionen in die Produktentwicklung einfließen zu lassen, zuerst gar nicht begeistert. Das war für ihn modischer Firlefanz. Seit ihm die steigenden Absatzzahlen für das durch unsere Erkenntnisse optimierte Produkt vorliegen, hat er schon drei weitere Aufträge an uns vergeben.

Einen »Zweifler«, den man restlos überzeugen konnte, als Figur einzuführen, dafür findet sich schon in der Bibel ein Vorbild: Die Auferstehung von Jesus wird nicht nur von Maria Magdalena berichtet, sondern auch vom »ungläubigen« Thomas, der sich erst vergewissern muss, ehe er glaubt, dass Jesus lebt. Sein Zeugnis wiegt ungleich schwerer als das der anderen Apostel und Anhänger von Jesus. Nicht nur der Zweifler wertet die »Überzeugungsgeschichte« auf, ebenso kann es ein Experte sein, ein Widersacher oder ein Gegenpol (etwa jung/alt: Ein junger Mensch kauft ein als altmodisch geltendes Produkt, wie in der Werbung für den Bausparvertrag: »Wenn ich mal groß bin, will ich auch ein Spießer werden!«).

Ich habe vor Jahren auf dem Flohmarkt eine alte Sattler-Nähmaschine erstanden, um ein Zelt für den Urlaub zu reparieren. Aber offensichtlich war sie kaputt, denn nach zwei, drei Stichen riss jedes Mal der Faden. Ich war schon mit den Nerven am Ende, als mir einfiel, dass es im Ort einen alten Sattler gab. Ich rief ihn an, ob er mir helfen könne. »Ich kann mir das Ding schon mal anschauen«, meinte er. Er prüfte, probierte, dachte nach, aber helfen konnte er nicht. »Jetzt fangen wir mal ganz von vorne an«, meinte er, nahm die Garnspule heraus und fädelte neu ein. Bei der Nadel stutze er: »Die ist ja verkehrt herum drin!« Ich hatte sie mit der Öse nach vorne eingesetzt, wie ich es von meiner modernen Nähmaschine gewöhnt war. Das war also der Fehler!

Um eine Figur zu beschreiben, muss man gar nicht so viel über sie sagen. Sie muss nur durchgängig konsequent und wiedererkennbar gestaltet sein. Der alte Mann in der obigen Geschichte wird ohne große Einführung, allein durch seine Art zu reden und zu handeln beschrieben. Man kann sich trotzdem gut vorstellen, dass hier jemand mit Ruhe und Erfahrung an eine Sache rangeht und den jüngeren Menschen genau durch diese Gelassenheit weiterhilft.

Figuren durch ihre Merkmale charakterisieren – nicht durch Kommentare.

163

Anfang und Ende: Eine Geschichte ist eine runde Sache

Mit dem Einstieg in eine Geschichte kann man die Neugier und Aufmerksamkeit gleich zu Beginn auf einen bestimmten Aspekt der Erzählung legen. Man kann Erwartungen wecken oder den Zuhörern eine bestimmte Rolle zuweisen, man kann mit gängigen Klischees spielen, eine ungewöhnliche oder typische Geschichte ankündigen, die Zuhörer auf eine Fährte locken, sie auf eine bestimmte Information neugierig machen.

Beispiele:

Ich habe diese Geschichte neulich Personalleuten erzählt, und niemand hat sie mir geglaubt. Hier und heute aber bin ich sicher, dass Sie mir glauben werden, denn Sie sind, ebenso wie ich, emotionslose, vorurteilsfreie und vom Verstand geleitete Controller ...

Vor einigen Wochen habe ich auf einer Messe einen langjährigen Kunden wiedergetroffen, der sich lange nicht mehr gemeldet hatte. Er kam mir entgegen und ich erkannte ihn gleich, aber mir fiel beim besten Willen sein Name nicht mehr ein.

Was mich an Frauen am meisten fasziniert, ist ihre Fähigkeit, mehrere Dinge auf einmal zu machen, doch heute erzähle ich Ihnen die Geschichte von einer Kollegin, die nicht einmal eine einzige Sache auf die Reihe bekam.

Normalerweise müsste ich Ihnen jetzt eine trostlose Geschichte erzählen, nach allem, was in den letzten Monaten bei uns los war. Aber diese Geschichte ist hoffnungsvoll – denn sie handelt nicht von unserer Abteilung.

Den Zuhörern nicht die »Moral« der Geschichte erklären.

Schließlich ist die Geschichte abgeschlossen, die Erzählung zu Ende, jetzt gehen Sie wieder aus der Erzählerrolle heraus und entlassen auch die Zuhörer aus der Geschichte. Manchmal reicht eine kurze Schlussformel, etwa: »Das war es, was ich Ihnen zu dem Thema erzählen wollte« oder »Das war meine Geschichte.« Sie können auch ein persönliches Statement anschließen. Erklären Sie aber nicht, was Sie dem

Zuhörer damit »sagen« wollen, sondern fassen Sie (in der Ich-Form) nur zusammen, welchen Eindruck das Erlebte auf Sie gemacht hat, was sich für Sie danach verändert hat oder warum Sie diese Geschichte in diesem Rahmen erzählt haben.

Beispiele:

Mir ist dieses Erlebnis wichtig gewesen, denn es hat mir gezeigt, dass …

Wenn ich heute eine neue Kollegin bekomme, versuche ich, die Unterstützung weiterzugeben, die ich damals als »Neue« auch erfahren habe.

Ich dachte, diese Geschichte passt ganz gut zum heutigen Tag, wo wir über unser neues Leitbild sprechen. Ich habe damals erlebt, wie wichtig Klarheit und Offenheit dem Kunden gegenüber sind.

Man kann eine Geschichte auch »runden«, indem man den Anfang, ihr Hauptthema, die verwendete Requisite oder einen bestimmten Ort der Geschichte noch einmal aufgreift.

Beispiele:

Einstieg: »Vor einigen Wochen habe ich auf einer Messe einen langjährigen Kunden wiedergetroffen, der sich lange nicht mehr gemeldet hatte. Er kam mir entgegen und ich erkannte ihn gleich, aber mir fiel beim besten Willen sein Name nicht mehr ein.«

Geschichte: »…«

Abschluss: »Den Namen des Kunden werde ich jetzt nicht mehr vergessen, denn er erinnert mich immer wieder daran, indem er wieder viel und regelmäßig bei mir bestellt.«

Einstieg: »Normalerweise müsste ich Ihnen jetzt eine trostlose Geschichte erzählen, nach allem, was in den letzten Monaten bei uns los war. Aber diese Geschichte ist hoffnungsvoll – denn sie handelt nicht von unserer Abteilung.«

Geschichte: »…«

Abschluss: »Diese Geschichte hat sich nicht bei uns abgespielt. Aber wenn Sie in Zukunft auch über uns öfter gute Geschichten hören, dann möchte ich sagen können: ‚Das liegt auch an mir!'«

Einstieg: »Ich bin normalerweise nicht abergläubisch, aber ich habe einen Talisman: Eine hässliche lila Krawatte, die ich einmal bei einer schwierigen Verhandlung getragen habe, die ich wohl nie vergessen werde. Und ich glaube, sie hat mir damals Glück gebracht ...«

Geschichte: »...«

Abschluss: »Sie fragen sich vielleicht, warum ich meine Glückskrawatte heute nicht trage? Ganz ehrlich? Erstens ist sie wirklich hässlich und zweitens brauche ich hier kein Glück, denn mit einer so hervorragenden Vertriebsmannschaft wie Ihnen kann mir einfach rein gar nichts passieren!«

Die Geschichte als Bühne

Eine Geschichte kann Ihnen helfen, Fakten und Informationen in einen großen Zusammenhang zu setzen und sie den Zuhörern anschaulich und plastisch vorzustellen. Stellen wir uns die Zuhörer als Theaterbesucher vor. Das Anliegen des Erzählers ist das Stück, das heute gespielt wird. Und die Geschichte ist die Bühne für dieses Anliegen, der Raum, der ihm einen Rahmen, einen Ort, Sichtbarkeit und Anschaulichkeit gibt. Die Bühne bildet einen Hintergrund und Zusammenhang für die dargebotenen Szenen des Stücks, sie regt mit ihrer Ausstattung die Phantasie der Menschen an.

Wie im realen Theater auch kann die Bühne ganz einfach ausgestattet sein: Ein Stuhl und ein Tisch deuten ein Wohnzimmer an. Auf die Geschichte übertragen heißt das, Sie erzählen mit einfachen Worten, halten sich an die Fakten und malen nichts aus. Oder Sie können die Szene opulent ausstatten: Bühnenbilder zeigen Wälder, Natur, alte Schlösser oder ein düsteres Gefängnis, entführen in eine vergangene Zeit oder in eine andere Kultur. Das wäre eine Erzählung, die bilderreich ist, die mit Stimmung, Klang, Gestik und Mimik die Emotionen

Die gleiche Geschichte kann schlicht oder opulent erzählt werden.

der Zuhörer anspricht. Auf welche der »Bühnen« Sie sich auch begeben, das Stück (Ihr Anliegen, Ihre Idee, Ihre Botschaft) ist es, um das es geht.

Die Geschichte inszenieren: Motiv, Ausschnitt, Rahmen, Ort

Auch den Weg, den ein Erlebnis gehen muss, um eine gute Geschichte zu werden, kann man mit der Fotografie vergleichen, wo es von der Motivauswahl bis zum fertigen Bild auch einige Entscheidungen zu treffen gilt. Hat man sich für ein Motiv entschieden (etwa für einen Bergsee), wählt man einen besonderen Ausschnitt aus (näher heranzoomen), den schönsten Abzug davon rahmt man vielleicht ein, und schließlich sucht man einen Ort, wo das Bild besonders gut hinpasst und wirkt. Bei einer Geschichte verhält es sich ähnlich. Man erinnert sich an ein bestimmtes Erlebnis (»Motiv«), erzählt davon das Wesentliche (»Ausschnitt«), »umrahmt« die Erzählung mit Einleitung (warum erzähle ich diese Geschichte?) und Schluss und setzt sie bewusst in einem bestimmten Kontext ein (der »Ort« kann etwa ein Meeting, ein Gespräch, eine Präsentation sein).

Motiv: Es fällt Ihnen ein Erlebnis ein, das Sie jetzt erzählen könnten.

Ausschnitt: Sie erzählen nicht »alles«, was sich zugetragen hat, sondern bestimmen Anfang und Ende Ihrer Erzählung bewusst. Idealerweise haben Sie sich die Geschichte schon mal zurechtgelegt, haben sie vielleicht schon einmal jemandem erzählt und wissen, was davon Sie in welcher Reihenfolge, mit welchem Höhepunkt und Ende erzählen wollen. Nutzen Sie dazu das Prinzip von histoire und discours (vgl. Seite 113 f).

Rahmen: Zeigen Sie Ihren Zuhörern, warum die Geschichte Sie fasziniert und warum Sie sie hier und jetzt erzählen. »Wir haben heute viel über Kostenreduzierung gesprochen. Dabei sollten wir doch auch auf die Ideen der Mitarbei-

167

ter setzen. Ich war neulich ganz erstaunt, als ich zufällig eine Unterhaltung einiger Kollegen in der Produktion mitbekommen habe: ...«

Ort: Sie haben das Gefühl, dass diese Geschichte hier passt, dass das Meeting eine kleine Abwechslung vertragen kann, oder nach einer Reihe von Fakten und Charts eine anschauliche Geschichte etwas zum Verständnis beitragen kann.

Die Geschichte inszenieren

Motiv: Was erzähle ich?
Ausschnitt: Was ist wesentlich?
Rahmen: Warum erzähle ich diese Geschichte?
Kontext: Wo und wem erzähle ich die Geschichte?

Hilfsmittel und Requisiten einsetzen

Den Zuhörern etwas zum Anschauen, Staunen, Beobachten zu geben kann sinnvoll sein, wenn es zur Erzählung passt. Nicht nur Kinder freuen sich, wenn ihnen etwas für die Augen geboten wird.

Ein Teebeutel fliegt zu den Sternen

Auf einem Seminar erzählte eine Frau eine Geschichte für Kinder, in der ein Teebeutel eine Rakete symbolisierte. Im Verlauf der Geschichte verlor der Teebeutel (alias eine Rakete, die Menschen von einem fernen Planeten wieder nach Hause bringen sollte) ein notwendiges Teil nach dem anderen. Erst war der Papieranhänger (Triebwerk) weg, dann die »Zündschnur«, also der Faden, dann löste sie die Klammer, faltete den Beutel auf und schüttete auch den Inhalt des Teebeutels weg (in der Geschichte war die Pfefferminze der Treibstoff). Was von der Rakete/vom Teebeutel übrig blieb, war einzig und allein eine hohle Papierröhre. Die stellte sie vorsichtig auf den Teller und zündete sie am oberen Ende rundum an. Sie brannte schnell herunter. Aber genau in dem Moment, wo man dachte, das wäre nun das Ende der Rakete, erhob sich die Asche des Papiers rasant in die Luft und alle Augen folgten dem ungewöhnlichen Flugobjekt bis unter die Decke. Ruhig und zart schwebten die verglühten Papierreste wieder zu Boden.

Was man braucht: Teebeutel, Feuerzeug, Teller oder eine andere Unterlage. Tipp: Die Papierröhre muss senkrecht stehen, damit sie Auftrieb bekommt.

Das Spiel mit der Requisite war faszinierend für die (erwachsenen) Zuhörer, vor allem das spektakuläre Ende hat alle überrascht. Der Bezug zur Geschichte war aber nicht ganz unproblematisch, vor allem die Vorstellung, dass in diesem verglühenden Etwas Menschen fliegen sollen (die Erinnerung an die Challenger-Katastrophe lag nahe). Bei welcher Geschichte könnten Sie dieses ungewöhnliche Hilfsmittel einsetzen? Etwa für eine Mutmacher-Geschichte: Es geht immer wieder etwas verloren/wird eingetauscht/verkauft, aber am Ende kommt Energie/neuer Auftrieb und damit eine überraschende Wende/eine neue Richtung/eine neue Möglichkeit.

STORYTELLING-TIPP: WAHL DER REQUISITEN

Wenn Sie einen Gegenstand in Ihre Geschichte aufnehmen wollen, sollten Sie ihm eine klare Rolle und einen festen Bezug zur Story geben. Setzen Sie also nur Dinge ein, die eine wirkliche Rolle in der Geschichte spielen. Oder Sie bringen einen Gegenstand mit, der für etwas Bestimmtes in Ihrer Erzählung steht.

»Diese Quittung (Münze, Knopf ...) trage ich seit drei Jahren in meiner Geldbörse mit mir herum, und das kam so: ...«

»Das ist der Füller, mit dem ich alle wichtigen Verträge in meinem Leben unterzeichnet habe. Leider auch einen, der mich viele Nerven gekostet hat. Es war im Jahr 2000, und …«

Setzen Sie Ihre Requisite in einen festen Bezug zur Geschichte, aber holen Sie nicht zu weit aus. Auch wenn alle Details, die Sie erzählen, aus dem »richtigen Leben« stammen, Ihre Zuhörer werden sich fragen, was Sie damit sagen wollen. Beschränken Sie sich also lieber auf wenige Details, um Ihre Requisite einzuführen:

Viele Fußballer sind ja sehr abergläubisch und jeder Verein hat einen Glücksbringer oder ein Maskottchen. Ich selbst spiele kein Fußball, aber ich habe einen Talisman: eine lila Krawatte. Ein Weihnachtsgeschenk meiner Schwiegermutter, die immer Farben auswählt, die ich nicht mag. Für Notfälle habe ich diese Krawatte immer im Büro in einer Schublade meines Schreibtisches liegen. Also eines Tages hatte ich einen griechischen Salat in der Kantine bestellt, und natürlich war anschließend ein dicker Ölfleck auf meiner Krawatte, direkt unter dem Knoten. Also musste ich für die anschließende Verhandlung die Notkrawatte umbinden. Und sie hat mir Glück gebracht …

Töne und Geräusche

Ausrufe, Geräusche und Töne einzusetzen, das erinnert Sie vielleicht an Comics, in denen es vor »BÄNG!« oder »UURX« nur so wimmelt. Sicher passt die Verwendung von Tönen und Lauten nicht immer und es gehört auch etwas Mut dazu, sie einzusetzen. Aber vielleicht kann in einer Ihrer Geschichten das Knarzen einer Tür Spannung erzeugen, ein genervtes Stöhnen Missmut ausdrücken, ein Knurren einen Hund symbolisieren, ein Ächzen für die unheimliche Atmosphäre in einem alten Gebäude stehen, ein »Peng!« eine abrupte Wendung einleiten. Denken Sie an Kinder, die ihr Spiel mit Tierfiguren, Autos, Puppen oder Holzklötzen ganz selbstverständlich mit Rufen, Zischen, Quietschen, Bremsgeräuschen und so weiter begleiten. Kommt in Ihrer Geschichte also ein Platzregen vor (Fingertrommeln), ein Telefon (klingeling), eine Frau mit hohen Absätzen (klack, klack, klack) oder andere Situationen, Gegenstände oder Szenen, die eine lautmalerische Unterlegung vertragen können, dann setzen Sie dieses Element ruhig mal ein, wenn es Ihnen nicht zu kindisch (hihi) oder zu anstrengend vorkommt (ächz).

Beispiel:

Beim Kundengespräch nervt das Handy.

Ich begann also meinen Vortrag über verschiedene Geldanlagen (klingeling – nun gut, der Friseurtermin musste bestätigt werden). »Sie sind also eher an einer langfristigen Anlage interessiert?« (Klingel, klingel – der Ehemann weiß nicht, wann er den Sohn aus der Kita abholen soll). Kaum habe ich ihr die Vorteile unseres Premium-Produktes erklärt, ein erneutes »Krrrrrrrrrrr«. Sie hatte offensichtlich auf Vibrationsalarm geschaltet. Nun gut, …

Die eigene Erzählerstimme finden

Bevor Sie sich mit Ihrer eigenen Vortragsweise beschäftigen, machen Sie doch mal folgende kleine Übung: Rufen Sie sich Menschen ins Gedächtnis, die Ihnen gut vertraut sind, Kollegen, Vorgesetzte, ehemalige Lehrer, oder denken Sie beispielsweise an Politikerinnen, an Talkmaster und Schauspieler. Wichtig ist, dass Sie den Redestil der Personen und ihre Art zu sprechen und zu gestikulieren gut kennen. Jetzt lassen Sie jeden vor Ihrem geistigen Auge sprechen, etwas erzählen. Hören Sie der Stimme zu, sehen Sie sich die persönlichen Gesten an, stellen Sie sich die Mimik vor, die Körperhaltung und beobachten Sie genau, wie die Person auf Sie wirkt. Jetzt tauschen Sie die Merkmale und Eigenheiten von zwei Personen mal in Gedanken aus: A spricht wie B, C deklamiert wie A, D übernimmt die Gestik, Mimik und Stimme von C: Malen Sie sich die Szene möglichst detailliert aus, bemühen Sie Ihre ganze Vorstellungskraft, und Sie werden schnell erkennen: Der eine würde unglaubwürdig, seltsam, ja grotesk wirken mit den Ausdrucksmitteln eines anderen.

171

Die eigene Persönlichkeit einsetzen.

Auch Sie wirken am besten und kommen gut bei anderen Menschen an, wenn Sie Ihre Persönlichkeit auch beim Erzählen einsetzen. Machen Sie sich das bewusst, bevor Sie – in Maßen – darangehen, an Ihrem Stil zu feilen, Ihre Gesten zu verfeinern, Elemente dazuzunehmen, die zu Ihnen passen und Ihnen helfen, eine Geschichte gut »rüberzubringen«.

Das soll heißen: Wenn Sie nicht zufällig Italiener oder Spanier sind, dann verzichten Sie auch weiterhin auf ausladende Gesten, wenn Sie eine zarte Person von 50 Kilo sind, dann versuchen Sie nicht, durch eine imposante Körperhaltung »an Gewicht« zu gewinnen. Verlassen Sie sich lieber auf sich selbst.

Nutzen Sie Ihre persönlichen Möglichkeiten, wenn Sie vor anderen sprechen. Als Redner haben Sie vielleicht schon vor Publikum gestanden und kennen Ihre Stärken. Als Erzähler können Sie Ihre Stimme um einige Nuancen erweitern, die aber immer auch in Zusammenhang damit stehen, worüber Sie erzählen. Bei spontanen Beiträgen zu einem Erzählworkshop oder in der Teamrunde bleiben Sie am besten bei Ihrer natürlichen, eigenen Stimme. Für eine Geschichte, die Sie öfter erzählen, oder wenn Sie Zeit haben, sich auf einen Auftritt vor einem größeren Publikum vorzubereiten, können Sie Ihr stimmliches Spektrum erweitern.

Wie wirke ich als Erzähler?

Meist kennt man andere Menschen in ihrem Auftreten viel besser als sich selbst, weil man sie ja immer vor sich hat. Mit sich selbst dagegen bleibt man wie hinter einem Vorhang, man hört sich zwar, aber man kann sich nicht sehen. Deshalb sollten Sie Ihre Körperhaltung zunächst mal kennen lernen und studieren.

Sich als Erzähler kennen lernen

Ein großer Spiegel in der Nähe? Dann stellen Sie sich doch mal eben sich selbst vor, schauen und hören Sie sich dabei zu, wie Sie Ihre Geschichte beginnen.

Hallo, ich bin Mareike Schulz und ich möchte Ihnen jetzt eine kleine Geschichte erzählen, die mir seit einiger Zeit nicht mehr aus dem Kopf geht …

Wie finden Sie sich? Sympathisch? Kühl? Zu ernst? Unsicher? Versuchen Sie beim zweiten Mal, anders zu wirken. Gefällt Ihnen das besser? Machen Sie sich vor jedem Spiegel, den Sie finden, in der Umkleidekabine oder zwischen dem vierten und fünften Stock im Lift, wenn Sie alleine sind, mit sich vertraut. Das nimmt Ihnen die Scheu und Fremdheit, die man oft seiner eigenen Stimme, Mimik und Körperhaltung gegenüber hat. Beobachten Sie in nächster Zeit auch andere besonders genau. Achten Sie im nächsten Meeting darauf, wem andere aufmerksam zuhören und woran das Ihrer Meinung nach liegt. Beobachten Sie sich selbst als Zuhörer bei Vorträgen und Präsentationen: Was gefällt Ihnen an den Rednern, was wollen Sie selbst mal ausprobieren?

Lernen durch Beobachten.

Hilfreiche »Dos and Don'ts« beim Erzählen:

Dos:
ruhiger Erzählton, sich Zeit nehmen (kleine Pausen einbauen), Mündlichkeit (kurze Sätze, keine Schachtelsätze), Blickkontakt zu den Zuhörern aufbauen und halten.

Don'ts:
nicht zu schnell, nicht zu laut, nicht zu monoton, nicht zu lang, keine Zeitsprünge und Nebenstränge, keine langen Vorreden.

Gestik, Mimik, Stimme

Wenn man eine Geschichte nicht im Erzählworkshop, im Meeting oder bei einem Treffen erzählt, sondern in einem Rahmen, der etwas mehr »Performance« braucht, dann sollte man seine Geschichte noch einmal daraufhin durchgehen, ob an bestimmten Stellen eine Geste

Es ist erlaubt, was der Geschichte dient.

hilfreich ist, etwas anschaulich zu machen, ob man verschiedenen Sprechern oder Rollen individuelle Stimmen zuordnen will, um sie zu unterscheiden, oder ob man einer Stimmung auch im Mimikspiel Nachdruck verleihen möchte. Auch hier gilt: Es ist erlaubt, was der Geschichte dient, was den Zuhörer fesselt, was zu Ihnen als Person passt. Aber das Wichtigste ist und bleibt die Geschichte selbst. Ihre Aussage fasziniert den Zuhörer, und daran wird er sich später auch erinnern.

Blickkontakt aufbauen

Stimmungen kann man über die Körpersprache betonen.

Man kann eine Rede vielleicht ohne Blickkontakt durchstehen, etwa wenn die Scheinwerfer blenden, aber bei einer Geschichte sollte man die Zuhörer schon vor Augen haben. Nehmen Sie also Blickkontakt auf. Konzentrieren Sie sich nicht nur auf die, die vor Ihnen sitzen, schauen Sie auch nach hinten, nach rechts und links, damit Sie alle einbeziehen. Denn nicht nur über die Ohren, auch mit den Augen können die Zuhörer etwas von Ihnen erfahren. Eine Frage kann man zusätzlich mit einem fragenden Gesichtsausdruck oder einer Geste begleiten (Augenbrauen hochziehen, Kopf zu Seite legen und so weiter). Ein erhobener Zeigefinger kann für einen Doppelpunkt (Achtung, jetzt kommt etwas Wichtiges!) stehen. Eine offen ausgestreckte Hand begleitet einen Satz (»Das war ja klar!«) und so weiter. Viele Stimmungen kann man über die Körpersprache ausdrücken oder betonen.

Mit Händen und Füßen erzählen

Haben Sie schon mal ohne Sprachkenntnisse bei einem französischen Metzger Hühnerkeulen ohne Haut bestellt oder Ochsenschwanz, in kleine Stücke gehackt? Da wird man mangels Worten schnell zum Schauspieler und Stimmenimitator. Und kaum jemand kann das Wort »Wendeltreppe« erklären, ohne dabei mit dem Finger durch die Luft zu schrauben. Das Sprechen mit »Händen und Füßen« liegt uns also eigentlich im Blut, wir haben es uns nur abgewöhnt. In dem Kinderlied »Der kleine Matrose« wird zu jedem Satz eine Geste gespielt. Suchen Sie auch in Ihrer Geschichte ein paar geeignete Stellen, wo Sie eine Stimmung spielen, Ihre Mimik, Ihren Körper, eine Bewegung, eine Modulation oder eine Pause einsetzen können. Wie gesagt, es liegt nicht jedem, gleich wie ein Sizilianer zu agieren. Setzen Sie also nur so viel Körpersprache ein, wie es zu Ihnen, zu Ihrer Geschichte, zu Ihren Zuhörern und zum Rahmen, in dem Sie erzählen, passt.

Partner- oder Gruppenübung: Stimmungswechsel

Stellen Sie eine Liste von Stimmungen zusammen (zum Beispiel Trauer, Sorge, Langeweile, Spannung und so weiter). Dann ordnen Sie jeder Stimmung einen »typischen« Satz zu. Und dann probieren Sie die passende Geste, die geeignete Mimik dazu aus. Beim Üben darf ruhig übertrieben werden, das erleichtert den Einstieg, denn der gezielte Einsatz von Gestik und Mimik beim Erzählen ist für die meisten am Anfang ja etwas ungewohnt. Später kann man die entwickelten »übertriebenen« körperlichen Ausdrucksformen wieder minimieren. Wer alleine übt, sollte sich vor den Spiegel stellen, in der Gruppe sind die anderen der »Spiegel«.

Beispiel: Verzweiflung, Ablehnung, Ratlosigkeit, Wut, Enttäuschung.

(Mit hochgerissenen Händen:) »Kann denn das sein?!?«

(Wegwerfende Handbewegung:) »Das war nur Schrott!«

(Schultern hochziehen und fallen lassen:) »Da war guter Rat teuer.«

(Aufgerissene Augen, geballte Faust:) »Ich hasse das!«

(Hängende Schultern, gesenkter Kopf:) »Jetzt war ohnehin alles egal.«

Beim Üben darf ruhig übertrieben werden!

Sprechgeschwindigkeit und Pausen

Kleine Pausen wecken Erwartungen.

Auch wenn Sie nur eine kleine Geschichte erzählen, geben Sie ihr genügend Raum und Zeit und erzählen Sie sie nicht nur so nebenbei. Lassen Sie sich etwas mehr Zeit als beim normalen Sprechen, seien Sie eine Idee langsamer als sonst. Die Zuhörer werden dadurch eher aufmerksamer als ungeduldig. Außerdem können kurze Pausen die Geschichte verständlicher machen. Wie bei einem schriftlichen Text, der leichter zu lesen ist, wenn er mehrere Absätze hat, gliedern Pausen auch die Teile der Geschichte, etwa Einleitung, Hauptteil, Schluss. Vor dem Höhepunkt, vor einer unerwarteten Wende, vor einem wichtigen Satz können Sie auch eine kleine Pause einlegen, das weckt die Erwartung auf das, was kommt, und unterstreicht die Wichtigkeit des Folgenden. Erzählen Sie überhaupt mehr, wie man spricht, als wie man schreibt. Allzu viele und zu lange Nebensätze erschweren das Verstehen. Verbinden Sie beim mündlichen Erzählen öfter mal Hauptsätze, setzen Sie direkte Rede ein, bevorzugen Sie gesprochenes Deutsch und versetzen Sie sich in die Szene.

Schriftliches Erzählen:
Im leeren Haus fand ich nirgends etwas zu essen, obwohl ich großen Hunger hatte. Da entdeckte ich endlich eine Tüte Chips im Regal des Wohnzimmers.

Mündliches Erzählen:
»Petra?« »Stefan?« Niemand da. Das ganze Haus schien wie leer gefegt. Nirgends gab es etwas Essbares. Dabei knurrte mir seit Stunden der Magen. Da! Ganz oben im Bücherregal: Sah das nicht aus wie eine Chipstüte?

Modulation und Betonung

Modulationen setzen Akzente.

Modulationen können Ihre Geschichte lebendiger und farbiger machen und im Zusammenhang mit Pausen weitere Akzente setzen. Rufzeichen (lauter werden), Fragezeichen (mit der Stimme nach oben gehen), Punkt (mit der Stimme nach unten gehen) kann man beim mündlichen Erzählen nicht sehen, also sollte man sie hören können. Üben Sie, indem Sie am Anfang ruhig etwas übertreiben.

Übung: Ein »Drehbuch« entwickeln

Skizzieren Sie Ihre Geschichte schriftlich, tragen Sie sie probeweise vor (wenn möglich, einen Partner als Zuhörer dazubitten) und notieren Sie sich Modulationen, Gestik, Mimik, Pausen, direkte Reden etc. an den passenden Stellen. Wiederholen Sie einzelne Passagen in verschiedenen Variationen, bis sie Ihnen stimmig erscheinen. So entsteht mit der Zeit ein »Drehbuch« für Ihre Geschichte:

»Petra?« (Rufen, suchend umherblicken) »Stefan?« Niemand da. Das ganze Haus schien wie leer gefegt (Pause). Nirgends gab es etwas Essbares (Pause). Dabei knurrte mir seit Stunden der Magen (den Bauch reiben). Da (Pause, Augen aufreißen, hochschauen)! Ganz oben im Bücherregal: Sah das nicht aus wie eine Chipstüte (mit der Stimme hochgehen, erfreutes Grinsen)?

Losgelöst von Raum und Zeit: Spielerische Varianten des Storytelling

»Es war einmal vor langer Zeit.« »Es lebte einmal ein König in einem Schloss hinter den Bergen.« Märchen entführen den Zuhörer schon mit der Anfangsformel in eine andere Zeit, an einen Ort, der keinen Bezug zur realen Gegenwartswelt hat. Wo und wann Ihre Geschichte spielt, ist dagegen äußerst wichtig. Hat sich ein Erlebnis mit einem schwierigen Kunden in der Gegenwart abgespielt oder heute? War das selbstbewusste Auftreten des Service-Personals nur »früher« möglich oder ist das eine aktuelle Geschichte? Steht Ihr Beispiel für eine andere Firma oder für die eigene? Ist das Projekt am Verhalten der Abteilung A gescheitert oder durch die schlechte Zusammenarbeit in der Abteilung B?

Es ist wichtig, wo und wann die Geschichte spielt.

177

Mit den erzählerischen Möglichkeiten spielen.

Bezüglich Zeit und Ort haben Sie also wenig kreative Möglichkeiten. Außer, Sie spielen bewusst mit den räumlichen und zeitlichen Bezügen, um ein Thema spielerisch einzuführen, das Sie nicht so direkt ansprechen wollen. Verlegen also Ihre Beobachtungen und Erlebnisse im Hier und Jetzt in eine andere Zeit oder an einen entfernten Ort. Nutzen Sie die Möglichkeiten der Märchenform, der Science-Fiction, der »verkehrten Welt« oder einer Fantasy-Erzählung, um ein Thema spielerisch, unterhaltsam, kreativ, nicht ganz so ernst, aber doch ernstzunehmend anzusprechen. Aber auch hier gilt: Auch wenn Sie einen solchen Kunstgriff anwenden, bleiben Sie inhaltlich möglichst nah an den wirklichen Ereignissen und erfinden Sie keine fiktive Geschichte.

Paradise now!

Eine »Lügengeschichte«, die die Welt auf den Kopf stellt. Sie erzählen Abläufe aus Ihrem beruflichen Alltag so ideal, perfekt, rosarot und übertrieben positiv, dass sich die Balken biegen. Ihre Zuhörer werden nicht nur lachen, ihnen wird vielleicht auch einiges klar, was im Alltag schief läuft und besser laufen könnte.

Der Konkurrent hat Probleme

Lassen Sie schwierige, negative Geschichten aus dem Unternehmensalltag bei einem fiktiven feindlichen Mitbewerber spielen und erklären Sie nach jeder Episode, die Sie erzählen: »So etwas könnte bei uns aber nie passieren« oder »Damit hat er sich natürlich selbst ein Bein gestellt!« und so weiter. Man schaut durch diesen Perspektivenwechsel gelassener, heiterer, aber auch weniger betriebsblind auf eigene Fehler. Als Einstieg in eine sachliche Auseinandersetzung über nötige Veränderungen kann das auch eine kreative Übung für Gruppen sein: Jeder steuert eine Episode nach dem oben erzählten Muster bei. Damit wären gleich einige Probleme, die man besprechen will, auf dem Tisch (... des fiktiven Mitbewerbers natürlich).

Science-Fiction

Verlegen Sie die Abteilung, ein aktuelles Thema oder den Markt, auf dem Sie agieren, in eine ferne Zukunft. In dieser zukünftigen Welt ist vieles anders, die Themen, Strukturen und Probleme der Gegenwart werden aber übernommen. Etwa so: »Unsere Absatzzahlen sanken drastisch, als die Importzölle für nicht-terrestrische Anbieter aufgehoben wurden. Mit den Dumping-Löhnen der östlichen Galaxien konnten wir nicht mithalten.«

Es war einmal vor langer Zeit

Eine Alltagsgeschichte als Märchen zu erzählen, sie in eine Zeit zu versetzen, in der das Wünschen noch geholfen hat, sie an einem Ort spielen zu lassen, an dem es Zauberer, Königreiche, Drachen, Schatzkammern und Prinzessinnen gibt, wo Zauberwälder und geheime Abrakadabras existieren und wo Schwerter und Degen geführt werden dürfen, kann manchmal das Erzählen über die Realität erleichtern. Sie können dabei auch die Mittel der Heldenreise benutzen. Auch hier steht allerdings der spielerische und unterhaltende Aspekt nicht allein: Sie werden staunen, wie viele echte Konflikte, Widersprüche, Figuren, »Helden« und Widersacher in einer solchen Geschichte vorkommen.

Die Mittel einsetzen, die zum Kontext passen

Sie haben jetzt eine Menge Möglichkeiten und Mittel kennen gelernt, um Ihre Geschichten lebendiger, spannender, interessanter zu machen, und finden selbst im Lauf der Zeit sicher noch weitere. Setzen Sie diese Mittel ein wie Gewürze beim Kochen: als Nuance, sparsam, nicht den ganzen Gewürzschrank auf einmal. Bedenken Sie den Kontext, die Situation, in der Sie erzählen. Eine allzu ausgeschmückte Erzählung im Controller-Meeting kann unpassend sein (oder vielleicht ganz im Gegenteil gerade richtig). Eine nüchterne, trockene Geschichte im Marketing-Meeting: Da schlafen ja alle ein! (Oder eben gerade nicht: Die Marketing-Leute haben vielleicht heute schon zu viele Performance-Künstler über sich ergehen lassen müssen und sind froh, wenn jemand schnell zum Punkt kommt.) Sie sehen: Man kann dafür keine allgemeinen Regeln angeben: Sie entscheiden das von Fall zu Fall selbst. Die beste Art zu erzählen ist immer die, mit der Sie Ihre Zuhörer am besten erreichen.

Die beste Art zu erzählen ist die, mit der Sie Ihre Zuhörer erreichen!

Der Erzähler und seine Zuhörer

Wer sich schon einmal dazu hinreißen ließ, die einzelnen Erlebnisse eines ganz normalen Tages mit seinen Kleinen detailliert im Freundeskreis zum Besten zu geben, wird wissen, dass das Interesse am Familienalltag anderer sich normalerweise in Grenzen hält. Andererseits kaufen Menschen Bücher, in denen es um nichts anderes geht als um Alltagserlebnisse von Eltern mit Kindern, wie Axel Hackes Buch »Der kleine Erziehungsberater«. Das liegt nicht nur daran, dass er gut schreiben kann. Was seine Geschichten so besonders macht, ist die Perspektive, die er als Erzähler einnimmt. Hier erzählt zwar der Vater eines Kindes im Vorschulalter, aber in erster Linie doch ein Staunender, ein fast unbeteiligt-faszinierter Berichterstatter aus der Welt eines Vierjährigen, die ihren eigenen, unergründlichen Gesetzen folgt.

Überlassen Sie Ihre Geschichte den Zuhörern zum eigenen Gebrauch.

Die Haltung des Erzählers I: Staunen und abseits stehen

Die Haltung des Staunens und Etwas-abseits-Stehens wird auch dem Erzählen gerecht. Der Erzähler berichtet aus der Welt, aber er drückt ihr nicht seinen Stempel auf. Natürlich vermittelt jede Geschichte eine Botschaft. Vermeiden Sie jedoch, wenn Sie anderen eine Geschichte erzählen, den Eindruck, dass sie ihnen »etwas sagen« soll, in den Vordergrund zu stellen. Nehmen Sie als Erzähler eine Haltung ein wie jemand, der von einer Reise zurückkehrt, und berichten Sie, was Sie anderswo erlebt haben, was Sie fasziniert hat. Stellen Sie sich aber als jemand vor, der dort nur eine Weile zu Besuch war, behaupten Sie nicht, so zu sein wie die, von denen Sie erzählen. Sie nehmen damit eine Rolle ein, die es Ihren Zuhörern erlaubt, sich auf Ihre Geschichte einzulassen. Bieten Sie Ihre Geschichte als Mitbringsel aus einer anderen Gegend an und überlassen Sie Ihr »Geschichten-Geschenk« den Zuhörern zum eigenen Gebrauch.

Was soll und kann beim Zuhörer ankommen?

»Was will uns diese Geschichte sagen?« Die Botschaft des Erzählers ist das eine, wie die Geschichte ankommt, das andere. Denn die Wirkung einer Geschichte hängt auch mit den Vorerfahrungen, den bisherigen Erlebnissen und kulturellen Hintergründen der Zuhörer zusammen. Wenn Eltern, Omas, Ausbilder oder Lehrer aus ihrer Kindheit und Jugend erzählen, dann kann ihre Geschichte schon mal auf Unverständnis oder Ablehnung stoßen, weil die Zuhörer einer anderen Generation angehören, andere Maßstäbe, Denkmodelle und Werte haben als sie. Oma erzählt von Sparsamkeit, Verzicht, Genügsamkeit, und die Enkelin ist gerade auf dem Konsumtrip. Und sicher versteht heute mancher Jugendliche nicht mehr, was seine Eltern ihm über Zusammenhalt, Gemeinschaft und Nachbarschaft in der DDR erzählen. Gerade wer von »früher« erzählt, sollte sich immer vor Augen halten, was andere mit der Geschichte, die man erzählt, verbinden könnten. Auch Geschichten können »in die Jahre« kommen.

Auch Geschichten können »in die Jahre« kommen.

Die Haltung des Erzählers II: Hinter die Geschichte zurücktreten

Ein Erzähler ist, wenn man es mit der Fotografie vergleicht, eher der Fotograf als das Model. Der Fotograf wirft sich nicht selbst in Pose, sondern er inszeniert sein Model. So machen Sie es auch mit Ihrer Geschichte. Nicht der Erzähler muss wirken, sich produzieren und inszenieren, sondern er sorgt dafür, dass seine Geschichte groß rauskommt.

Transfer auf die Erlebniswelt der Zuhörer

Es war eigentlich eine Ehre für die Workshop-Teilnehmerinnen, dass ein Vorstandsmitglied des Unternehmens die Veranstaltung zum Thema »Frauen und Führung« eröffnete. Die anwesenden Mitarbeiterinnen hörten dem Vorstandsmitglied gespannt zu, als er seine Rede mit einer ganz persönlichen Geschichte einleitete:

181

Meine Frau ist auch berufstätig und hat nie aufgehört zu arbeiten, obwohl wir inzwischen drei Kinder im schulpflichtigen Alter haben, und das klappt prima. Ich selbst habe berufsbedingt natürlich sehr wenig Zeit für die Familie, meine Frau managt alles. Neulich war sie auf einer Fortbildung und ich musste mich eine Woche lang um die Kinder kümmern, da habe ich erst gesehen, was das für eine straffe Organisation verlangt. Respekt!

Der Redner erzählte dann noch einige Episoden, wie schwer es ihm gefallen war, in diesen Tagen Kinder, Haushalt und berufliche Anforderungen unter einen Hut zu bringen. Eine nette Geschichte, persönlich, ehrlich, respektvoll für Frauen, die Kinder und Beruf vereinbaren, oder etwa nicht? Warum waren die Zuhörerinnen danach so missgestimmt? Beim Pausenkaffee machten sich einige Luft. Erwartet hätten Sie eine Ermunterung, in Zukunft verstärkt Führungsverantwortung in der Firma zu übernehmen. Die Geschichte war bei ihnen aber eher als Lob eines Rollenmodells angekommen, in dem die Frau hauptsächlich in ihrer familiären Verantwortung steht und eher »nebenbei« ihrem Beruf nachgeht, während der Ehemann und Vater ganz selbstverständlich seine Karriere in den Vordergrund stellt. Und so war die Geschichte, die ihr Chef zum Einstieg in das Thema gut fand, für die Zuhörerinnen ein Hinweis dafür, dass ihr Unternehmen das Bekenntnis zur Karriereförderung von Frauen gar nicht wirklich ernst meinte. Unabhängig von ihrer beabsichtigten Aussage ist die Geschichte ein Beispiel dafür, dass man die Assoziationen der Zuhörer immer mit bedenken muss, dass sie ebenso wichtig sind wie das, was man selbst mit seiner Erzählung ausdrücken möchte.

Eine Geschichte ist ein Angebot.

Assoziationen der Zuhörer einplanen, nicht verplanen

Eine Geschichte sollte zwar so geschlossen und schlüssig genug sein, dass man sie ohne weitere Erklärung versteht. Aber sie sollte auch offen genug bleiben, denn eine Geschichte ist ein Angebot: zum Mitdenken, zum Assoziieren und Weiterdenken. Bei verschiedenen Menschen mit unterschiedlichem Erfahrungshintergrund werden sich zwangsläufig auch unterschiedliche Assoziationen und Gedanken einstellen. Das kann einen ebenso wichtigen und wertvollen Teil des Storytelling darstellen wie das Erzählen selbst, vor allem dann, wenn sich eine Gelegenheit bietet, mit den Zuhörern darüber zu sprechen, wie die Geschichte aufgenommen wurde, was sie damit verbinden, auf welche Gedanken sie die Geschichte gebracht hat. Hier gibt es kein »richtig« oder »falsch«, und auf keinen Fall sollte man als Erzähler das, was man mit der Geschichte ausdrücken wollte, höher bewerten als das, was ein Zuhörer verstanden hat (etwa indem man richtig stellt: »Nein, nein, das habe ich ganz anders gemeint!«). Beim Erzählen ist, wie bei jeder Kommunikation zwischen Menschen, immer auch eine interkulturelle Komponente dabei, denn andere haben andere Erfahrungen, andere Ansichten, einen anderen Hintergrund als der Erzähler. Gerade aus den Reaktionen der Zuhörer kann man viel lernen. Hat man etwa ein besonders positives Erlebnis mit einem Kunden erzählt um die Mitarbeiter zu motivieren, die reagieren aber eher skeptisch, dann macht es mehr Sinn, den Grund dieser Skepsis herauszufinden als die Geschichte zu verteidigen. Man kann fragen: »Welches Erlebnis mit einem Kunden war denn für Sie in letzter Zeit typisch?«, und sich dann über die unterschiedlichen Erfahrungen austauschen.

Beim Erzählen ist immer eine interkulturelle Komponente dabei.

Die Haltung des Erzählers III: Geschichten loslassen

Mit Geschichten ist es wie mit Kindern: Man liebt sie, trägt sie lange mit sich herum, hegt und pflegt sie, aber sie gehen irgendwann ihren eigenen Weg und machen, was sie wollen. Dann gilt es, sie loszulassen. Das erste Loslassen ist schon das Erzählen selbst. Man teilt seine Geschichte mit anderen. Der zweite Schritt des Loslassens ist das Eingeständnis, dass ein Zuhörer die Geschichte nie genau so versteht, wie sie »gemeint« war. Und der dritte Schritt ist das Einverständnis, dass andere sie in den eigenen Geschichtenschatz aufnehmen und weitererzählen. Jetzt spätestens ist sie Allgemeingut, wahrscheinlich wird im Lauf der Zeit sogar vergessen, wer sie erlebt und zuerst erzählt hat. Als kleiner Trost für eventuellen »Abschiedsschmerz« mag gelten, dass die

Geschichte eine umso längere Lebenszeit vor sich hat, wenn sie von vielen erinnert, erzählt und gehört wird. Und schließlich ist man nicht nur Geber, sondern auch Nutznießer in diesem Kreislauf: Die eigenen Geschichten »verlassen« uns beim Erzählen, neue Geschichten kommen beim Zuhören dazu.

»Aus dem Erzählen zeigt sich, ob jemand zu hören gewusst habe.«
Johann Gottfried Herder

Meeting-Point 2: Bodenwerder 1781
Scheherazade und Baron Münchhausen

Scheherazade sitzt an einem Cafétischchen, vor sich eine Tasse Tee.
Die Tür des Kaffeehauses öffnet sich ungestüm. Münchhausen kommt
herein und lässt sich seufzend auf den Stuhl neben Scheherazade fallen.

Münchhausen (wütend): Schon wieder! Sie haben es mir schon wieder
   nachgerufen! Diese Rotzlöffel! Lügenbaron, schreien sie, Lügenbaron. Ich verstehe das nicht. Ich bin ein Geschichtenerzähler wie
   du auch, Scheherazade. Warum nennen sie mich Lügenbaron und
   dich nicht? Deine Geschichten sind doch noch unwahrscheinlicher
   als meine! Fliegende Teppiche! Wunderlampen! Wer glaubt denn
   so etwas!

Scheherazade: Ich erzähle Märchen. Die Leute erwarten nicht, dass
   Märchen wahr sind.

Münchhausen: Aber meine Geschichten sollen wahr sein! Und wehe,
   wenn ich mal ein bisschen übertreibe, dann bin ich der Lügenbaron. Gut, du erzählst um dein Leben. Das gibt dir einen gewissen
   moralischen Vorsprung. Sympathiewerte. Trotzdem: Was ist »wah-
   rer« an deinem Aladin mit der Wunderlampe als an meinem Ritt
   auf der Kanonenkugel?

Scheherazade: Ich sage von vornherein, dass ich Märchen erzähle.
   Dann wissen die Leute, was sie erwartet: eine schöne Geschichte,
   in der andere Gesetze als in der Realität gelten. Eine Geschichte,
   die vielleicht ein kleines Körnchen Weisheit in sich birgt. Du dagegen tust immer so, als ob du alles selbst erlebt hättest. Ich, ich,
   ich – das ist die häufigste Vokabel in deinen Geschichten. Wenn
   man sich so sehr in den Mittelpunkt stellt, dann muss man auch
   damit rechnen, dass die Leute allergisch darauf reagieren.

Die Kellnerin kommt und fragt Münchhausen nach seinem Wunsch.

Münchhausen: Ich glaube, ich brauche etwas Stärkeres. Einen Grog
   bitte. Einen steifen! *(Zu Scheherazade:)* Habe ich dir schon mal erzählt, wie ich einmal vier Liter Grog getrunken habe und trotzdem
   noch gerade nach Hause … Was lachst du?

Scheherazade (lachend): Schon wieder! Du erzählst schon wieder von dir und wie toll du bist. Erzähl doch mal eine Geschichte über jemand anderen. Eine Geschichte, in der du mal nicht die Hauptfigur bist. In der vielleicht einmal ein anderer der tolle Hecht ist.

Münchhausen: Na gut, wenn das so wichtig ist: Ein Bekannter von mir hat einmal vier Liter Grog getrunken und ist noch gerade nach Hause … Ist das jetzt besser?

Scheherazade: Ein bisschen. Wenigstens gibst du nicht mehr mit dir selber an, sondern mit deinem Bekannten. Aber ob das eine gute Geschichte wird? Vier Liter Grog? Das kommt mir doch sehr übertrieben vor.

Münchhausen (erbittert): Ach ja? Aber ein Fisch so groß wie eine Insel, ein Geist, der aus der Flasche kommt, oder eine Höhle, die man durch einen Zauberspruch öffnet, das alles ist überhaupt nicht übertrieben? Nein, das kommt ja jeden Tag vor!

Scheherazade: Wie gesagt: Ich erzähle Märchen. Vielleicht gibt es ja ganz verschiedene Arten von Geschichten. Und von jeder erwarten die Zuhörer etwas anderes. Von Märchen erwarten sie fantastische Abenteuer, die nichts mit ihrer Wirklichkeit zu tun haben müssen – aber dahinter ein Körnchen Wahrheit, ein Löffelchen Weisheit, das ihnen hilft, ihre Welt besser zu verstehen.

Münchhausen: Und was für eine Art Geschichten erzähle ich dann, bitteschön?

Scheherazade: Hm … ich weiß nicht. Vielleicht könnte man sie Übertreibungsgeschichten nennen? Oder Allmachtsphantasiegeschichten? Ein bisschen sind deine Geschichten wie die von Kindern: Alles ist möglich, alles kann geschehen, vor allem man selbst hat übermenschliche Kräfte.

Münchhausen (murmelt): Kinder! Das muss mir ausgerechnet eine Märchentante sagen!

Scheherazade: Moment mal! Märchen erzählen heißt ja nicht, Geschichten für Kinder erzählen. Wenn du jemals meine Geschichten aus »1001 Nacht« gelesen hast, wirst du ja sicher gemerkt haben, dass die meisten Erzählungen darin für Erwachsene sind. Erotik eingeschlossen, falls dich das zum Lesen animieren sollte. Ich habe mit den Kindern etwas ganz anderes gemeint, und ich kann es auch

186

ein wenig brutaler formulieren, wenn du es sonst nicht verstehst: Diese Allmachtsgeschichten, die du erzählst, sind infantil. Infantile Allmachtsgeschichten, wie sie unser Kollege, der Geschichtenerzähler Sigmund Freud, vielleicht nennen würde. Du stellst dich selbst und deine Allmachtsphantasien absolut in den Mittelpunkt, deine Geschichten sind hauptsächlich dazu da, zu zeigen, wie toll du bist. Da musst du dich nicht wundern, wenn das bei manchen Zuhörern nicht so toll ankommt – und sie dich dann den »Lügenbaron« nennen.

Münchhausen (mit offenem Mund): Wow! Ich wusste gar nicht, dass du so gebildet bist. Ich hoffe, ich als einfacher Landadliger kann dir da noch folgen. Du meinst also, wenn man von sich selbst erzählt, ist man infantil? Gut, du tust dich leicht, du kommst in deinen Geschichten selbst einfach nicht vor.

Scheherazade: Nein, nein, nicht so schnell. Es gibt viele Geschichten, die in der Ich-Form erzählt werden, und die trotzdem nicht nur dazu da sind, dieses Ich in den schönsten Farben schillern zu lassen. Es gibt ja auch viele Ich-Erzählungen, in denen der Erzähler gerade von seinen Schwierigkeiten und Problemen erzählt. Ich glaube, die Gefahr besteht immer dann, wenn die Geschichte herhalten muss für etwas, mit dem der Erzähler in seinem Leben unzufrieden ist. Ein bisschen so ein Kandidat ist ja auch Karl May. Tolle Abenteuergeschichten, keine Frage. Aber wenn man seine Bücher als Erwachsener liest, geht es einem doch relativ bald auf die Nerven, wie toll dieser Old Shatterhand oder Kara Ben Nemsi doch sind, die Alter Egos des Autors. Aber immerhin lässt er sie nicht auf einer Kanonenkugel reiten.

Münchhausen: Das war doch eine gute Idee! Dafür bin ich schließlich berühmt geworden.

Scheherazade: Ja, die Idee war schon gut, ob du nun damit berühmt geworden bist oder nicht. Aber mir geht es um etwas anderes. Vielleicht können wir unsere Diskussion folgendermaßen auf den Punkt bringen …

Münchhausen (unterbricht): Wegen mir müssen wir gar nicht diskutieren. Lass uns lieber noch einen Kaffee trinken und den Tag genießen.

Scheherazade: Du hast dich darüber beschwert, dass dich alle den »Lügenbaron« nennen. Jetzt musst du dir schon anhören, was ich dazu denke, auch wenn es dir nicht in den Kram passt. Also: Ich bin davon überzeugt, dass es einen wesentlichen Unterschied macht, mit welcher Haltung ich erzähle: Erzähle ich, um mich selbst in den Mittelpunkt zu stellen, oder erzähle ich, um meiner Geschichte eine Bühne zu geben? Erzähle ich, um den Zuhörern zu zeigen, wie toll ich bin, oder will ich ihnen mit meiner Geschichte eine Botschaft vermitteln, ihnen Wissen zugänglich machen oder sie einfach auch nur unterhalten. Die erste Haltung ist die eines Angebers ...

Münchhausen: Ja, ja, ich weiß schon, das ist jetzt wieder mein Part! Lügner, infantiler Quatschkopf und jetzt auch noch Angeber. Es baut einen wirklich auf, mit dir zu plaudern!

Scheherazade (unbeirrt): ... man könnte auch sagen, die eines Narziss, der in der Geschichte und in seinen Zuhörern nur sich selbst bespiegelt. Und die andere ist die, ja man könnte sagen eines Dienstleisters, der seine Geschichte als einen Service für die Zuhörer versteht. Ja, modern könnte man das so ausdrücken. So habe ich das Erzählen gelernt. Ich musste meinen Kunden, den König Scharyar, Nacht für Nacht mit meinen Geschichten überzeugen. Wenn ihm auch nur eine nicht gefallen hätte, wäre es mein Ende gewesen. Du siehst, ich habe das Geschichtenerzählen auf die harte Art gelernt.

Münchhausen (grinsend): Kann es sein, dass du dich gerade ein bisschen selber lobst?

Scheherazade (lacht laut): Touché! Aber ein klitzekleines Quäntchen Selbstlob darf schon sein. Man kann ja auch stolz auf das sein, was man geschafft hat. Wie bei dem meisten auf der Welt kann man auch hier nicht messerscharf trennen zwischen gesundem Selbstbewusstsein und infantilem Narzissmus. Vielleicht reicht es ja, wenn man sich der Problematik bewusst ist. Und sich beim Erzählen ab und zu die Frage stellt: Wer steht auf der Bühne? Ich oder meine Geschichte?

Münchhausen: Und du meinst, ich sollte mir diese Frage auch ab und zu stellen?

Scheherazade: Könnte nicht schaden.

Münchhausen: Ich probier's. Und meine nächsten Geschichten veröffentliche ich dann unter Pseudonym. Denn wenn »Münchhausen« auf dem Buch steht, denken die Menschen wieder, das seien alles Lügen. Was hältst du von dem Pseudonym ... Thomas Pynchon?

TEIL III:

Die Stunde des Erzählens: Einsatzmöglichkeiten für Storytelling im Unternehmen

Jeder ist ein Erzähler

»Ich bin aber kein Storyteller!« Diese Einleitung schickte der Mitarbeiter eines Unternehmens warnend voraus, als wir ihn baten, für eine Storytelling-Studie aus seinem Arbeitsleben zu erzählen. Der Mann war ein ruhiger, im Vorgespräch etwas wortkarger Typ. Als später das Mikrofon ausgeschaltet wurde, war er selbst erstaunt: Über eine Stunde hatte er am Stück erzählt, was er in der Firma alles erlebt hatte.

Jeder kann erzählen, vorausgesetzt, jemand hört ihm interessiert zu.

Dass jemand sich das Erzählen erstmal nicht zutraut, kommt öfter vor. Dass aber jemand wirklich nicht erzählen kann, haben wir in zehn Jahren Storytelling-Praxis noch nicht erlebt. Natürlich macht es jeder ein bisschen anders: Manche holen etwas weiter aus, andere fassen sich kürzer, der eine fühlt sich gleich in seinem Element, der andere tastet sich erstmal an die ungewohnte Situation, ohne Skript und Folien zu anderen zu sprechen, heran. Beim Erzählen gibt es gerade für diejenigen, die sonst keine großen Reden schwingen, dann oft überraschende Erlebnisse. Die Zuhörer sind aufmerksam dabei und verfolgen ihre Geschichte mit Spannung bis zum Ende, einige kommen danach auf sie zu, um ihnen zu sagen, warum die Geschichte sie berührt hat, dass sie vielleicht einmal etwas Ähnliches erlebt haben oder dass die Erzählung bei ihnen neue Gedanken, eine Idee oder eine Erinnerung ausgelöst hat. Jeder kann erzählen, vorausgesetzt, jemand anderer hört ihm interessiert zu. Zum Erzählen vor Zuhörern gibt es deshalb keine alternativen »Trockenübungen«. Man kann eine Geschichte zwar im stillen Kämmerlein entwerfen, man kann an ihr feilen, sie ausprobieren sollte man aber immer, indem man sie jemandem erzählt.

Der amerikanische Schriftsteller Ray Bradbury (von dem unter anderem die Romanvorlage für den Truffaut-Film »Fahrenheit 451« stammt) erzählt, wie sein Vater für ihn beim Erzählen plötzlich lebendig wurde:

Mein Vater und ich waren lange Zeit nicht gerade gute Freunde. Seine Sprache, seine täglichen Gedanken enthielten nichts Bemerkenswertes. Doch wann immer ich bat: Dad, erzähl mir von Tombstone, als du 17 warst, oder von den Weizenfeldern in Minnesota, als du 20 warst, begann er zu erzählen, wie er mit 16 von zu Hause fortgelaufen war und Anfang dieses Jahrhunderts nach Westen reiste, noch bevor die letzten Grenzen gezogen waren, als es statt Highways nur Pfade und Eisenbahnstrecken gab, als Nevada den Goldrausch erlebte.

Nicht in der ersten, der zweiten oder der dritten Minute geschah diese Sache mit Dads Stimme – noch war die richtige Modulation nicht vorhanden, noch kamen die richtigen Worte nicht. Doch nachdem er fünf oder sechs Minuten gesprochen und seine Pfeife angezündet hatte, kehrte ganz plötzlich die alte Leidenschaft zurück, die alten Tage, die Lieder, das Wetter, der Anblick der Sonne, der Klang der Stimmen, die Güterwagen, die tief in der Nacht vorbeifuhren, die Gefängnisse, die Spuren, die sich in der Ferne im goldenen Staub verloren, die Zeit, als der Westen sich öffnete – alles, alles, und dann der Tonfall, der Augenblick, die vielen Augenblicke der Wahrheit und darin die Poesie. Die Muse war plötzlich zu meinem Dad gekommen. (Bradbury 2003, Seite 48 f.)

Im ersten Teil dieses Buches haben Sie viel über Haltung und Hintergründe des Erzählens erfahren, im zweiten Teil lernten Sie dann die Bauelemente einer Geschichte kennen und erhielten eine Menge Tipps zum Erzählen. Jetzt, in diesem Teil, bricht die Stunde des Erzählens an: Es geht nun darum, das Geschichtenerzählen und das Geschichten-Hören tatsächlich im Unternehmen einzusetzen. Dazu müssen Sie kein »Meister des Erzählens« sein und alle Tipps und Gesetze aus dem zweiten Teil haarklein beachten. Ganz im Gegenteil – wenn Sie zwanghaft versuchen, alles richtig zu machen, werden Sie Ihre natürliche Erzählerstimme verlieren und künstlich, aufgesetzt wirken. Erzählen Sie erst einmal einfach drauflos – je länger Sie sich mit dem Erzählen beschäftigen, desto mehr werden Ihnen die Gesetze des Erzählens in Fleisch und Blut übergehen.

Die Neugier auf Geschichten ist dem Menschen in die Wiege gelegt.

Zuhören als Schlüssel zum Erzählen

Die gute Nachricht für alle, die eine Geschichte erzählen möchten: Die Neugier auf Geschichten scheint dem Menschen in die Wiege gelegt zu sein. Wer erzählt, bringt andere unweigerlich dazu, sich ihm eine Zeit lang zuzuwenden und dabeizubleiben. Bei unseren Seminaren und Workshops erleben wir immer wieder, dass es ganz ruhig wird, sobald jemand zu erzählen beginnt, dass niemand mehr in seinen Papieren kramt oder dem Sitznachbarn etwas zuraunt. Dieses Interesse der Zuhörer, ihre Lust, Geschichten zu hören, ist der Schlüssel, der den Zuhörern die Ohren öffnet. Damit ist der Anfang gemacht. Beginnen Sie Ihre Geschichte!

Es wird ganz ruhig, sobald jemand zu erzählen beginnt.

Wie man ungekünstelt erzählt

Paul Bocuse hat sich über das Kochen so geäußert, dass es, neben guten Produkten, Liebe zum Kochen und zu den Menschen, für die man kocht »vor allem darum geht, um den Tisch herum eine Atmosphäre von Freundschaft und Brüderlichkeit zwischen den Menschen zu schaffen«. Er warnt davor, »mit Berufsköchen in einen Wettstreit zu treten – will man deren ausgeklügelte Küche kosten, muss man ins Restaurant gehen« (Bocuse 1977, Seite 9).

Der Mitbegründer der »Nouvelle Cuisine« unterscheidet zwischen Profiköchen und den Menschen, die für sich und ihre Lieben kochen. Der Unterschied liegt dabei nicht unbedingt im Resultat (es wird dem Gast einer privaten Einladung oft besser schmecken als dem Besucher eines Nobel-Restaurants), sondern eher in der Intention der Hobby- und Alltagsköchinnen: Sie nutzen die Möglichkeiten der (gehobenen) Küche nicht als Mittel, um gute Gerichte professionell herzustellen (und davon zu leben), sondern um etwas »Drittes« zu erreichen, etwas, das mit ihrem Leben zu tun hat. Sie schaffen eine Atmosphäre für gute Gespräche, zelebrieren Gastfreundschaft, verwöhnen Menschen.

Wer das Geschichtenerzählen (wieder)erlernen oder üben möchte, sollte sich ebenso wie derjenige, der für Freunde kocht, nicht mit überzogenen Ansprüchen überfordern, die für professionelle Geschichtenerzähler gelten mögen.

Was Sie lernen wollen und können, ist ja hauptsächlich der Umgang mit wahren, authentischen, eigenen Geschichten, die eine Idee auf den Punkt bringen, die etwas veranschaulichen oder erklären, die neue Gedanken oder alte Erfahrungen transportieren. Es sind Ihre

Den eigenen Stil bereichern.

persönlichen Erlebnisse, Ihre individuellen Erinnerungen, die Sie anderen erzählen möchten, und das können Sie auch auf Ihre eigene Art und Weise tun. Wer seinen individuellen Stil noch bereichern möchte, findet in diesem Buch Anregungen, Übungen und Tipps, aus denen sich jeder die heraussuchen kann, die er brauchen kann. So, wie man gelegentlich ein Kochbuch aufschlägt, um etwas Neues auszuprobieren und dazuzulernen.

Die Tipps und Anregungen, die Sie kennen gelernt haben, helfen Ihnen aber auch, die Geschichten, die andere erzählen, besser zu verstehen. In den folgenden Kapiteln stellen wir Ihnen unterschiedliche Möglichkeiten vor, mit Geschichten in Unternehmen zu arbeiten – Geschichten zu erzählen, Geschichten zu hören und zu sammeln. Es sind Möglichkeiten, die wir alle in der Praxis mit unseren Kunden erprobt haben. Verstehen Sie sie als Anregung, selbst mit Geschichten in Teams, in Großgruppen, in der Führung, mit Kunden und im Marketing zu arbeiten.

1001 Ort für eine gute Geschichte

Mullah Nasruddin wurde einmal aufgefordert, eine Geschichte zu erzählen. Er stellte sich vor die Zuhörer und fragte: »Wisst ihr, worüber ich sprechen will?« Sie sagten: »Nein.« Da ging er davon und brummte: »Dann werdet ihr sie auch nicht verstehen können.« Sie baten ihn wieder. Und wiederum fragte er: »Wisst ihr, worüber ich sprechen will?« Sie hatten sich untereinander abgesprochen und sagten deshalb: »Ja.« Da ging er wieder davon und brummte: »Dann kennt ihr sie ja schon.« Und sie baten ihn ein drittes Mal. Auch diesmal fragte er: »Wisst ihr, worüber ich sprechen will?« Gewitzigt sagten sie diesmal: »Die eine Hälfte weiß, worüber du sprechen willst, doch die andere Hälfte nicht.« Da sagte er zu ihnen: »Wunderbar, dann soll die Hälfte, die es weiß, den anderen erzählen, worüber ich sprechen will!«, und ging auch diesmal wieder davon. (Quelle: http://www.petama.ch/MSU-Stories.htm)

Mancher wird wohl bei dem Wort Storytelling an Kamin- oder Lagerfeuer, an ein behagliches Café oder ein gemütliches Wohnzimmer denken. Aber wo finden Geschichten in den nüchternen Besprechungsräumen einer Firma ihren Platz, auf Intranet-Sites oder bei einer Aktionärsversammlung? Gibt es im normalen Arbeitsalltag überhaupt Gelegenheit und Raum für Geschichten?

Wo finden Geschichten ihren Platz?

Wir sind an solchen Orten vielleicht nicht mehr daran gewöhnt, uns Geschichten zu erzählen oder welche zu hören, aber es ist eigentlich durchaus nichts Romantisches oder Ungewöhnliches dabei. Nur haben wir uns dieser Form des Miteinander-Redens ebenso entfremdet wie anderen Tätigkeiten, die einmal selbstverständlicher Bestandteil des Lebens waren. Noch vor wenigen Jahrzehnten mussten viele Menschen jeden Tag kilometerlang zu Fuß gehen, etwa um zur Arbeit zu kommen, während man das Gehen heute fast nur noch als Sport oder als Erholung vom Alltag betrachtet. Es war auch einmal normal, ein Feuer anzuzünden, um zu kochen oder sich zu wärmen, während es heute eher für Hüttenromantik oder im Survival-Camp eine Rolle spielt. Genauso ist auch das Erzählen vom Ursprung her immer eine ganz normale – wenn auch unterhaltsame – Kommunikationsform im

Storytelling ist die Möglichkeit, sich mit Geschichten auszutauschen.

Alltag der Menschen gewesen, mit der Wissen ausgetauscht und geteilt wurde wie eben heute auch mit Hilfe von Massenmedien, Datenbanken, Rundmails oder Weblogs. Dabei bedeutet Storytelling nicht nur Erzählen, auch das Zuhören ist wichtig.

Die Frage lautet also nicht in erster Linie: Wo kann man eine Geschichte erzählen? Sondern sie muss lauten: Wo kann man verschiedenen Unternehmensteilen die Möglichkeit geben, sich mit Hilfe von Geschichten auszutauschen? Wo hilft es bei Change-Prozessen, in Geschichten zu denken? Wie kann mit Storytelling-Workshops schnell und effizient das Erfahrungswissen dezentral arbeitender Mitarbeiter weitergegeben und sinnvoll vernetzt werden? Können die erzählten Erfahrungen von »leaving experts« (vgl. Thier 2005) für seine Nachfolger wertvolle Informationen und »best practice«-Wissen tradieren und erhalten? Wie bringen Praxisgeschichten Diskussionen auf den Boden der Realität? Wo macht ein anschaulich erzähltes Erlebnis komplexe Zusammenhänge transparenter als ein Schaubild?

Der Platz des wiederentdeckten »Storytelling« liegt heute also genau da, wo es seine alten Funktionen des Erfahrungsaustauschs, der Wissensweitergabe, des Lernens und der Kommunikation übernehmen kann. Und einer der passendsten Orte ist damit das Arbeitsleben mit all seinen kommunikativen Facetten: in der Teamrunde, in Fortbildungen, im Kundenkontakt, zur Wissensvermittlung, zur Motivation, als Führungsinstrument und Informationsmedium.

Storytelling-Tools für Teams und Projektgruppen

Das Erzählen steht heute wie früher neben anderen Formen der Kommunikation, es ersetzt sie nicht, sondern ergänzt sie um eine Möglichkeit. Dementsprechend muss immer abgewogen werden, wo man Geschichten einsetzen kann und wo andere Formen sinnvoll sind. Gerade in Situationen, in denen sowieso (vor Publikum) gesprochen wird, bietet sich eine Geschichte natürlich an. Sie kann ein guter Einstieg in eine Thematik sein, sie kann ein konkretes Beispiel geben für eine Theorie, sie kann eine neue, ungewöhnliche Idee veranschaulichen, sie kann wichtiges Praxiswissen vermitteln oder neue Impulse zu einer Diskussion beisteuern. Wichtig für die Wirkung und Akzeptanz der Geschichte ist, wie gesehen, dass sie zur Situation, zum Kontext und nicht zuletzt auch zu den Menschen passt, denen sie erzählt wird.

Storytelling-Tools stehen immer neben anderen Formen der Kommunikation.

Geschichten in der Teamrunde

Bei Teambesprechungen und Meetings lässt sich das Erzählen zum Beispiel dann einsetzen, wenn sich eine Diskussion wiederholt und immer wieder ergebnislos um das gleiche Thema dreht. Oder wenn Sie darauf Wert legen, dass nicht immer die gleichen Teammitglieder etwas beitragen. Oder auch, um einer neuen Idee einen kleinen kreativen Anschub zu geben.

Ausweg aus einer festgefahrenen Diskussion

Alle Argumente sind ausgetauscht und Sie diskutieren ein Thema gerade zu Tode: Hier kann ein Machtwort der Gesprächsleitung Einhalt gebieten, aber vielleicht versuchen Sie es mal damit, Ihre Kollegen zum Erzählen aufzufordern?

Herr Keller, erzählen Sie uns doch mal ein Erlebnis aus den letzten paar Wochen, das uns Ihre Anschauung verdeutlicht!

199

*Theoretische Über-
legungen durch
Geschichten »erden«.*

Dieses »Erden« von theoretischen Überlegungen durch Erlebnisse kann neue Impulse bringen, den Blickwinkel ändern und die Aufmerksamkeit verändern: Jetzt steht ein konkretes Problem im Vordergrund, für das auch handfeste Lösungen gesucht werden müssen.

Raus aus der »Kommunikation im Konjunktiv«

Kennen Sie das auch? In Meetings kommt immer wieder ein bestimmtes Thema zur Sprache, das zwar lang und breit diskutiert wird, zu konkreten Aufgabenverteilungen und Umsetzungsschritten ist es aber bisher nie gekommen. Wenn in einer Besprechung mal wieder so ein »man müsste«- und »wir sollten«-Thema aufkommt, können Sie herausfinden, was die Runde von der Umsetzung oder Lösung des Problems abhält. Bitten Sie die Person, die das Thema dieses Mal eingebracht hat, ihre »Aufforderung im Konjunktiv« (Wir müssten uns mal um das Thema XY kümmern!«) mit einem Beispiel aus dem Arbeitsalltag zu ergänzen, das zeigt, welche Auswirkungen das Thema/Problem bisher hatte:

> Wir haben dieses Thema schon wiederholt besprochen und sind bisher zu keiner Lösung gekommen. Können Sie uns ein konkretes Erlebnis schildern, das zeigt, wieso wir jetzt etwas ändern müssen?

Daraufhin können verschiedene Szenarien entstehen. Entweder jemand steuert ein Erlebnis dazu bei. In diesem Fall fragen Sie im Anschluss gleich weiter:

*Jeder steuert ein
Erlebnis bei.*

> Haben andere auch ähnliche Erlebnisse?

Jetzt können Sie konkret über Lösungen des Problems nachdenken nach dem Motto:

> Was müssen wir tun, damit das, was Sie uns eben geschildert haben, nicht mehr vorkommt?

Was auch gut möglich ist: Niemand kann zu dem scheinbar so drängenden Problem ein konkretes Erlebnis erzählen. Fragen Sie ruhig noch einmal nach. Beim gänzlichen Ausbleiben von Beispielen zeigt sich für alle Anwesenden, dass die Thematik im Arbeitsalltag derzeit offensichtlich keine Rolle spielt und also ruhigen Gewissens ad acta gelegt werden kann. In beiden Fällen hilft die Aufforderung zum Erzählen weiter, weil sie zu einer Entscheidung führt: Entweder gab es die Möglichkeit, anhand der erzählten Geschichten über konkrete Lösungsmöglichkeiten zu sprechen oder zu erkennen, dass dieses Thema offensichtlich die tägliche Arbeit nicht beeinflusst. Als latente »Aufgabe« wird es jedenfalls nicht weiter Geduld und Zeit beanspruchen.

Konkrete Beispiele – konkrete Lösungsmöglichkeiten.

Konstruktive Kritik anregen durch positive Überzeichnung

Harmonie ist gut, aber vielleicht denken Sie, dass Ihr Projektteam einen kleinen Schubs vertragen kann, um sich kritisch mit dem Projektverlauf auseinander zu setzen? Malen Sie als Einstieg in ein Meeting mal quasi umgekehrt den »Teufel an die Wand«, indem Sie das, was bisher geschah, hemmungslos schönen, verherrlichen, überhöhen. Bringen Sie die fertige Geschichte ins Meeting mit und erzählen Sie sie als Einstieg in eine Diskussion. Sie werden bei der Vorbereitung merken, dass die positiv überzeichnete Projektgeschichte auf viele kritische Punkte zu sprechen kommt – in den schönsten Farben allerdings (siehe auch Seite 178 »Paradise now«).

Es darf übertrieben werden!

Sie können die Teammitglieder auch auffordern, alles, was sie stört, auf je einen Zettel zu schreiben und zur nächsten Besprechung mitzubringen. Regel dabei: Man beschreibt die kritisierte Situation, aber nicht negativ, sondern so positiv wie möglich, es darf auch übertrieben werden. Namen bleiben außen vor. Statt »Ich finde unsere Wochenbesprechungen nicht effektiv genug« könnte man also schreiben:

> Wir haben jeden Montagmorgen ein Kaffeekränzchen, das uns so lieb geworden ist. Bei Kuchen und in aller Ruhe erzählen wir uns die Höhepunkte des Wochenendes.

Die Zettel werden beim nächsten Meeting in einem Korb anonym gesammelt und danach von einer Person vorgelesen. Damit schaffen Sie einen entspannten Einstieg, der es ermöglicht, auf wertschätzende, konstruktive Art in die Diskussion über problematische Themen zu gehen.

Dialog der Beispiele

Man kann von allem reden, aber nicht von allem erzählen!

Man sagt, Papier sei geduldig, dasselbe trifft für das Reden zu. Man kann im Grunde von allem reden, aber man kann nicht von allem erzählen. Denn in realen Geschichten kommen nur die Themen zur Sprache, die in der (Arbeits-)Realität wirklich eine Rolle spielen. Ein Weg zum konstruktiven Austausch – nicht nur zwischen Führungskräften und Mitarbeitern – kann es sein, sich auf einen »Dialog der Beispiele« einzulassen.

Man stellt die Regel auf, dass für eine bestimmte Zeit eines Meetings, einer Diskussion oder eines Gesprächs jeder Beitrag, jede Meinung, jedes Für und Wider mit einem konkreten Beispiel aus der Praxis einhergehen muss. Ein »Das geht nicht!« muss also ergänzt werden um ein »Wir haben das da und da probiert, und aus diesem oder jenem Grund ist es nicht gegangen« etc. Der Austausch von Beispielen fördert die Akzeptanz auf beiden Seiten, denn jeder spricht ja aus der Praxis und gibt nicht nur seine Meinung wieder. Worthülsen und Sprachakrobatik fallen schnell weg, wenn man konsequent Beispiele einfordert. Ein Moderator überwacht die Einhaltung der Regeln: »Ich finde Ihren Einwand interessant, können Sie dafür ein Beispiel erzählen?« Wofür es kein Erlebnis, keine Geschichte, keine konkrete Szene aus dem Alltag gibt, das bleibt momentan außen vor. Sie werden beobachten, dass die Diskussion sich gerade durch diese selbst auferlegte Beschränkung um eine Möglichkeit erweitert: nämlich konkret, anschaulich, realitätsnah, wertschätzend und konstruktiv zu kommunizieren. Sie werden erleben, dass sich Redebeiträge auf die Beispiele (und weniger auf die Meinungen) der Vorredner beziehen, dass Gegenbeispiele statt Gegenargumente gebracht werden, dass die Diskussion schnell auf wesentliche Punkte kommt. An die

Phase des Austauschs kann noch eine Runde angeschlossen werden, in der aus den erzählten Beispielen diejenigen Erlebnisse herausgesucht werden, die man »öfter erleben« und »seltener erleben« möchte. Konkrete Schritte, wie man das erreichen könnte, natürlich eingeschlossen.

Standortbestimmung mit der Zeitstrahl-Methode

> »Die Gegenwart ist im Verhältnis zur Vergangenheit Zukunft, ebenso wie die Gegenwart der Zukunft gegenüber Vergangenheit ist. Darum, wer die Gegenwart kennt, kann auch die Vergangenheit erkennen. Wer die Vergangenheit erkennt, vermag auch die Zukunft zu erkennen.«
> Lü Bu We

Wo stehen wir, wie weit sind wir schon, was müssen wir noch erreichen? In einem Projektteam ist eine solche Zwischenbilanz immer wieder mal nötig.

Zeichnen Sie eine Zeitlinie auf, markieren Sie nichts, nur den heutigen Tag. Lassen Sie davor und dahinter ausreichend Raum für Vergangenheit und Zukunft. Bitten Sie nun die Teammitglieder, die Zeitlinie mit Geschichten und Ereignissen aufzufüllen. Geben Sie ein Beispiel, wie erzählt werden soll, indem Sie etwa den Projektstart eintragen:

Momente der Projektgeschichte.

Im März 2006 haben wir uns hier das erste Mal getroffen. Wir haben uns damals noch nicht so gut gekannt, aber alle schienen sehr zuversichtlich und guter Laune zu sein.

Die anderen steuern ebenfalls bestimmte Momente des Projektes bei, an die sie sich ganz subjektiv erinnern. Es muss nicht in der richtigen zeitlichen Reihenfolge erzählt werden. Langsam füllt sich die Tafel mit mehr oder weniger bedeutenden Ereignissen. Dann kann man sich mit der gesammelten Projektgeschichte einmal näher befassen. Vielleicht wurden »wichtige« Ereignisse gar nicht genannt und scheinbar

Beim Erzählen zeigt sich, was wirklich wichtig war.

»unwichtige« Dinge dafür von vielen erzählt? Man kann auch über die individuellen Unterschiede beim Erinnern sprechen oder die Frage stellen, was noch fehlt. Sicher wird beim Erzählen auch thematisiert, was schwierig war, was bis heute ungelöst ist, was gute oder schlechte Auswirkungen auf die Zusammenarbeit hatte. Eine weitere Möglichkeit bietet sich an, wenn der Zeitstrahl ausgefüllt ist: Fragen Sie, wie die Teammitglieder die Zeit einteilen würden. Ist es eine kontinuierliche Geschichte? Gibt es einen Punkt, der die Zeit in ein »Vorher« und ein »Nachher« trennt (»Bis dahin waren wir im Stress«, »Seit dem Ereignis X ist die Zusammenarbeit schwieriger«, »Ab da haben wir mehr miteinander abgestimmt«, »Damals waren wir noch kein richtiges Team« etc.)? War es früher besser oder schlechter als heute? Was sind die Gründe dafür? Welche Personen waren zu verschiedenen Zeiten wichtig, welche Rahmenbedingungen haben sich verändert? Sicher gibt es in Ihrem Team noch weitere Kriterien, um aus dem »Zeitstrahl« Erkenntnisse zu ziehen. Wenn Sie jetzt die Frage nach dem Status quo des Projektes stellen, nach zukünftigen Aufgaben und der mittelfristigen Planung, sind nicht nur alle »warm«-geredet, sondern sie haben auch vor Augen, was sie bisher erreicht haben.

Am Ende des Erzählens über die bisherigen Ereignisse gehen Sie gemeinsam daran, das Zukunftsfeld auszufüllen. Was sind die nächsten Schritte und wie erreichen wir unser Ziel am besten. Die Erkenntnisse, die Sie über die Gegenwart und die Vergangenheit erhalten haben, gehen jetzt in die Zukunftsplanung mit ein.

Story-Storming:
Großgruppenarbeit mit Storytelling

Im Raum befinden sich nahezu 100 Menschen. An elf Tischen verteilt sitzen Gruppen von acht oder neun Personen und stecken die Köpfe zusammen. Überall im Saal sind Stimmen zu hören, manche gedämpfter, manche lauter, in einer Ecke wird gerade schallend gelacht, in einer anderen ist das gespannte Interesse der Gruppe regelrecht mit Händen zu greifen. Es summt und brummt leise im Saal, die Atmosphäre ist geprägt durch Konzentration und Lockerheit, entspannte Aufmerksamkeit und die Melodik von elf Erzählerstimmen.

Es summt und brummt:
100 Geschichten in
2 Stunden.

Eine Momentaufnahme aus einem Storytelling-Workshop der anderen Art: In der Großgruppe werden innerhalb von weniger als zwei Stunden 100 Geschichten »getauscht«. Jeder Teilnehmer hört in dieser Zeit live bis zu 20 unterschiedliche Storys zu einem Thema, das sein Aufgabenfeld unmittelbar oder mittelbar betrifft. Jeder ist in dieser Zeit aber auch selbst Storyteller und hat mehrfach Gelegenheit, eine Geschichte, die ihm wichtig ist, vielen anderen zu erzählen und aufgrund der Reaktionen seine Story dabei intuitiv immer mehr auf den Punkt zu bringen.

Die Effekte eines solchen Story-Stormings sind vielfältig. Die Teilnehmer lernen auf natürliche, unverkrampfte Art in kurzer Zeit unterschiedliche Dinge: Sie lernen zum Beispiel, dass andere Teilnehmer in ähnlichen Situationen andere Lösungen und Strategien entwickelt haben, die sie übernehmen können. Sie erkennen, wo in der Organisation typische Muster, Fehler, Problemstellungen liegen, die ihnen zuvor so nicht bewusst waren. Sie gewinnen, je nach Zusammensetzung der Gruppen, einen neuen Blick auf den Kunden oder lernen in kurzer Zeit sehr viel darüber, mit welchen Aufgaben und Problemen Mitglieder anderer Bereiche der Organisation konfrontiert sind und welche Leistungen diese Kollegen erbringen. Sie lernen sich untereinander besser kennen und verstehen. Einmal kam ein Teilnehmer eines solchen Workshops danach begeistert auf uns zu und sagte: »Unglaublich! Ich hatte teilweise Leute am Tisch, mit denen ich schon viele Jahre in der Firma zusammenarbeite: Und ich kannte all diese Geschichten gar nicht! Ich sehe die Kollegen jetzt nochmal mit ganz anderen Augen.«

Zusätzlich lernen die Beteiligten aber auch die Kraft des Erzählens kennen. Sie erfahren, dass »Erzählen« mehr sein kann als privater Smalltalk, Firmenklatsch in der Kaffeepause, Austausch von Befindlichkeiten – sondern eben auch ein Mittel, Wissen zu teilen, konkret und ernsthaft über Projekte, Probleme, Lösungen, Kooperation etc. zu kommunizieren. Die Beteiligten nehmen Geschichten mit, die sie weitererzählen können, Geschichten, mit denen Themen lanciert und ins Bewusstsein gerückt, Ideen verbreitet, Projekte und Maßnahmen anschaulicher gemacht werden können. Das gilt natürlich auch für die Veranstalter, die mit einem solchen Workshop in kurzer Zeit eine Fülle von Geschichten erhalten können, die sich weiter auswerten und/oder in der Folgekommunikation einsetzen lassen.

Alle nehmen Geschichten mit, die sie weitererzählen können.

Die Vorbereitung des Story-Storming

Ziele und Dokumentation festlegen.

Wie läuft ein solches Story-Storming konkret ab? Wie immer plädieren wir dafür, sich im Vorfeld Rechenschaft darüber abzulegen, was man eigentlich erreichen will und wie man in der Folge mit den Ergebnissen umgehen möchte. Handelt es sich um eine Kick-off-Veranstaltung für ein Projekt, ein neues Leitbild, Führungswerte, Qualitätsansprüche? Geht es um Team-Building, darum, dass sich alte und neue Mitarbeiter, unterschiedliche Arbeitsgruppen, Mitarbeiter, die zwar derselben Abteilung angehören, sich im Arbeitsalltag aber selten persönlich begegnen, neu beziehungsweise besser kennen lernen? Geht es um die Verbesserung von Kooperation, Kundenservice, Kommunikation? Oder vielleicht auch um den Einstieg in Knowledge-Sharing, Ideenbewertung?

Von dieser Anfangsüberlegung hängt es ab, wie das Briefing zu Beginn des Workshops ausfällt und für welche Art der Dokumentation der Geschichten man sich entscheidet. Sie wird anders aussehen, je nachdem, ob die Atmosphäre, das Miteinander, das Sichkennenlernen im Vordergrund steht und keine direkt anschließenden Veranstaltungen geplant sind, oder ob es sich um eine Auftaktveranstaltung im

Rahmen eines Prozesses handelt, in dem die Wissensdokumentation eine relevante Rolle spielt. Auch die Frage, ob und inwieweit man gute Geschichten in der Folge für die interne (oder externe) Kommunikation nutzen möchte, sollte man sich vorher stellen: Häufig genug ärgern sich die Verantwortlichen ein paar Tage nach dem Workshop darüber, dass so manche »tolle Story«, die ihnen bei der Veranstaltung begegnet ist, nicht mehr 100-prozentig rekonstruierbar ist und man den Urheber nicht mehr ausfindig machen kann.

Der geeignete Ort

Und noch eines erweist sich im Vorfeld als entscheidend: die Wahl der Räume für die Veranstaltung. Atmosphäre und »Geist« eines Raumes, Faktoren wie Luft, Licht, Gestaltung, Umgebung sind nachweisbar entscheidende Rahmenbedingung für den Grad der Entfaltung von Kreativität, Lernpotenzial, Kommunikationsqualität. Wer von einer Veranstaltung erwartet, dass dabei all das optimal zum Tragen kommen soll, der kommt nicht daran vorbei, sich bei der Wahl des richtigen Ortes Mühe zu geben. Also: Nicht das 08/15-Tagungshotel, für das nur seine leichte Erreichbarkeit und der Preis sprechen, bei dem aber die Atmosphäre auf der Strecke bleibt und sich keine rechte Erzähl-Stimmung einstellen will.

Einen guten Rahmen schaffen.

Sitzordnung und Material

Ein Story-Storming bietet sich für Gruppen von 50 bis 100 Personen an. Idealerweise sollten die Teilnehmer an Tischen sitzen können und die Anzahl der vorhandenen Tische immer die Zahl der späteren Kleingruppen um mindestens eins übersteigen, um die Zahl der Teilnehmer, die eine Geschichte durch den Gruppenwechsel doppelt hören, möglichst klein zu halten. Also beispielsweise elf Tische für 100 Personen macht zehn Gruppen zu neun und eine zu zehn Personen. Oder acht Tische für 70 Personen macht zwei Achtertische und sechs Neunertische. Sollte sich die Tischlösung nicht realisieren las-

Tischlösung oder Stuhlkreis?

207

sen, sind nach dem gleichen Prinzip Stuhlkreise möglich. Für jede spätere Gruppe benötigt man eine Nummernkarte von 1 bis n, Stift und Moderationskarten/Notizblock für den Gruppenmoderator.

Die Durchführung

Schritt 1: Briefing

Zu Beginn sitzen alle Teilnehmer im Plenum. Der Workshop-Leiter erklärt nun Ziele und Ablauf des Workshops. Das Briefing ist wichtig für das Gelingen des Workshops. Fällt es zu unpräzise aus (was uns zu Anfang auch schon passiert ist), dann erzählen zwar alle Teilnehmer in der Folge begeistert ihre Geschichten, aber nicht alle diese Geschichten haben auch wirklich mit dem Thema zu tun. Es gilt also den Rahmen für die Geschichten genau und markant zu umreißen, darauf hinzuweisen, dass die Storys authentisch sein sollen, aus welchem Umfeld sie stammen sollen etc. Und selbstverständlich sollen auch Sinn und Zweck des Workshops im Zusammenhang mit der Veranstaltung umrissen und soll klar gemacht werden, wie es nach der Veranstaltung weitergehen soll. Wir verweisen daher nochmals auf die Bedeutung einer intensiven Auftragsklärung im Vorfeld.

Das Briefing muss präzise sein.

Der zweite Teil des Briefings schildert dann den genauen weiteren Ablauf. Wichtig ist der Hinweis auf die zeitliche Begrenzung: Für jede Geschichte stehen maximal drei Minuten zur Verfügung. Am besten ist es erfahrungsgemäß, zwei Minuten zu annoncieren, das sichert die Einhaltung des Zeitbudgets. Die Zeitbeschränkung hilft den Erzählern sehr, sich von Anfang an auf das Wesentliche zu konzentrieren, ihre Geschichte auf den Punkt zu bringen und Abschweifungen zu vermeiden.

Es empfiehlt sich, die inhaltlichen und formalen Punkte des Briefings zu visualisieren.

Schritt 2: Zweiergruppen

Zum Einstieg in den Workshop sucht sich jeder Teilnehmer einen Partner. In dieser Zweiergruppe findet und erzählt jeder seine Geschichte. Zuerst ist für fünf Minuten der eine der Erzähler, der andere

Den Erzählpartner wählen.

hört ihm zu, hilft ihm vielleicht durch Fragen, seine Geschichte zu finden. Dann wechseln die Rollen, der Erzähler wird zum Zuhörer und umgekehrt. Die Teilnehmer können auch hier, je nach Örtlichkeit, alle Räume nutzen, Getränke zu sich nehmen, und so weiter.

Rollenwechsel.

Schritt 3: Tischrunde 1

Nach zehn Minuten kehren die Teilnehmer zurück, trennen sich von ihrem Partner und verteilen sich auf die Kleingruppen – entweder an die bereitstehenden Tische oder Stuhlkreise, sodass also der jeweilige Partner immer in einer anderen Gruppe sitzt. Nicht notwendig, aber hilfreich, um einen reibungslosen Ablauf zu gewährleisten, ist es, die Tische/Stuhlkreise durchzunummerieren. Nun bestimmt jeder Tisch einen Dokumentator (falls möglich, können diese auch im Vorfeld bereits ausgesucht werden). Dessen Aufgabe ist es, für jede Geschichte eine Karteikarte anzulegen, auf der er nach jedem Erzählen kurz einen Titel für die Geschichte und den Namen des »Autors« und eine Zahl (1 für den ersten Erzähler, 2 für den nächsten und so fort, wobei der Dokumentator, der selbstverständlich auch erzählen darf, sich selbst keine Zahl zuordnet, weil er in Runde 2 an seinem Tisch bleiben wird) festhält, und zwei, drei Stichworte zum Inhalt notiert. Jeder Teilnehmer erzählt die Geschichte, die er eben in der Zweiergruppe gefunden und schon einmal erzählt hat. Die Geschichten werden nicht diskutiert, es wird nur erzählt. Für die Einhaltung des Zeittaktes ist der Workshop-Leiter zuständig. Alle zwei bis drei Minuten bittet er die Gruppen, zur nächsten Geschichte überzugehen. Es geht dabei darum, den Teilnehmern den Rhythmus vorzugeben und die Dokumentatoren davon zu entlasten, selbst auf die Uhr schauen zu müssen: Sie sollen sich, wie alle anderen, voll auf das Zuhören konzentrieren können.

Im 2-Minuten-Takt.
Erzählen in der Gruppe

Schritt 4: Tischwechsel

Sind alle Geschichten erzählt, wechseln alle Teilnehmer die Runde. Und zwar so, dass sie möglichst in einer Gruppe mit völlig anderen Teilnehmern landen. Das kann, mit etwas Glück, selbstorganisiert funktionieren, kann aber, wenn alle Gruppen und Erzähler »beziffert« sind, auch nach folgendem Modell ablaufen: Jeder Erzähler hat in der

Tischwechsel. ▬

ersten Runde seine Nummer bekommen. Er rückt jetzt in Runde 2 um genau seinen Zahlenwert in der Abfolge der Tische – also im Uhrzeigersinn – nach vorne (siehe Schaubild auf der nachfolgenden Seite). Wer beispielsweise am Tisch 3 sitzt und die Nummer 5 in der Erzählfolge war, wechselt jetzt fünf Tische weiter zu Tisch 8. Wer als Nummer 4 am Tisch 7 sitzt, geht vier Tische vor: Bei acht Gruppen bedeutet dies, dass er 8, 1, 2 … am Tisch 3 landet. So durchmischen sich die Gruppen schnell und weitgehend vollständig. Die Dokumentatoren, die keine Nummer haben, bleiben jeweils an ihrem angestammten Platz sitzen und führen auch in dieser Runde ihre Aufgabe weiter.

Schritt 5: Selektion und Präsentation der »besten« Geschichten:
Nun haben also alle Teilnehmer in kurzer Zeit eine ganze Reihe von Geschichten zum selben Thema gehört. Der Workshop-Leiter bittet

Auswählen besonderer Geschichten. ▬

nun die Teilnehmer, sich zu überlegen, welche der Geschichten, die sie jetzt kennen gelernt haben, sie am meisten beeindruckt hat. Auch hier kann der Moderator wieder steuern, indem er – je nach Anlass – Auswahlkriterien anbietet: Welche Geschichte hat mich am meisten überrascht (»So was geht bei uns!«, »Darauf wär ich nicht gekommen!«, etc.)? Welche Geschichte ist (un)typisch für unser Unternehmen? Welche Geschichte werde ich gerne weitererzählen, um anderen klar zu machen, welche Werte uns wichtig sind? Etc. Der Moderator bittet dann die Teilnehmer, im Raum herumzugehen, diejenige oder denjenigen zu suchen, dessen Geschichte man dafür auswählen würde, und dieser Person die Hand auf die Schulter zu legen. Auf diese Weise entsteht eine »soziale Skulptur«, an der schnell sichtbar wird, welche

Abschlusspräsentation. ▬

Geschichten mehrere Personen angesprochen haben. Der Workshop-Leiter bittet diejenigen (vier bis acht) Teilnehmer, die signifikant viele »Stimmen« auf sich vereinigt haben, auf die Bühne, um ihre Geschichte allen zu erzählen. So kommt es zum Abschluss zu einer gemeinsamen Präsentation von Geschichten.

Der gesamte Workshop lässt sich, entsprechend konsequentes Zeitmanagement und passende Räumlichkeiten vorausgesetzt, in knapp zwei Stunden durchführen.

210

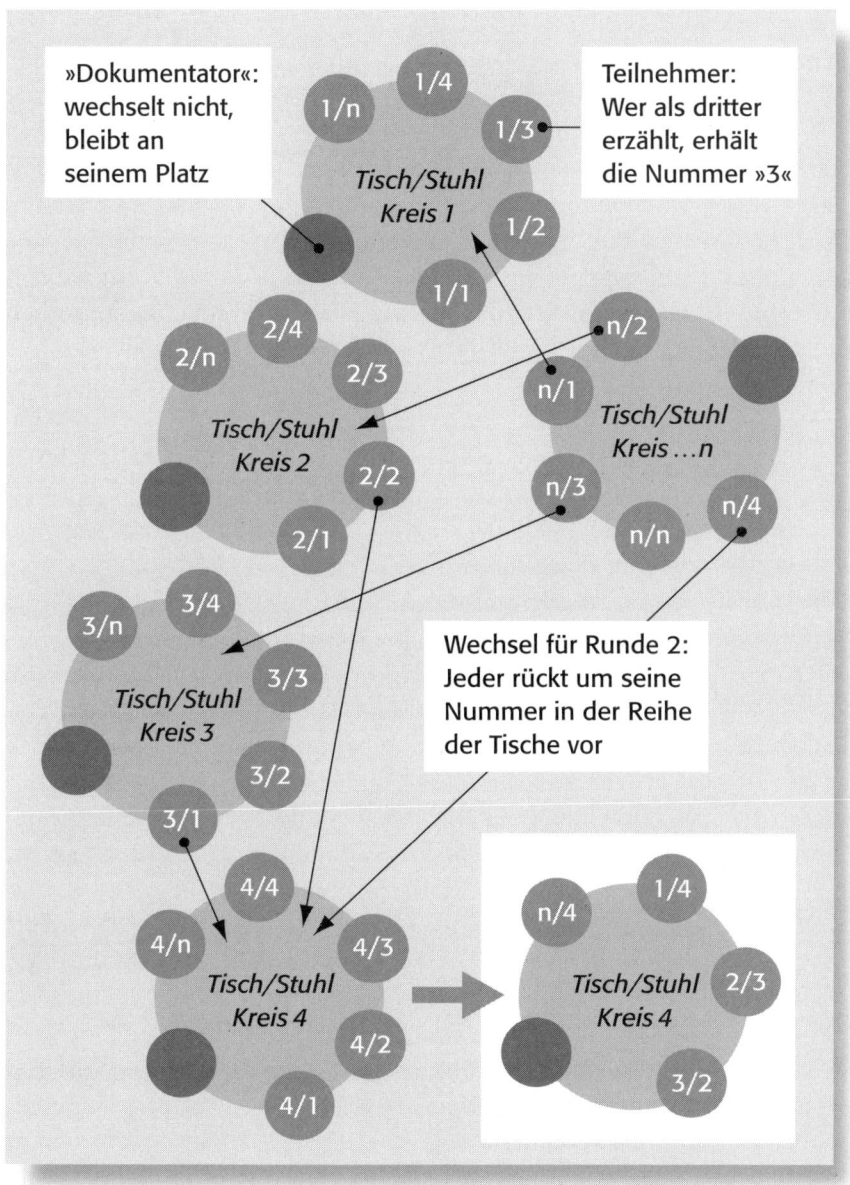

Abb. 6: Tischwechsel beim Story-Storming

*Reflexion und
Diskussion.*

Der Abschluss

Die Präsentation kann den Workshop beschließen, es sind aber auch im Anschluss verschiedene Arten der Reflexion und Diskussion mit dem Publikum möglich: beispielsweise eine Außensicht des Workshop-Leiters (Was sagen diese Geschichten über die Organisation aus?) oder Überlegungen zum weiteren Umgang mit den Geschichten (Welche Geschichten werden Sie persönlich Kollegen, Kunden, Mitarbeitern weitererzählen? Um was zu erreichen? Hätten Sie gerne Zugang zu mehr Geschichten dieser Art? Welche Möglichkeiten sehen Sie, Storytelling auch im Alltag einzusetzen? Etc.).

Varianten

Dieser Workshop lässt sich nach Bedarf auch in Varianten durchführen. So kann es je nach Aufgabenstellung sinnvoll sein, die Großgruppe ab Schritt 2 in zwei oder mehr Untergruppen zu teilen. Sei es, weil die Teilnehmerzahl weit über 100 liegt, sei es, weil man das Thema noch intensiver bearbeiten möchte. So bietet eine Teilung der Gruppen im Anschluss an Schritt 4 (zweite Tischrunde) die Möglichkeit, die Eindrücke aufgrund der Storytelling-Erfahrung mit der Gruppe eingehender zu diskutieren und die Auswahl der »besten« Geschichten anhand der vorher erarbeiteten Kriterien besser steuern zu können. Zum Abschluss kommen alle Gruppen dann wieder im Plenum zusammen, die Präsentation erfolgt wie im Schritt 5 beschrieben.

Dokumentation

Wie gesagt, sollte man den gewünschten und notwendigen Grad der Dokumentation der Geschichten vorher präzise abklären. Die Minimalvariante der Dokumentation besteht im Aufbewahren der Dokumentatorenkarten, auf denen mit Stichworten zum Inhalt die Urheber vermerkt sind, sodass man die Erzähler später bei Bedarf wieder ansprechen kann. Auch Audioaufnahmen der Schlusspräsentation sind empfehlenswert und in der Regel einfach zu bewerkstelligen: Meist steht bei Großgruppenveranstaltungen ja eine Mikrofonanlage zur Verfügung, an deren Mischpult ein Recorder angeschlossen werden kann – zum Beispiel als Grundlage für die Produktion einer Audio-CD als Give-away für die Teilnehmer.

Wo der Workshop Bestandteil eines Prozesses ist, in dessen Verlauf auch ein Pool verwertbarer Geschichten für die interne oder externe Kommunikation, für das Knowledge-Sharing oder Ähnliches aufgebaut werden soll, empfiehlt sich natürlich eine intensivere Dokumentation. So kann etwa das Erzählen an allen Tischen mitgeschnitten werden, was heute mit vertretbarem technischem Aufwand möglich ist. Für die Auswahl, Zusammenstellung und Veröffentlichung der Geschichten – ob in Schriftform als Buch, in Mitarbeitermagazinen, im Intranet oder als Audiodokument – sollte man sich redaktionelle Unterstützung holen; die Geschichten sollen ja so geschrieben sein, dass sie gut lesbar sind. Grundsätzlich sind eine angemessene Dokumentation und die daraus folgende Zugänglichkeit der Geschichten immer auch ein Signal der Wertschätzung für die teilnehmenden Erzähler.

Eine gute Dokumentation ist auch ein Zeichen der Wertschätzung.

213

Storytelling und Führung: Aus Geschichten lernen

Stephen Denning (Denning 2001) hat vor Jahren bei der Weltbank vorgemacht, wie viel Kraft von einer einzigen, kleinen Geschichte ausgehen kann. Doch nicht erst seitdem machen sich Unternehmenslenker und Manager auf die Suche nach Geschichten, die andere von ihren Ideen überzeugen, Mitarbeiter motivieren und Kunden begeistern. Sie hoffen auf die Wirkung des guten Beispiels, sie erzählen Erfolgsstorys, künden von großartigen Projekten und erreichten Zielen und setzen damit stets auf die »guten« Geschichten.

Hoffen auf die Wirkung des guten Beispiels.

Top-down-Kommunikation: Nicht zu ideal erzählen

Auch Führungskräfte, die zu ihren Mitarbeitern sprechen, wählen gern ideale Geschichten aus, die motivierend wirken sollen. Sie erzählen von einer Situation, die besonders gut gelaufen ist, und erhoffen sich, dass sie eine positive Botschaft ins Unternehmen trägt. Im schlechtesten Fall sind dies Geschichten ohne Konflikt – also langweilige Geschichten. Doch selbst wenn ein Konflikt, ein Problem oder eine Schwierigkeit erzählt wird, sollte man darauf achten, dass dieser erzählte Ausschnitt aus dem Arbeitsalltag auch mehr oder weniger repräsentativ ist. Eine Geschichte kann bei den Mitarbeitern schnell als unrealistische Schönfärberei ankommen – auch wenn sie sich wirklich so abgespielt hat. Wer mit Geschichten führen und motivieren möchte, sollte deshalb nicht durchgängig von Wundertaten und Erfolgen erzählen: Er kann sich angewöhnen, im Gespräch mit den Mitarbeitern mehr aus dem Alltag, von Erfahrungen und Erlebnissen zu erzählen, Beispiele für eine Meinung zu bringen, seine Entscheidung mit einem Erlebnis zu begründen. Um dabei auf Akzeptanz der Mitarbeiter zu stoßen und glaubwürdig zu sein, kommt es auf die »ehrliche Mischung« an: Was aus dem eigenen Unternehmen erzählt wird, sollte in etwa dem entsprechen, was tatsächlich passiert. Also weder nur gute noch nur schlechte Geschichten, sondern verschiedene Varianten, mit

Beim Erzählen kommt es auf die »ehrliche« Mischung an.

einem Problem umzugehen, Ideen zu entwickeln, flexibel zu sein, zu kooperieren, eine gute Lösung zu finden etc. und eben auch verschiedene Möglichkeiten, Fehler zu machen, zu spät zu reagieren und so weiter. Beides hat seine Funktion, denn der Mensch lernt bekanntlich nicht nur aus guten Geschichten. Manchmal ist es sogar ein besserer Ansporn, sich anzustrengen, wenn man hört, dass andere auch Probleme haben. Wer erinnert sich nicht an Sätze aus der Kindheit wie: »Der Nachbarssohn geht immer früh schlafen, und schau, wie gut der in der Schule ist!« Von glänzenden Vorbildern zu hören motiviert nicht immer, es kann auch einfach nur ärgerlich sein. Wer also seine Mitarbeiter mit Geschichten zu etwas bewegen möchte, sollte der Bandbreite der Realität ebenso Raum geben wie, gelegentlich, außergewöhnlich guten Erlebnissen. Die Mitarbeiterkommunikation mit Geschichten anzureichern kann außerdem noch einen positiven Nebeneffekt haben: Wer viel erzählen möchte, muss erst einmal etwas erleben. Die Führungskraft, die auf der Suche nach Geschichten durch den Unternehmensalltag geht, ist sicher aufmerksamer, neugieriger und offener und bekommt von der Realität automatisch mehr mit. Wenn die Mitarbeiter spüren, dass der Chef »weiß, wovon er spricht«, hören sie auch aufmerksamer zu, was er zu sagen hat.

Der Mensch lernt nicht nur aus guten Geschichten.

Bottom-up-Kommunikation: Die Schleusen öffnen sich

Manager neigen bei der Auswahl von Geschichten zur Idealisierung. Umgekehrt haben wir bei (nicht nur) einer Veranstaltung erlebt, dass Mitarbeiter, die sich eben noch ohne Murren alle Reden ihrer Führungsmannschaft angehört hatten, so richtig negativ vom Leder zogen, als sie schließlich im Storytelling-Workshop nach ihren eigenen Erlebnissen gefragt wurden. Eine Führungskraft brachte das genervt auf den Punkt, nachdem sie eine Stunde lang schweigend den überwiegend negativen Geschichten ihrer Mitarbeiter zugehört hatte: »Ist ja klar, wenn man die auffordert zu erzählen, dann kotzen sie sich eben mal richtig aus!«

Was der Manager als unangemessene Meckerei unwilliger Mitarbeiter empfand, hatte aber seine Vorgeschichte: Alle Reden, die bisher gehalten wurden, drehten sich um die Ziele, die man erreichen will, und die Leistungen, die man dafür von den Mitarbeitern erwartet, also ausschließlich um das »Was«: Was haben wir vor, was wollen wir erreichen, was ist geplant, was brauchen wir von euch etc. Was die Mitarbeiter im Workshop erzählten, waren dagegen durchweg Geschichten, die sich mit dem »Wie« beschäftigten, und handelten entsprechend oft von Problemen, denn sie thematisierten die Bedingungen, unter denen sie arbeiten, die Auswirkungen von Arbeitsverdichtung, Zeit- und Ressourcenknappheit auf ihre Arbeit, letztlich also um die Rahmenbedingungen, unter denen sie die Managementvorgaben einhalten sollen. Ihre Frage war, wie sie das erbringen sollen, was man von ihnen erwartet – und was sie in der Regel auch leisten wollen, wenn es ihnen denn möglich gemacht wird.

Reden vom »Was«, erzählen vom »Wie«.

Zuhören als Managementqualität

Motivierende Reden können einem Menschen, der beinahe, aber noch nicht restlos von einer Sache überzeugt ist, den entscheidenden Anstoß geben, können ihn überzeugen und mitreißen. Aber was, wenn die Mitarbeiter daran zweifeln, dass etwas so und in dieser Form möglich ist, wenn sie sich nicht sicher sind, dass das Management wirklich weiß, wovon es redet, wenn sie das Gefühl haben, dass die Frage nach dem »Wie« immer nur weiter nach unten delegiert wird? Dann hält eine motivierende Rede nicht lange vor. Dann ist es erst einmal notwendig, sich auf einen Dialog zwischen dem »Was« und dem »Wie« ernsthaft einzulassen. Zuhören kann da wesentlich motivierender für die Mitarbeiter sein als große Reden. Wo »die da oben« kein Ohr für die Erfahrungen der Praktiker haben, wird ihnen von Seiten der Mitarbeiter auch nicht wirklich zugehört (dann ist es eigentlich besser, erst gar nicht miteinander zu reden). Echtes Interesse des Managements an Geschichten über das »Wie« dagegen zeigt den Mitarbeitern, dass das Unternehmen die Probleme nicht ausblendet, die sich zwischen Ansprüchen, Zielen und Vorgaben einerseits und der Umsetzung in der konkreten Arbeitsrealität andererseits ergeben. Wo ein solches Klima der Wertschätzung herrscht, können alle erzählten Geschichten, die »guten« und auch die »negativen«, produktiv wirken.

»Gute« und »negative« Geschichten können produktiv wirken.

Geschichten vom Kunden

Gerade Unternehmen, die von der Qualität ihrer Dienstleistung leben, müssen möglichst umfangreich darüber informiert sein, welche Erfahrungen ihre Kunden mit dem angebotenen Service machen. Aber mal ehrlich: Welcher Topmanager weiß wirklich, wie es den Kunden täglich ergeht, was sie erleben, was ihnen gefällt und was ihnen vielleicht noch fehlt? Unsere pyramidenförmigen Unternehmen sind ja in ihren Hierarchiestufen so konstruiert, dass man zur Spitze hin immer seltener mit den Kunden in Kontakt kommt. Und wenn sich dann mal eine solche »Spitzen-Kraft« dahin auf den Weg macht, wo das tägliche Business abläuft, dann meist mit vorheriger Ankündigung, das heißt unter besonderen Umständen, die wenig mit dem Alltag zu tun haben.

Wie ein Unternehmen seinen Kunden zuhören kann

Wer hat in einem Unternehmen den besten Draht zum Kunden? Das sind nicht die Topmanager, sondern das sind die Mitarbeiter im Kundenkontakt. Sie kennen die alltäglichen Abläufe, die Bedürfnisse der Kunden, sie erleben tagein, tagaus, was »da draußen« los ist, wo es läuft und wo es »knirscht« im Getriebe. Deshalb kann ein Unternehmen viel davon profitieren, seinen Mitarbeitern öfter mal zuzuhören und so – über sie und ihre Erfahrungen – wichtige Einblicke in die Erlebniswelt ihrer Kunden zu erhalten. Man muss kein Prophet sein, um vorauszusagen, dass die Geschichten, die das Verkaufspersonal eines Warenhauses zu erzählen hätte, sehr viele Anregungen enthielten, wie man Produkt und Service verbessern könnte. Man kann sich ausmalen, wie schnell einige Knackpunkte bei der Deutschen Bahn gefunden wären, würde das Topmanagement den Geschichten Aufmerksamkeit schenken, die ihre Zugbegleiter Tag für Tag mit den Fahrgästen erleben. Man kann sich lebhaft vorstellen, wie viele wertvolle Anregungen eine Bank für ihr Privatkundengeschäft erhalten würde, wenn sie ihre Kundenberater mal ein, zwei Stunden davon erzählen

Nicht die Manager, die Mitarbeiter kennen den Kunden am besten.

217

ließe, was sich zwischen ihnen und den Kunden, also den Häuslebauern, Jungunternehmern, Familienvätern, Altersvorsorgern, Autokäufern und Urlaubsplanern so alles abspielt. Jeder Kunde, der sich schon mal über etwas wirklich geärgert oder auch besonders gefreut hat, wünscht sich doch, sein Erlebnis irgendwie »an den Mann zu bringen« – möglichst sogar an den zuständigen –, aber wer hat dazu schon Zeit zwischen zwei Flügen, auf dem Weg zum Bahnhof oder in der Warteschlange der Post? Also nimmt man die Geschichte mit in den Alltag, man erzählt das Erlebnis Freunden oder Arbeitskollegen.

Mitarbeitergeschichten hören – Kunden besser verstehen

Was man alles erfährt, wenn man sich mal zusammensetzt und erzählt!

In kleineren Geschäften, in Restaurants, in einer Autowerkstatt oder beim Bäcker ist der Chef meist nah am Geschehen dran und kann direkt auf die Kunden reagieren. Aber in Bankfilialen und bei großen Unternehmen liegt für die Vorgesetzten und Manager meist schon ein dichter Nebelschleier über den Abläufen. Gerade da, wo es schnell gehen muss, wo viele Mitarbeiter und noch mehr Kunden stündlich in hunderten Kontakten zueinander stehen, gehen Anregungen unter, Fehler schleichen sich ein, Unmut findet kein Gehör. Auf neue Wünsche und veränderte Erwartungen der Kunden einzugehen bleibt dem individuellen Geschick der Mitarbeiter überlassen, die meist noch nicht einmal Zeit finden, sich untereinander über ihre Alltagserfahrungen auszutauschen und voneinander zu lernen. Was man dagegen alles erfahren kann, wenn man sich mal zusammensetzt und einfach erzählt! Mitarbeitern zuhören heißt immer auch den Kunden Aufmerksamkeit schenken. Für Unternehmen sind die Erlebnisse ihrer Mitarbeiter eine wertvolle Quelle, um auch ohne standardisierte Kundenbefragungen und Feed-back-Bögen ein Ohr am Kunden zu haben. Denn jedes Alltagserlebnis eines Service-Mitarbeiters ist ja auch ein Kundenerlebnis, nur aus anderer Perspektive.

»Stell dir vor!«-Geschichten oder: Wie ein Image entsteht

Das Image eines Unternehmens ist eigentlich nichts anderes als die Summe aller Geschichten, die Menschen mit seinem Produkt oder seiner Dienstleistung erleben – und anderen weitererzählen. Aber es wird nicht alles erzählt. Denn was man erlebt und was man erzählt, ist nicht dasselbe. Wir Menschen berichten und hören besonders gern Geschichten vom »Stell dir vor!«-Typus, also solche, die irgendwie positiv oder negativ an unseren normalen Erwartungen vorbeigehen. Niemand erzählt abends zu Hause: »Heut bin ich mit der Bahn gefahren, war alles normal, nichts Besonderes.« Viel eher beginnen wir: »Stell dir vor, was mir heute passiert ist!«

Das Image eines Unternehmens besteht aus Geschichten.

Lassen Sie Ihre Kunden besondere Geschichten erleben

Wenn man eine Veranstaltung macht, und möchte, dass sich alle lang daran erinnern, dann plant man eine Überraschung ein, serviert ein ungewöhnliches Essen, sorgt für eine besondere Stimmung oder verlegt sie an einen außergewöhnlichen Ort. Man verlässt den Raum des Normalen und Gewohnten, man möchte ja etwas Außergewöhnliches anbieten. Was das im Zusammenhang mit einem Produkt oder einer Dienstleistung sein könnte, hängt natürlich davon ab, was »normal« ist. Noch vor einigen Jahren war eine Sushi-Platte zum Sektempfang etwas Besonderes, jetzt ist es schon etwas besonders Langweiliges. Das Außergewöhnliche ist also ebenso Veränderungen unterworfen wie das Normale und man muss es meist erst einmal herausfinden, indem man gut beobachtet, die Kunden fragt oder eben die Menschen erzählen lässt, die täglich mit den Kunden zu tun haben. Weiß man, was die Kunden normalerweise erleben, dann kann man ihnen im Service, in der Kommunikation oder beim Besuch der Firma oder Internetseite etwas entsprechend Überraschendes und Besonderes bieten.

> **STORYTELLING-TIPP:**
> **AUS KUNDENGESCHICHTEN LERNEN**
>
> - Lassen Sie die Mitarbeiter ihre Erlebnisse und Erfahrungen im Kundenkontakt bei einem Erzählworkshop austauschen.
> - Arbeiten Sie die Gemeinsamkeiten dieser Erlebnisse und Geschichten heraus.
> - Suchen Sie nach übergeordneten Merkmalen: Welche Werte stecken hinter den Handlungen der Mitarbeiter? Gibt es einen oder mehrere idealtypische Abläufe für idealen Service? Etc.
> - Gehen Sie kreativ mit den Geschichten um: So können Sie negative Geschichten an einer bestimmten Stelle »anhalten« und so weitererzählen, dass sie gut ausgehen. Wo könnte man etwas ändern? Oder analysieren Sie die positiven Geschichten: Was war alles nötig (das Wichtigste), damit es für den Kunden eine gute Geschichte wurde?

Die Erfahrungen der Kunden als Geschichte denken

Entscheidend ist, wie die Geschichte ausgeht!

Bei einer Geschichte ist es nicht unbedingt wichtig, dass sie gut anfängt, sondern entscheidend ist, dass sie gut ausgeht! Und genauso ist es bei allem, was ein Kunde mit Ihrem Unternehmen erlebt, wichtig, dass sein Erlebnis gut endet. Auch hier zeigt sich wieder, dass alles vom Mitarbeiter abhängt, mit dem der Kunde zu tun hat. Diese Person hat es im Problemfall noch in der Hand, die Geschichte zu drehen, aus einer schlechten Geschichte eine gute Geschichte zu machen. Dazu muss der Mitarbeiter selbstverständlich in der Lage sein, die entsprechende Geschichte aus der Sicht des Kunden »denken« zu können, und in die Lage versetzt werden, sich zum Kunden hinwenden und ihm zuhören zu können.

Ende gut, alles gut! Geschichten drehen

Lernen wir von Restaurants, wo auch nicht jedes Gericht so gelingen kann, dass es jedem Gast immer schmeckt. Aber aus einem momentan unzufriedenen Gast darf kein Gast werden, der auch unzufrieden das Restaurant verlässt. Bis dahin und keine Minute länger kann die Geschichte noch gewendet, das Ruder noch herumgerissen werden. Kunden sind oft sehr geduldig und lange solidarisch, auch wenn nicht alles gleich perfekt läuft, aber irgendwann hilft auch das freundlichste Lächeln oder die beste Entschuldigung nicht mehr: Dann möchte der Kunde eine Kompensation entgangener Genüsse oder einen Ausblick auf einen zu erwartenden Vorteil sehen. Was kann das sein? Was im Restaurant ein kostenloser Nachtisch, ein Grappa oder ein Espresso ist, ist in Ihrem Unternehmen vielleicht ein Bonus, Sonderkonditionen, ein nettes Extra. Dieses kleine Privileg muss für den unzufriedenen Kunden, den verärgerten Passagier oder den genervten User wirklich etwas wert sein und die Wertschätzung des Unternehmens ausdrücken. Aber genauso, wie der Ober das O. K. vom Chef braucht, dem Gast einen Grappa oder eine andere »Kompensationsleistung« anbieten zu können, muss ein Unternehmen seinen Mitarbeitern die Kompetenzen geben, dem Kunden individuell und situationsgerecht entgegenkommen zu können. Damit erhöht sich die Chance, dass dessen Erlebnisse mit dem Unternehmen gut ausgehen, auch wenn es mal Schwierigkeiten gab. Wer in Geschichten denkt, gestaltet alle Abläufe im Kundenkontakt so, dass die Mitarbeiter auch ein schlechtes Kundenerlebnis noch in eine gute Geschichte verwandeln können.

> *Ein Gast kann mal unzufrieden sein, aber er darf nicht unzufrieden gehen.*

Praxisbeispiel: Service-Mitarbeiter erzählen

Als eine Airline eine neue Service-Offensive am Boden vorbereitete, wollte das Management seine Mitarbeiter dafür gewinnen. Man bereitete eine Workshop-Reihe vor, um die operativen Führungskräfte des Bodenpersonals über Idee und Ziele ins Bild zu setzen. Doch außerdem besann man sich bei der Planung des Projektes darauf, nicht nur zu informieren, sondern vor allem auch einmal zuzuhören: Für die dezentralen Veranstaltungen plante man jeweils einen Erzählworkshop mit ein, bei dem die erfahrenen Service-Mitarbeiter aller Bereiche ihre persönlichen Erlebnisse aus dem Arbeitsalltag austauschten. In Gruppen wurden typische, besondere, prägende, komische, ärgerliche, alte und neue Geschichten erzählt. Das Ergebnis waren nicht nur unglaublich viele Geschichten, in denen sich widerspiegelte, wie unterschiedlich und individuell jeder einzelne Mitarbeiter den Service-Gedanken lebt und erlebt. Es wurde auch deutlich, wie das ganze Räderwerk der verschiedenen Service-Stationen, vom Ticketkauf über Gepäckaufgabe bis Check-in zusammenspielen muss, damit für den Kunden wirklich eine »gute Geschichte« aus seinem Erlebnis mit der Fluglinie wird. Und es zeigte sich, dass neben der »richtigen« professionellen Einstellung der Mitarbeiter zum Kunden und zum Service noch ganz andere Wirkkräfte mitspielen: Viele Probleme in den erzählten Geschichten wurden erst dadurch lösbar, dass der Mitarbeiter sich – weit über seine Dienstverpflichtung hinaus – als persönlicher Helfer, Gefährte, Retter in der Not, Kumpel, Krankenschwester oder nicht selten als alles in einer Person verhielt. Das Spektrum der Erlebnisse ging weit über das hinaus, was im Arbeitsvertrag festgelegt werden könnte: Da war eine Familie mitsamt einem tiefgefrorenen Festtagsbraten zu versorgen, nachdem der Familienvater am Tag vor Heiligabend einen Schwächeanfall am Gate bekam; da bedurfte es eines Spurtes über den ganzen Flughafen, um einer eiligen Dame, die ihre Schuhe bei der Sicherheitskontrolle zurückgelassen hatte, zu ersparen, barfuß in London anzukommen. Da musste ein überdimensionales Architektenmodell schnell zerlegt und wieder zusammengebaut werden, damit es durch das Förderband passte, denn sonst hätte der verzweifelte Jungarchitekt eine Präsentation verpasst, von der seine persönliche Zukunft abhing.

Die erzählten Geschichten zeigten aber nicht nur die vielfältigen Herausforderungen und wie viel Kreativität, Einsatzbereitschaft und Gewitztheit oft nötig sind, sie zu bestehen. Sie ließen auch erkennen, wo die Grenzen eben dieser Skills sind. Denn es wurde auch deutlich, an welchen Punkten das Unternehmen arbeiten muss, um die strukturellen Bedingungen zu optimieren, die den Mitarbeitern den Dienst am Kunden erst ermöglichen. Ein weiterer Gewinn dieser Erzähl-

In den vielen Geschichten wurde deutlich, wie individuell jeder Mitarbeiter den Service-Gedanken lebt.

Auch das Unternehmen lernt dazu.

workshops war es, dass Vertreter des Managements den Erfahrungen ihrer Mitarbeiter zuhörten und damit ihren täglichen Erfahrungen Aufmerksamkeit und Respekt zollten. Nicht zuletzt konnte durch den Austausch der Einzelerlebnisse jeder der »alten Hasen« noch viele »best practice«-Beispiele mit in seinen Arbeitsalltag nehmen. Und, ganz nebenbei: In jeder Geschichte, die hier erzählt wurde, spiegelte sich auch eine Geschichte, die ein Kunde erlebt hatte.

Jede Mitarbeiter-Geschichte spiegelt ein Kunden-Erlebnis.

Geschichten in PR und Marketing

Wenn es Ihnen darum geht, andere für Ihr Anliegen, für eine neue Idee, einen Plan, bestimmte Werte und Ziele zu interessieren, vielleicht sogar zu begeistern, wenn Sie Ihren Zuhörern die Augen für bestimmte, bisher nicht wahrgenommene Möglichkeiten öffnen und sie als Mitstreiter bei ihrer Realisierung gewinnen wollen, dann erweist sich das Erzählen von Geschichten als ein effektiver Weg, und dann wird sich der Aufwand lohnen, die entsprechenden Storys möglichst »rund« zu machen.

Gute Geschichten sind gutes Marketing

Geschichten erzählen hat in PR und Marketing eine lange Tradition.

Man kann diese Art, Geschichten zu nutzen, durchaus – in einem weiteren Sinne – als Form des »Marketing« ansehen: Sie werben mit Ihrer Geschichte für eine Einsicht, eine Idee. Der Einsatz von Geschichten in PR und Marketing hat – aus gutem Grund – eine lange Tradition. Wir haben die kommunikativen Vorteile von Geschichten ja bereits vielfach erwähnt: Anschlussfähigkeit, hoher Informationsgehalt, Komplexität, Emotionalität, Konkretheit und last, but not least gute Merkbarkeit von Geschichten machen sie zu einem hervorragenden Medium, um für Ideen, Konzepte, Produkte, Organisationen und Personen zu »werben«. Unternehmen sind ständig dabei, ihre »Erfolgsgeschichte« zu verbreiten, ihre Erfindungen in einen »historischen« Zusammenhang zu stellen, ihre Gründungsmythen zu erzählen. Manche Unternehmenslegenden sind mittlerweile so populär, dass schon ein kurzes »Zitat« reicht, um die ganze Geschichte beim Rezipienten abzurufen: So warb HP im Jahr 2000 mit einer Anzeige, auf der ein alter Holzschuppen abgebildet war: die legendäre Garage, in der die Gründer Bill Hewlett und Dave Packard im Jahr 1939 ihre Erfindungen zusammentüftelten. Durch das bildliche Zitieren des Beginns wird einerseits die rasante Entwicklungsgeschichte des Unternehmens hin zu einem riesigen Konzern aufgerufen. Gleichzeitig aber soll mit dem Verweis auf die Ursprünge auch gesagt werden, dass die

Firma den »Spirit der Garage« nicht vergessen hat, Innovation, Kreativität und unkonventionellen Aufbruchsgeist als Tradition pflegt. So kann mit geringstem Aufwand und in kürzester Zeit eine (Werbe- und Image-)Botschaft beim Betrachter übermittelt werden, weil dieser die Geschichte dahinter bereits kennt.

»Success Storys« sind mit Vorsicht zu genießen

Der (werbende) Bezug auf die Historie der Organisation hat, wenn er positiv wirken soll, natürlich einige Voraussetzungen: Es muss selbstverständlich genügend authentisches Material für die Story vorhanden sein, das auch tatsächlich genutzt werden kann, und es darf möglichst wenig ebenso authentische negative Ereignisse geben, die die positive Story konterkarieren können. So werben deutsche Firmen, die Gründung oder Aufstieg während der Nazidiktatur erlebten, logischerweise nicht mit ihrer ganzen Firmengeschichte, sondern beispielsweise lieber mit legendären Produkten der Nachkriegszeit.

Wir haben ja bereits darauf hingewiesen, dass bei vielen der sogenannten »Success Storys«, die Unternehmen über sich erzählen (lassen), das »Story-Shaping« offenbar zu weit getrieben wurde: Da wird alles weglassen, was irgendwie nicht in das Schema »erfolgreich – supererfolgreich – megaerfolgreich« passt. Schwierigkeiten, Fehler, Rückschläge, Krisen, und wie sie überwunden oder gemeistert wurden, kommen in solchen Erfolgsstorys nicht vor. Damit sind sie aber letztlich gar keine Geschichten mehr, schon gar keine Heldenreisen, und können entsprechend kaum noch jemanden vom Hocker reißen. Solche Geschichten setzen offenbar eher auf die Psychologie der »selffulfilling prophecy«, die offenkundig in bestimmten Phasen bei manchen Aktienkäufern und Analysten tatsächlich gewirkt hat. Aber nicht zuletzt aufgrund schmerzhafter Erfahrungen werden Stakeholder und Shareholder zunehmend kritischer – und damit lohnt es sich, die Geschichte(n) der Unternehmen wieder als echte Geschichten zu erzählen und diese Storys daraufhin zu prüfen, ob sie auch authentisch, ereignishaft, lebendig und informationshaltig genug sind, um kommunikativ erfolgreich sein zu können. Für eine solche Überprü-

Reine Erfolgsgeschichten sind gar keine Geschichten mehr.

225

fung können Sie auch die Schritte durchführen, die wir hier für das Story-Shaping vorgestellt haben.

Die hohe Schule: Geschichten in der Produktwerbung

Die Möglichkeiten des Storytelling werden in der Werbung noch zu wenig genutzt.

Auch in der Werbung für Produkte und Dienstleistungen ist das Erzählen kleiner Geschichten ein sehr erfolgversprechendes Mittel, um eine bestimmte Botschaft nachhaltig zu vermitteln. Eine Analyse von Werbespots, die wir 2005 für den Werbezeiten-Vermarkter eines Fernsehsenders durchgeführt haben, hat ergeben, dass neun von zehn derjenigen Spots, die bezüglich Erinnerungsleistung und Kaufimpuls am erfolgreichsten waren, mit Geschichten arbeiteten. Allerdings werden die Möglichkeiten des Storytelling in der Werbung noch zu wenig genutzt. Nach wie vor bedienen sich Werbefilme häufig der einfachsten Storyform, in der das Produkt als »Transformator« auftritt: Der Held hat ein Problem (schmutzige Wäsche, Stress, Langeweile oder Ähnliches), dann taucht das Produkt auf oder wird genutzt, das Problem ist beseitigt, der Held (die Hausfrau, der Geschäftsmann, der Jugendliche) ist befriedigt, entspannt, »gut drauf«. Die Nutzung dieses simplen Schemas hat natürlich Vor- und Nachteile. Zu den Vorteilen zählt sicher, dass man davon ausgehen kann, dass wirklich jeder die Botschaft einer solchen Minimalgeschichte auch versteht. Die Nachteile wiegen jedoch schwer: Da es sich um ein althergebrachtes und viel genutztes Schema handelt, ist die Verwechslungsgefahr groß: War es jetzt der Meister Riese, der weiße Propper oder der Erzengel Uriel, der die Flecken aus der Wäsche gekriegt hat? Auch die Charakterisierung der Protagonisten kann sich als heikel erweisen: Die Dame, die von den Anforderungen ihres Chefs, ihrer Familie, ihrer Umwelt völlig überschwemmt und überfordert ist und erst in ihrer Limousine zur Ruhe kommt und Entspannung findet, wird man sich nicht ohne Weiteres als Rollenvorbild nehmen.

Andere Spots liefern sozusagen erst das Ausgangsmaterial einer möglichen Geschichte, die der Zuschauer dann im Sinne der Werbebotschaft in seiner Vorstellung weiterspinnen soll. Ein Beispiel: zwei

226

verhärmt aussehende Frauen in einer kleinen Küche. Die eine, matt und depressiv wirkend, sitzt auf der Eckbank, die andere steht an der Spüle. In der Küche taucht ein Hund mit einem skurril verformten, überdimensionalen Kopf auf. (Im Hintergrund Musik wie aus einem Psychothriller.) Die Frau auf der Eckbank sieht – ebenso wie der Zuschauer –, dass im Flur des Hauses noch zwei von diesen irritierenden Wesen stehen. Die Frau an der Spüle spricht zunächst so über die Hunde, als seien es ganz normale Haustiere. Schließlich, in besorgtem Ton, offenbart sie der entsetzten Frau auf der Bank: Es sei alles nur in ihrem Kopf. Schnitt. Es wird eine Digitalkamera eingeblendet, mit der Frage: »Würden Sie die verzerrten Hunde speichern oder löschen?«

Den Zuschauer zum Mitdenken einladen.

STORYTELLING-TIPP:
DAS PRODUKT ALS ATTRIBUT DES HELDEN

Das Produkt muss selbstverständlich nicht unbedingt eine der Rollen oder Figuren der Geschichte sein. Wenn es gelingt, eine wirklich spannende, unverwechselbare Geschichte zu erzählen, in der der Repräsentant des Kunden als Held die ungeteilte Sympathie der Zielgruppe gewinnen kann, dann ist es unter Umständen für das Produkt besser, als Attribut des Helden zu fungieren: als etwas, das ganz mit dem Helden verbunden ist. Ein gelungenes Beispiel hierfür stellt ein Spot für einen Softdrink dar, in dem ein junger Mann eine hübsche Schwarzfahrerin zur Freundin gewinnt, indem er sie in der U-Bahn durch eine äußerst coole Aktion vor dem Zugriff der Kontrolleure rettet. Die Flasche mit der Brause ist dabei Attribut des agilen Burschen und wird am Ende gemeinsam ausgetrunken.

Ähnliches gilt auch für Geschichten in der PR: Gerade komplexe, erklärungsbedürftige Produkte oder technische Produkte, die unter der Oberfläche stecken, lassen sich oft kaum unmittelbar über Geschichten kommunizieren. Sie können aber sehr wohl eine wesentliche Rolle in Geschichten spielen, in denen dann andere die Rolle des Protagonisten einnehmen: Anwender, Kunden und deren Kunden, Erfinder etc., für deren Storys sich das Publikum interessiert.

227

Und dann: »Sie entscheiden, was Sie erinnern wollen.« Danach vor schwarzem Hintergrund der Name des Herstellers.

In dieser Variante greift das Produkt nicht in die Handlung ein, um das einigermaßen massive Problem der Protagonistin zu lösen. Aber die eingeblendete Digitalkamera offeriert nahezu zwingend eine Möglichkeit, die Geschichte weiterzudenken und das Problem zu lösen: Hätte die Frau auf der Bank eine solche Kamera, könnte sie umgehend erst sich selbst und dann auch ihrer Umwelt beweisen, dass sie nicht halluziniert, sondern dass das, was sie sieht, im doppelten Sinne »objektivierbar« ist. Die Botschaft ist klar: Die Digitalkamera als nach außen verlagertes (Bild-)Gedächtnis, das man nach Belieben nutzen kann, das aber auch als ernstzunehmendes Instrument der Selbstvergewisserung und Verständigung mit der Umwelt dient. Mit dieser Konstruktion einer angefangenen Geschichte, für deren Fortgang lediglich Material zur Verfügung gestellt wird, wird der Zuschauer aktiviert, zum Weitererzählen aufgefordert, zum Mitdenken angeregt – kein schlechtes Mittel, um nachhaltig zu kommunizieren, und ein Beleg dafür, dass man auch mit den formalen Aspekten des Erzählens kreativ spielen kann (vgl. auch Karmasin 1993, Seite 186).

Risiken und Nebenwirkungen

Geschichten sind komplex, auch ihrer Nebenbedeutungen muss man sich bewusst sein.

Der Spot mit der Digitalkamera, das sei hier in aller Kürze angemerkt, zeigt aber auch die semiotische Komplexität von Geschichten (und damit das mögliche Risiko von Nebenbedeutungen, die dem Sender der Botschaft womöglich gar nicht bewusst sind): Natürlich sind die skurrilen Hunde im Film digital verzerrt (der Spot heißt übrigens auch: »distorted dogs«). Ähnliches hat jedes Kind heutzutage schon mit digitalen Bildern auf seinem Computer gemacht. Der Zuschauer weiß also, dass das, was er »real« sieht, eine technisch erzeugte Illusion ist. Der implizite »Lösungsvorschlag«, den der Film nahe legt, ausgerechnet mit einer Digitalkamera die »Realität« ihrer Wahrnehmung zu belegen, führt also in ein logisches Problem. Um zu beweisen, was ich da Unglaubliches sehe, hätte ich dann doch vielleicht lieber eine analoge Kamera, kann sich der Zuschauer, der sich in die Geschich-

228

te hineinversetzt, dann durchaus denken. Jedenfalls öffnet der Spot durch die Elemente, die er einführt, das ganze Bedeutungs- und Gegensatzfeld von analog-digital, real-virtuell, haltbar-vergänglich, beweisfähig-manipuliert und so weiter, und taugt durchaus dazu, über die Vor- und Nachteile der verschiedenen Fototechnologien ins Grübeln zu geraten. Das kann von den Machern des Spots so gewollt sein und nötigt einem auch Respekt ab, weil die Geschichte wirklich »sophisticated« ist (und deshalb auch wohl in Cannes 2005 einen Goldenen Löwen gewonnen hat). Der Spot wirbt damit, und das ist ein weiterer Gag, nicht primär und nur vordergründig für Digitalgeräte, sondern für beide Typen von Kameras – und genau das bietet der Hersteller Olympus tatsächlich auch an. (Im Internet ist der Spot unter www.sj.com zu finden: Stand Mai 2006.)

Das Beispiel belegt an einem zugegebenermaßen außergewöhnlich gelungenen Fall, wie der Einsatz von Storytelling in der Werbung es ermöglicht, schnell, einprägsam, emotionalisierend, anregend, dabei durchaus komplex und vielschichtig – kurz: intelligent – zu kommunizieren.

Checkliste: Wie gut ist meine Werbegeschichte?

Es lohnt sich, Geschichten in der Werbung (die ja auch meist eine erhebliche Investition bedeuten) genau daraufhin zu prüfen (oder prüfen zu lassen), ob die Geschichte auch tatsächlich schlüssig ist, den Zuschauer aktiviert und wirklich die – und nur die – Botschaft(en) vermittelt, die man kommunizieren wollte. Dazu hier einige Punkte, die bei einer solchen Prüfung helfen können.

1. Nutzen Sie das Rollenmodell von Seite 94, um zu überprüfen, welche Funktion Ihr Produkt/Ihre Dienstleistung in der Geschichte hat und welche Rolle dem Kunden zukommt. Überlegen Sie, ob nicht andere Konstellationen Ihrer Geschichte mehr »Schub« verleihen könnten und Ihre Botschaft besser vermitteln. Trivialerweise sollte der Repräsentant des Kunden mittelbar oder unmittelbar der »Nutznießer« in der Geschichte sein. Mittelbar ist er es zum Beispiel dann, wenn er – mit dem Produkt als »Helfer« – die Zuwendung

einer Person erlangt, die ihm besonders wichtig ist: die Mutter, die ihre Kinder glücklich macht, der Mann, der die Anerkennung seiner Frau erlangt, und so fort.

2. Achten Sie auf die Funktionalität der Elemente – in mehrfacher Hinsicht. Werbespots sind notwendig sehr verdichtete Geschichten und werden, zumal im Kino, von einem wahrnehmungsgeschulten Publikum gesehen, dem kaum ein Detail entgeht. Daher gilt es hier in verstärktem Maße, darauf zu achten, dass nichts in die Geschichte eingeführt wird, was später keine Funktion hat. Mehr noch: Man muss darauf achten, dass bestimmte Elemente der Geschichte keinen Anlass für (logisch legitime) Deutungen geben, die man nicht beabsichtigt oder die der eigenen Botschaft sogar zuwiderlaufen. Zu diesem Punkt gehört auch die Wahl des richtigen Kontextes für eine Geschichte. Manche Werbegeschichten sind in einem bestimmten Ambiente situiert – beliebt ist etwa ein amerikanisches Großstadtumfeld, wie es aus Hollywoodfilmen bekannt ist, um das Produkt dadurch an einem gewissen Flair teilhaben zu lassen. Es zeigt sich dann aber manchmal, dass das Verhalten der Figuren oder der Konflikt, den die Geschichte präsentiert, nicht zu diesem Ambiente passt – und das Ganze wirkt plötzlich lächerlich.

3. Achten Sie darauf, dass die Geschichte selbst die Botschaft enthält. Letztlich ist ein guter Test dafür, ob die Geschichte auch wirklich stimmig und »rund« ist, die Frage, ob sie auch ohne Einblendung des Firmen- und Produktnamens funktionieren würde – und auch ohne einen entsprechenden erklärenden oder bekräftigenden Slogan am Ende. Die Botschaft, die der Zuschauer aus der Geschichte folgert, ist Ihr idealer Slogan. Funktioniert Ihr Spot nicht ohne Zusatz, stimmt mit der Story etwas nicht.

4. Wenn Sie viel Geld, Zeit, Ideen in eine Werbegeschichte investiert haben, sollten Sie sich nicht scheuen, die Geschichte von semiotisch und narratologisch geschulten Dritten checken zu lassen. Denn gerade wenn es sich um eine gute Geschichte handelt, wird sie semantisch so komplex sein, dass eine Überprüfung der Bedeutungen, Nebenbedeutungen und Schichten sich in jedem Falle auszahlt.

Storytelling ist immer Knowledge-Sharing

Die Übermittlung von Wissen ist immer ein positiver Nebeneffekt von Storytelling-Workshops, selbst wenn diese ursprünglich ein anderes Ziel verfolgen. Immer wieder erleben wir, dass die Zuhörer den Erzähler zu einem bestimmten Vorgehen, Wissen, »Trick« befragen, der in seiner Geschichte eine Rolle spielte und den anderen nicht bekannt war: »Wir wussten gar nicht, dass das geht! Woher hattest du die Information?«, und so fort. Die Teilnehmer gehen also nach einem Storytelling-Workshop immer auch mit mehr praktisch nutzbarem Wissen wieder weg. Außerdem kann der Workshop ein Anstoß sein, systematisch über die Bedingungen des Wissenserwerbs und der Wissensdistribution im Unternehmen nachzudenken: Woran liegt es, dass die anderen Beteiligten das entsprechende Wissen nicht hatten? Was muss geändert werden, damit solche Lücken nicht entstehen?

Die Übermittlung von Wissen ist ein positiver Nebeneffekt der Storytelling-Workshops.

Wer hat welches Wissen?

Das betrifft auch das Wissen der Entscheider in Unternehmen. In einer komplexen Welt mit komplizierten Organisationen haben die, die »oben« stehen, nicht mehr den Vorteil des »Überblicks«. Was »unten«, an der »Basis«, oder in bestimmten Teilbereichen vor sich geht, ist für sie nicht mehr einsehbar – im doppelten Sinne des Wortes. Wer das »ganze« Wissen der Organisation kennen lernen möchte, muss daher die eigenen Leute einladen wie den Reisenden vergangener Tage, sie einladen zu erzählen und ihnen gut zuhören. Was das praktisch für Konsequenzen haben kann, zeigt eine einfache Geschichte aus einem Unternehmen. Die Geschichte von der »Bückware«:

Eine Firma für hochwertige Kosmetika ist lange sehr erfolgreich mit einer bestimmten Produktgruppe, dann aber brechen die Verkaufszahlen nach und nach ein. Kundenbefragungen ergeben aber, dass die Zufriedenheit der Kundinnen mit dem Produkt weiterhin sehr hoch ist, die Qualität stimmt. Da geht der Vorstand mit zur Tagung der Außen-

231

dienstmitarbeiter und fragt diese, ob sie eine Erklärung für das Phänomen haben. Die Außendienstmitarbeiter erzählen daraufhin, wie es in der Welt da draußen aussieht: »In den Verkaufstellen ist unser Produkt mittlerweile Bückware geworden und wandert in den Regalen nach unten!« »Ja warum?« »Habt ihr euch schon mal die Verpackung angeschaut? Das Design ist einfach total hässlich! Das spricht unsere Kunden einfach nicht mehr an.« Das Management nimmt seine Leute ernst und entscheidet unmittelbar darauf, das Design sofort zu ändern. Und die Verkaufszahlen gehen bald darauf wieder nach oben.

Dass der Vorstand den Mitarbeitern zuhört, ist leider immer noch außergewöhnlich.

Eine wirklich einfache, scheinbar simple Geschichte. »Logisch«, denkt man sofort, und »normal«: Das Management erhält eine wichtige Information und handelt entsprechend. Aber dass ein Vorstand unter Umgehung der üblichen Berichtswege den Beobachtern vor Ort Gelegenheit gibt, ihre Erfahrungen zu erzählen, dass er ihnen zuhört und sie ernst nimmt, ist leider immer noch außergewöhnlich.

Dass relevantes Wissen regelmäßig in großen Organisationen beim Weg durch die Kaskaden der hierarchischen Stufen und Zuständigkeiten verschütt geht, ist eine Alltagserfahrung. Versuche, dieses Problem zu beheben, sind nicht nur mühsam und aufwändig, sondern leider selten von Erfolg gekrönt, zumindest dann, wenn man dabei die bestehenden Strukturen nicht radikal verändert. Aber die obige Geschichte zeigt, wie simpel und gleichzeitig effektiv es sein kann, wenn »Leader« und Topmanager sich gelegentlich unmittelbar an die Quelle begeben und dort den Geschichten zuhören. Wir haben dies als das »Harun-al-Raschid-Prinzip« bezeichnet (Frenzel/Müller/Sottong 2004). Beispiele dafür, dass das Zuhören sich zur Managementqualität entwickelt, gibt es immer mehr. Firmen wie Telekom und T-Mobile setzen Storytelling-Workshops inzwischen systematisch im Zusammenhang mit ihrem Knowledge-Management ein, um beispielsweise bei der Nachbereitung von Projekten die dort gemachten Erfahrungen auszutauschen und auszuwerten und über die entsprechende technische Wissensinfrastruktur verfügbar zu machen.

Leaving experts

Ein anderes wesentliches Anwendungsfeld für Storytelling im Bereich Wissensmanagement ist das Erzählen von Mitarbeitern, die das Unternehmen verlassen oder aus einem Projekt ausscheiden – und dabei naturgemäß auch einen Großteil ihres spezifischen Wissens und ihren Erfahrungsschatz mit sich nehmen. Die Erzählungen solcher »leaving experts« aufzunehmen, auszuwerten und den Kollegen zugänglich zu machen erweist sich gerade bei scheidenden Schlüsselspielern der Organisation als äußerst sinnvoll. Karin Thier verweist in diesem Zusammenhang auch auf einen wichtigen Vorteil der Methode, der darin liegt, dass der Dokumentationsaufwand für den ausscheidenden Mitarbeiter dabei relativ gering im Vergleich zu anderen denkbaren Formen ist (Thier 2005).

Was passiert nach dem Storytelling-Workshop?

Beim Einsatz von Storytelling-Workshops macht es Sinn, auch die Form der Dokumentation sowie die Art der Verfügbarkeit des Materials im Vorfeld genau zu planen. Zusätzlich sollten Sie sich auch über den gewünschten Auswertungsgrad klar werden: Denn in Geschichten steckt zumeist mehr Wissen (auch und gerade in Form von Fragen, die sie aufwerfen), als auf der Oberfläche für den ungeschulten Zuhörer ad hoc erkennbar ist.

Die Dokumentation der Geschichten im Vorfeld planen.

Die Menschen, die sich erzählend ausgetauscht haben, Ideen und Erfahrungen weitergegeben haben, erwarten naturgemäß, dass daraus etwas folgt. Und mit dieser Erwartung sollte man umgehen. Was passiert mit unseren Geschichten? Kann ich auf interessante Storys auch später noch zugreifen? Das sind Fragen, die sich Teilnehmer automatisch stellen. Eine weitere Frage taucht auf, wenn die Workshop-Teilnehmer im Laufe des Zuhörens vieler Geschichten realisieren, welches Potenzial in den Storys steckt: Setzt sich jemand im Anschluss mit den Inhalten auseinander? Wertet man das Wissen, das in ihnen enthalten ist, aus? Wird das, was hier geschehen ist, Konsequenzen haben? Beispielsweise kommen in nahezu jedem Storytelling-Workshop – ob in Klein- oder Großgruppen – Geschichten vor, die mehr oder weniger deutlich Verbesserungsvorschläge beinhalten, meist Dinge, die einfach umzusetzen oder leicht zu beheben wären. Wer kümmert sich darum? Sollte der Workshop also nicht ohnehin Teil eines größer angelegten Projektes sein, dessen Fortschreiten sich von den Teilnehmern auch mitverfolgen lässt, empfiehlt es sich, beispielsweise einen »Paten« oder »Kümmerer« zu benennen, der sich dieser Fragen annimmt, und eine Quelle angeben zu können, an der sich die Beteiligten über die entsprechenden Konsequenzen informieren können. Dabei geht es selbstredend nicht »nur« um Stil, Kultur und Motivation: Es ist schlicht ökonomisch rational, die Früchte eines solchen Workshops zu ernten und dafür zu sorgen, dass er sich auch tatsächlich im wahrsten Sinne des Wortes bezahlt macht.

Meeting-Point 3: Oxford 1865
Alice in Wonderland trifft Harun al-Raschid

Alice: Kalif, kannst du dich noch erinnern, wann du zum ersten Mal die Idee hattest, als Kaufmann verkleidet durch die Stadt zu gehen und dir die Geschichten der Bürger anzuhören, denen du bei diesen Streifzügen begegnet bist?

Harun: Ich weiß nicht mehr genau, wann das anfing, ich war schon einige Jahre Kalif damals. Außerdem war es eigentlich nicht meine Idee. Giaffar, mein Großwesir und wichtigster Ratgeber, hat mich darauf gebracht. Das heißt, er musste mich richtiggehend überreden, das zu tun. Ich hielt es nämlich zu Anfang für eine ziemlich, wie soll ich sagen, exzentrische Idee.

Alice: Bei mir war es anders. Ich bin ja regelrecht in meine Geschichte hineingefallen.

Harun: So, wie man in den Schlaf fällt. Du konntest schlafen und dann in deinem Traum all diese wunderbar-verrückten Dinge erleben. Ich aber konnte eben nicht mehr schlafen. Die Verantwortung für all diese Menschen, richten, schlichten, Entscheidungen treffen … das kann einem schon zusetzen. Mir wurde nach und nach klar, dass das Kalif-Sein eine ernste Angelegenheit ist.

Alice: Und dann hat Giaffar gedacht, dass du ein wenig Ablenkung und Zerstreuung brauchst? Verkleiden macht ja auch richtig Spaß.

Harun: Nun, das war eigentlich nicht der Grund – obwohl ich zugeben muss, dass es mir mit der Zeit wirklich anfing, Spaß zu machen. Aber der Hintergedanke war ein anderer. Giaffar wollte, dass ich die Dinge mal aus einer anderen Perspektive wahrnehmen sollte. Er wollte, dass ich dazulernte, aber das sagte er natürlich so nicht, schließlich kannte er mich.

Alice: Du warst zu stolz, um zuzugeben, dass du dazulernen musst. Alle Erwachsenen sind so. Und Hoheiten schon zweimal. Denk nur an die Königin in meiner Geschichte, wie eingebildet die war.

Harun: Nun, zugeben hätte ich es wohl auch nicht. Aber im tiefsten Innern wusste ich sehr wohl selber, dass ich zu wenig wusste, um wirklich ein guter Kalif zu sein. Mich beschlich das Gefühl, dass ich nicht genug darüber wusste, was um mich herum wirklich vorging in meiner Stadt, in meinem Land, in den Köpfen meiner Bürger und ihrer Nachbarn. Ich sollte entscheiden, den Staat lenken, Gesetze machen, aber das Leben all dieser Leute war mir doch ziemlich fremd. Das fing an, mich zu beunruhigen. Denn ich hatte bereits den Ruf, weise zu sein, das kann einen ganz schön belasten.

Alice: Aber du hattest doch so viele Minister und Beamte, Spione und Ratgeber, Gelehrte und Geistliche an deinem Hof. Haben die dir nicht gesagt, was Sache ist?

Harun: Allerdings, von morgens bis abends. Alles Leute, die auf jede Frage sofort eine Antwort parat hatten und einem ungefragt die Welt erklären konnten. Genau das hat mich irgendwann stutzig gemacht – und gelangweilt. Sie waren mir zu klug und so viel klüger als ich konnten sie ja wohl auch nicht sein. Sie hatten nur Antworten, aber kein Einziger – bis auf Giaffar – hatte auch gute Fragen.

Alice: Wieso hast du sie dann nicht alle rausgeworfen? Wozu hieltest du dir all diese Leute mit ihrem Wissen, wenn du ihnen dann doch nicht vertraut hast?

Harun: Nun, so unnütz waren sie schließlich auch nicht. Man braucht all diese Leute, um das Bestehende zu verwalten: die Städte erhalten, die Gesetze anwenden, die Bewässerungssysteme kontrollieren, den Handel organisieren, das Wetter beobachten, das Heer ausrüsten. Das alles ist wichtig und nützlich. Aber … ein Herrscher muss sich vor allem um die Zukunft kümmern. Und die Zukunft kennt nur der Allmächtige, für uns Menschen steckt sie voller Fragen. Sie ist ungewiss und gegen die Ungewissheit helfen keine schnellen Antworten, im Gegenteil. Wenn du glaubst, du kennst die Antworten, die in der Zukunft gelten werden, begehst du schon den ersten Fehler. Deshalb muss ein weiser Herrscher die Kunst erlernen, die richtigen Fragen zu stellen, bevor er Antworten gibt. Und Antworten gibt er, indem er entscheidet.

Alice: Du verwirrst mich, o Kalif. Erst hast du gesagt, dass du verkleidet umhergezogen bist, um zu lernen, um mehr zu wissen. Aber jetzt sagst du, dass du keine Antworten gesucht hast, sondern nur Fragen, und dass man eigentlich gar nichts wissen kann, wenn es um die Zukunft geht. Wie passt das denn nun wieder zusammen?

236

Harun: Eine sehr gute Frage. Du lernst! Ich habe gesagt, es geht darum, die richtigen Fragen stellen zu können, und um die richtigen Fragen zu stellen, muss man mehr und anderes wissen, als was man bisher zu wissen glaubte. Man muss das, was man weiß, in Frage stellen können. Die richtigen Fragen gründen ja nicht in der Unwissenheit, wer ignorant ist, hat auch keine Fragen. Die richtigen Fragen gründen im Wissen und im Bedürfnis, zu verstehen. Was folgt aus dem, was ich schon weiß? Was, was ich noch nicht weiß, könnte ich wissen? Was habe ich bisher übersehen? Dazu braucht man Phantasie, Neugier und Mut. Bei jedem Streifzug als Kaufmann hörte ich Geschichten über Ereignisse und Dinge, die sich ganz in meiner Nähe abgespielt hatten, aber ich hatte sie bisher einfach nicht gesehen. Und schon kamen die nächsten Fragen: Warum wurde das alles bisher übersehen? Wurde das, was übersehen wurde, übersehen, weil es unwichtig war, oder wurde es übersehen, obwohl es wichtig war? Wenn es wichtig war, für wen war es wichtig? Warum könnte es in Zukunft wichtig werden?

Alice: Was könnte passieren, wenn es weiter übersehen wird? Was ändert sich dadurch, dass ich es jetzt sehe?

Harun: Du hast mich verstanden. Letztlich läuft alles auf die eine Frage hinaus, die sich jeder gute Kalif immer wieder neu stellen muss: Was ist wichtig?

Alice: Na ja, es ist zum Beispiel sehr wichtig zu wissen, ob man träumt oder nicht. Oder ob etwas ein Junge ist oder ein Ferkel. Oder dass man als Schildkröte was anderes lernen muss als als kleines Mädchen. Was in der einen Welt wichtig ist, kann in der anderen ein völliger Mumpitz sein – und umgekehrt. Das weiß ich schon mal und noch viel mehr. Als Kalif sollte man ja eigentlich eine ganze Menge wissen und nicht herumlaufen und dauernd Fragen stellen, sonst verlieren die Untertanen irgendwann das Vertrauen in ihren Kalifen.

Harun: Da hast du Recht. Und deshalb ist ein Dreh bei der Sache.

Alice: Ein Dreh. Sicher, mir ist auch schon ganz schwindlig. Mir kommt es so vor, als sei ich schon wieder in ein Kaninchenloch gefallen.

Harun: Wahrscheinlich fallen wir alle sowieso ständig in Kaninchenlöcher. Jedenfalls können wir uns nie ganz sicher sein, ob wir gerade in eins gefallen sind oder ob wir noch oben stehen und uns in der Welt befinden, die wir für die normale Welt halten. Aber egal, ob wir noch in unserem Garten stehen oder ob wir schon in deinem seltsamen Wunderland herumspazieren, wir müssen so oder so handeln und uns entscheiden. Bist du nicht im Kaninchenbau von einer verrückten Situation in die andere gestolpert? Du musstest dich dauernd fragen, wem du da unten trauen kannst und wem nicht, vor wem du dich fürchten und in Acht nehmen musstest, wem du zuhören wolltest, auch wenn es manchmal schwierig war, wen du retten musstest, was Ernst war und was nicht. Also ging es dir da auch nicht anders als mir, dem Kalifen.

Alice: Nun ja, aber du warst ein echter Kalif und bei mir war es ja schließlich doch alles nur ein Traum!

Harun: Wissen wir das immer so genau? Ein Traum, eine Geschichte, ein Bild … es ist so oder so alles in unserem Kopf. Bevor ich anfing, mit Giaffar nächtens den Palast zu verlassen und meine Streifzüge zu unternehmen, lebte ich da in der Wirklichkeit oder vielleicht auch nur in einem Traum? Der Reichtum meines Palastes und die Pracht meiner Gärten waren meine Welt. Alles schien perfekt. Meine Schatzkammern füllten sich, mein Ruhm verbreitete sich, wenn man meinen Hofdichtern glauben wollte, meine Vasallen zahlten ihre Tribute und meine Minister erzählten mir, wie alle meine Pläne in die Tat umgesetzt wurden und das Reich aufs Beste gedieh.

Alice: Alles bestens. Du hättest deinen Garten genießen und mit den Flamingos Croquet spielen können.

Harun: Ich sagte es schon: Ich wurde unruhig. Ich fragte mich, wie es jenseits der Mauern aussehen mochte. Ich fragte mich, ob alles, was man mir berichtete, auch der Wahrheit entsprach.

Alice: Du meinst, dein Hofstaat hat dich angelogen?

Harun: Nun ja, so richtig angelogen vielleicht nicht. Aber sie haben mir eben nicht alles erzählt, sondern nur das, wovon sie annahmen, dass es mir gefallen würde.

Alice: Vielleicht hatten sie Angst vor dir, so wie ich anfangs vor der Königin, bevor ich spitzgekriegt habe, dass sie nie jemanden hinrichten lässt.

Harun: Du streifst da einen etwas heiklen Punkt. Es war jedenfalls auch etwas meine Schuld, das muss ich leider zugeben. Als junger Kalif belohnte ich diejenigen reichlich, die meine Aufträge zu meiner Zufriedenheit ausführten oder es mir zumindest so berichteten. Aber diejenigen, die meine Befehle und Pläne in Frage stellten oder mir gar widersprachen, die verloren ihren Kopf.

Alice: Aber nicht im Ernst ... oder?

Harun: Nun, es kam nicht oft vor und auch nur zu Anfang, zwei Mal, glaube ich. Dann eigentlich nicht mehr.

Alice: Und ich dachte, du warst ein guter und weiser Kalif!

Harun: Hüte deine Zunge!

Alice: Da siehst du, was ich meine.

Harun: Ich habe mich geändert.

Alice: Da hab ich wohl nochmal Glück gehabt.

Harun: Eigentlich war es Giaffar, der mir die Augen geöffnet hat. Er hat mich nicht kritisiert, dazu war er zu klug. Aber er hat immer wieder merkwürdige Fragen gestellt und nach und nach Zweifel in mir gesät. Etwa nach dem Modell: Er beglückwünschte mich zu meiner Entscheidung, den skeptischen Minister einen Kopf kürzer machen zu lassen. Was ich aber unternommen haben würde, fragte er, wenn ich nun nicht mit der Gabe gesegnet wäre, von vornherein die Wahrheit zu kennen? Wie ich dann versucht haben würde, herauszufinden, ob an dem, was der Minister zu bedenken gegeben hatte, nicht auch was dran sei? Wie ich also entscheiden würde, wenn ich nicht Harun der Weise, sondern ein ganz normaler Kalif wäre? Was ich überhaupt glaube, was der Unterschied sei zwischen mir und anderen Kalifen? Wie ich wohl gehandelt hätte, wenn meine Eingebung mir gezeigt hätte, dass der Minister in diesem oder jenem Punkt nicht ganz Unrecht gehabt hätte? Das hat mir keine Ruhe gelassen und wir diskutierten über all diese Möglichkeiten die Nächte hindurch und kamen vom Hundertsten ins Tausendste.

Alice: Du meinst, ihr habt gespielt? So ein Spiel wie: Wenn es ein X wäre, was wäre es dann für ein X?

Harun: So in der Art. Ein logisches Spiel, zu dem man aber viel Phantasie braucht. Was wäre, wenn. Möglichkeiten. Giaffar war allerdings in dem Spiel viel besser als ich. Er sah Zusammenhänge, die ich nicht sehen konnte, weil ich nur das kannte, was ich in meinem Palast kennen gelernt hatte und was ich von meinem Thron aus beobachten konnte. Giaffar aber war ein Herumtreiber. Er wusste, was ein Rennkamel kostet und ein Tragkamel und was eines noch wert ist, das man zum Abdecker bringt. Ich aber kannte mich nur mit Rennkamelen aus. Solche Sachen eben. Er war besser in dem Spiel, und das ärgerte mich. Ich sah langsam ein, dass es da draußen Dinge gab, von denen ich keinen blassen Schimmer hatte. Ich fühlte mich mehr und mehr eingesperrt in meinem Palast, in meiner Welt.

Alice: Und dann kam Giaffar mit der Verkleidungsidee?

Harun: Ja genau. Mir wurde klar, dass man nicht wirklich mit mir sprach, sondern immer nur mit dem Bild, das man sich vom berühmten, mächtigen, vielleicht auch grausamen Kalifen Harun machte: dem großen Entscheider, der über allen Sterblichen steht. Also ließ ich mich darauf ein, ein anderer zu werden, ein Außenstehender, der neugierig zuhört, weil er fremd ist in der Stadt und lernen muss, wie es in ihr zugeht. Und ich erlebte, dass es tatsächlich Neues war, was ich erfuhr. Auch über mich selbst. Zwar kannte ich vieles wieder, fand zu meiner Zufriedenheit manches ähnlich vor, wie ich es mir vorgestellt hatte. Aber auch dann war es ein neuer Ton, eine andere Sprache und damit auch eine andere Geschichte, die ich hörte. Zwar wurde ich nicht selten gelobt in den Geschichten, aber häufig genug für ganz andere Dinge, als ich vermutet hatte. Einmal musste ich erfahren, wie andere in meinem Namen auftraten und Dinge taten, die ich nie gutgeheißen hätte. Aber noch schlimmer waren die Geschichten, in denen ich gar nicht vorkam, obwohl ich doch darin hätte vorkommen sollen! Das empörte mich zuerst so, dass Giaffar mich zurückhalten musste, mein Inkognito aufzugeben. Aber dann, in der Nacht, wenn ich über all das nachdachte, was ich erfahren hatte, wenn ich all diese Geschichten zusammenführte, merkte ich, wie ich lernte und wie ich ein ganz anderes Bild von der Welt gewann, für die ich ja schließlich verantwortlich war.

Alice: Du lerntest, dass nicht alles, was du wichtig fandest, auch für deine Untertanen wichtig war, dafür aber andere Dinge, von denen du bis dahin gar nichts gewusst hattest.

Harun: Du sagst es. Je öfter ich meine nächtlichen Streifzüge wiederholte, je mehr Geschichten ich vernahm, desto mehr Dinge erfuhr ich, um die ich mich kümmern konnte. Ich erließ neue Gesetze und hob andere auf, die das Leben der Menschen erschwerten. Meine Maßstäbe veränderten sich. Ich entließ Minister, die mir schmeichelten und mir die Wahrheit verschleierten. Und belohnte die, die den Mut hatten, mir Fragen zu stellen und mir nicht nur Jubelgeschichten zu erzählen.

Alice: Wie das? Ich denke, nach deinen Kopf-kürzer-Aktionen hat sich das doch keiner mehr getraut?

Harun: Zunächst nicht. Aber ich fand einen Weg. Ich ließ alle Geschichten, die ich auf meinen Ausflügen gesammelt hatte, von meinen Hofschreibern niederlegen und wir hörten die Geschichten bei der Versammlung mit den Ministern und Ratgebern. Immer wenn eine Geschichte kam, die den Staat oder mich nicht in glänzendem Licht erscheinen ließ, sagten einige meiner Minister: »O Kalif, sagt mir, wer diese Geschichte erzählt hat. Wir lassen ihn aufgreifen und vierteilen!« Andere aber sagten nichts, schauten nur betreten unter sich. Ich aber sagte auch nichts. Am folgenden Tag aber rief ich die zu mir, die die Erzähler hatten bestrafen wollen, und sagte: »Ich habe denjenigen gefunden, der die Geschichten verbreitet, über die ihr euch gestern so erregt habt.« »Wo ist er«, schrien sie, »damit wir ihn sogleich seiner gerechten Strafe zuführen lassen!« »Nun, ich bin es selbst«, erwiderte ich. Da erstarrten sie vor Schreck, weil sie glaubten, ich würde ihre Köpfe vom Hals trennen lassen.

Darauf traf ich mich mit denen, die geschwiegen hatten. »Ich habe euch gestern einige Geschichten zu Gehör gebracht, und nicht alle waren so, dass man vermuten darf, dass in unserem Staat alles zum Besten steht. Euren Kollegen, die sich darüber empörten, habe ich Gelegenheit gegeben, nochmals darüber nachzudenken, ob es mit ihrer Empörung allein getan ist. Was aber sagt ihr dazu?« Da fing einer an zu sprechen: »O Kalif, gar merkwürdige Geschichten habt Ihr da gestern vorlesen lassen. Aber als ich gestern Nacht darüber nachdachte, fiel mir ein, dass ich vor einiger Zeit eine ähnlich merkwürdige Geschichte gehört habe. Wenn es Euch interessiert, dann möchte ich sie Euch zum Besten geben.« Ich ermunterte ihn und nickte auf seine Erzählung hin. Und so folgte ein Zweiter und ein Dritter. Der Nachmittag verging und als am Abend alle ihre Geschichten erzählt hatten, entließ ich meine getreuen Minister mit den Worten: »So lasst uns morgen alle erfrischt und offenen Herzens wieder zusammenkommen, um zu beratschlagen, was aus diesen Geschichten zu lernen ist und was für unsere zukünftigen Ratschlüsse daraus zu folgen hat.«

Alice: Und vom Kopf-kürzer-Machen war nicht mehr die Rede?

Harun: Die Rede geht bis heute von Harun al-Raschid, dem gerechten und weisen Kalifen. Alles andere ist eine andere Geschichte.

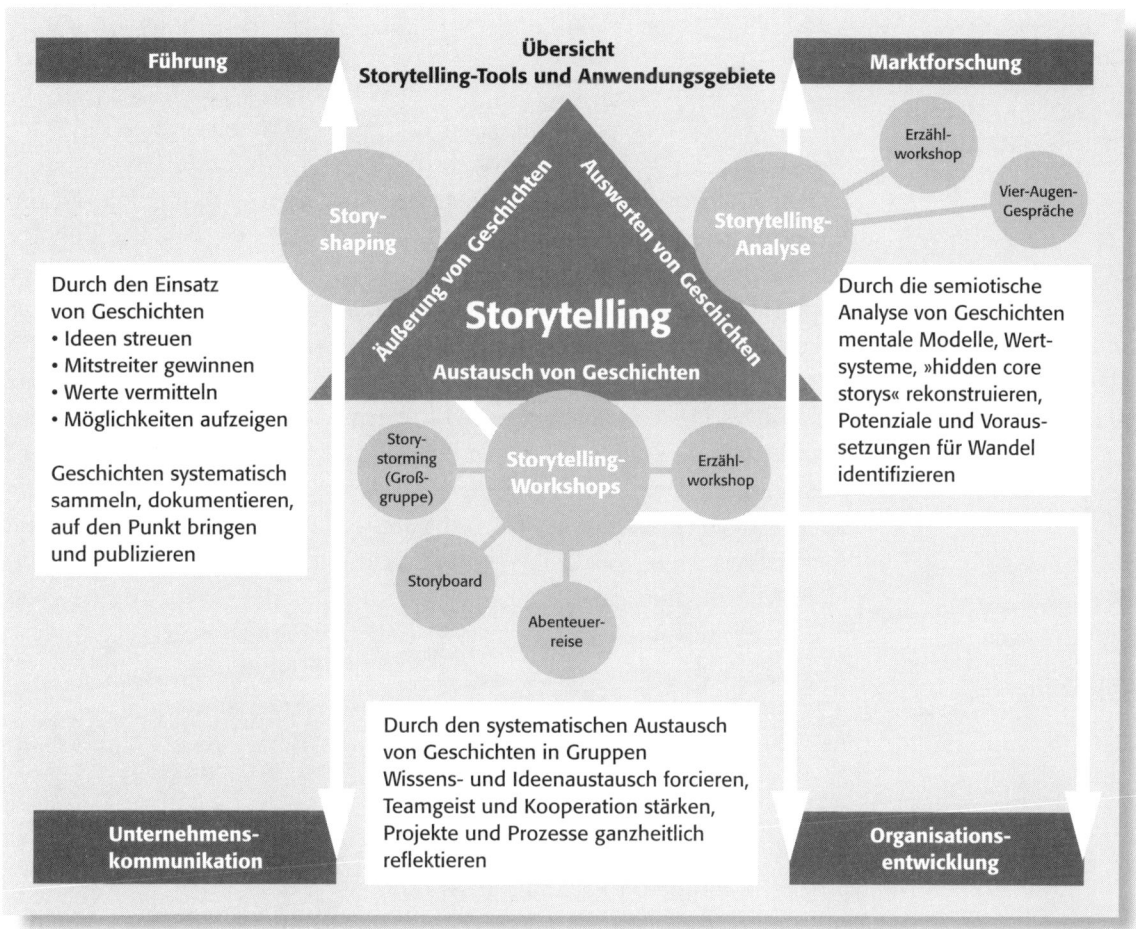

Abb. 7: Storytelling in Organisationen: Tools und Einsatzfelder

Schlussbemerkung

Storytelling hat viele Seiten, viele Aspekte. Eine ganze Reihe davon haben Sie in diesem Buch kennen gelernt. Wenn Sie uns den ganzen Weg durch das Buch von vorne bis hinten gefolgt sind, fühlen Sie sich vielleicht im Moment sogar etwas überfordert: So viele Dinge sind offenbar zu bedenken und beachten, so viele Möglichkeiten, Storytelling im Unternehmen einzusetzen, zu erzählen und zu hören. Wir möchten Sie ermutigen: Fangen Sie einfach an, zu erzählen. Was Sie jetzt über den Bau einer Geschichte und ihre Einsatzmöglichkeiten wissen, wird sich irgendwie und irgendwann automatisch in Ihrem Erzählen niederschlagen. Vielleicht lesen Sie ja punktuell das eine oder andere Kapitel noch einmal durch, beschäftigen sich mit einem Aspekt intensiver, der Ihnen besonders wichtig ist. Doch wenn Sie einfach ins Erzählen einsteigen, werden auch Sie die Erfahrung machen wie viele unserer Seminar- und Workshop-Teilnehmer: »Storytelling ist ja gar nicht so schwierig, wie ich gedacht habe!«

Aber nicht nur beim Erzählen, auch beim Zuhören kann man dazulernen. Wenn Sie erst einmal bewusst auf die Suche gehen, werden Sie feststellen: Geschichten sind überall – auf den Fluren zwischen den Büros, in der Kaffeeküche, in der Kantine, aber auch abends in der Kneipe, beim Sport und im Freundeskreis. Gewöhnen Sie sich an, all den Erzählern im Alltag aufmerksam zuzuhören: Wie ist die Geschichte gebaut? Welche Botschaft hat sie? Wie ist sie erzählt? Von diesem bewussten Zuhören profitieren auch Ihre eigenen Geschichten – und Sie entwickeln nach und nach immer mehr Sensibilität für »gute Geschichten«.

Aber gleichgültig, ob Sie nun selbst aktiv ins Erzählen einsteigen wollen oder nicht – die wichtigste Botschaft dieses Buches ist: Denken Sie in Geschichten! Stellen Sie dem argumentativen Denken immer öfter auch das narrative Denken zur Seite. Sehen Sie Prozesse und Projekte als Geschichten, hören Sie auf das, was Ihre Mitarbeiter zu erzählen haben, denken Sie Ihre Kunden als Menschen auf einer Abenteuerreise – kurz, halten Sie ab und zu inne und überlegen:

Wie wäre das jetzt als Geschichte? Welche Figur wäre mein Chef, mein Partner, mein Kollege? Welche Rolle übernehme ich in dieser Geschichte für meinen Kunden?

Wir sind sicher: Sie werden durch das Denken in Geschichten besser und erfolgreicher mit allem, was Ihnen im Beruf begegnet, umgehen können. Sie erweitern Ihren Bezugsrahmen, Ihren Horizont, und sehen plötzlich Dinge, die vorher außerhalb Ihres Blickwinkels lagen. Und vielleicht geht es Ihnen ja wie uns, dass Sie das Arbeiten mit Geschichten nicht mehr loslässt, dass es zum spannenden und bereichernden Teil der täglichen Arbeit wird.

Wir wünschen Ihnen jedenfalls viel Erfolg und viel Spaß mit Storytelling.

Karolina Frenzel
Michael Müller
Hermann Sottong

Literaturverzeichnis

Bateson, Gregory: Geist und Natur. Eine notwendige Einheit. Frankfurt/Main: Suhrkamp 1982

Bocuse, Paul: Die neue Küche. Düsseldorf, Wien: Econ 1977

Bradbury, Ray: Zen in der Kunst des Schreibens. Berlin: Autorenhaus Verlag 2003

Bruner, Jerome: Actual Minds, Possible Worlds. London, Cambridge (Mass.): Harvard University Press 1986

Campbell, Joseph: Der Heros in tausend Gestalten. Frankfurt/Main: Insel 1999

Campbell, Joseph: Die Kraft der Mythen. Bilder der Seele im Leben der Menschen. München, Zürich: Artemis & Winkler 1994

Carrière, Jean-Claude: Über das Geschichtenerzählen. In: Jean-Claude Carrière/Pascal Bonitzer: Praxis des Drehbuchschreibens. Berlin: Alexander Verlag 1999

Denning, Stephen: The Springboard. How Storytelling Ignites Action in Knowledge-Era Organizations. Boston: Butterworth-Heinemann 2001

Fog, Klaus/Budtz, Christian/Yakaboylu, Baris: Storytelling. Branding in Practice. Berlin, Heidelberg: Springer 2005

Frenzel, Karolina/Müller, Michael/Sottong, Hermann: Das Unternehmen im Kopf. Storytelling und die Kraft zur Veränderung. Wolnzach: Kastner 2005

Frenzel, Karolina/Müller, Michael/Sottong, Hermann: Storytelling – Das Harun-al-Raschid-Prinzip. Die Kraft des Erzählens fürs Unternehmen nutzen. München: dtv 2006

Grimm, Petra: Filmnarratologie. Eine Einführung in die Praxis der Interpretation am Beispiel des Werbespots. München: diskurs film 1996

Grimmelshausen, Hans Jakob Christoffel von: Der abenteuerliche Simplicissimus Teutsch. Stuttgart: Reclam 1979

Hacke, Axel: Der kleine Erziehungsberater. München: Kunstmann 1999

Karmasin, Helene: Produkte als Botschaften. Wien: Ueberreuter 1993

Kuhn, Thomas S.: Die Struktur wissenschaftlicher Revolutionen. Frankfurt/Main: Suhrkamp 2002 (stw 25)

Loebbert, Michael: Storymanagement. Der narrative Ansatz für Management und Beratung. Stuttgart: Klett-Cotta 2003

McKee, Robert: Mit Worten fesseln. Gespräch. In: Harvard Businessmanager 10/2003, Hamburg 2003

Quinn, Feargal: Crowning the Customer. Dublin: O'Brien 1990

Räber, Gisela/ Wiesner, Stefan: Gold Holz Stein. Sinnliche Sensation aus Wiesners alchemistischer Naturküche. Baden: AT Verlag 2003

Schulz von Thun, Friedemann: Miteinander reden 1. Störungen und Klärungen. Allgemeine Psychologie der Kommunikation. Hamburg: Rowohlt 2003

Simmons, Annette: Mit guten Geschichten Menschen gewinnen. Der Story-Faktor. München: Piper 2004

Simon, Fritz B.: Gemeinsam sind wir blöd!? Die Intelligenz von Unternehmen, Managern und Märkten. Heidelberg: Carl Auer Systeme Verlag 2004

Simoudis, Georgios: Storytising. Geschichten als Instrument erfolgreicher Markenführung. Groß-Umstadt: Sehnert 2004

Sottong, Hermann/Müller, Michael: Zwischen Sender und Empfänger. Eine Einführung in die Semiotik der Kommunikationsgesellschaft. Berlin: Erich Schmidt 1998

Suzuki, Shunryu: Zen-Geist, Anfänger-Geist. Berlin: Theseus 2001

Thier, Karin: Storytelling. Eine narrative Managementmethode. Heidelberg: Springer 2005

Tobias, Ronald B.: 20 Masterplots. Woraus Geschichten gemacht sind. Frankfurt/Main: Zweitausendeins 1999

Die Autoren und ihre Geschichte

Michael Müller, Hermann Sottong, Karolina Frenzel

Unser Weg zum Storytelling führte über das Zuhören. Anfang der 90er-Jahre waren wir in der klassischen Kommunikationsberatung tätig. Dass wir im Arbeitsalltag ein offenes Ohr für das hatten, was uns am Rande erzählt wurde, liegt sicher auch daran, dass wir als Literaturwissenschaftler eine besondere Beziehung zu Geschichten haben. Im Laufe der Zeit wurde uns immer klarer, welcher Schatz an Informationen in den Geschichten, die uns Menschen in Unternehmen erzählten, verborgen lag. Langsam kristallisierte sich die Idee heraus, unser textanalytisches und semiotisches Handwerkszeug systematisch auf diese Geschichten anzuwenden, um für unsere Kunden diese verborgenen Potenziale zu erschließen.

1997 gründeten wir SYSTEM + KOMMUNIKATION, um gemeinsam diese „Storytelling-Analyse" als Produkt anzubieten. Schon bald entstanden aus dem Erzählen und Zuhören weitere Ideen: Die Arbeit mit dem Storyboard, Erzählworkshops, das „Denken in Geschichten" nahmen Gestalt an. Parallel zu unseren eigenen Erfahrungen mit dem Erzählen stießen wir immer häufiger auf Berichte von anderen, die mit Geschichten arbeiten. Offensichtlich nahm zur gleichen Zeit an verschiedenen Orten ein und dieselbe Einsicht Gestalt an: Organisationen können die Kraft des Erzählens wiederentdecken und bewusst nutzen.

Inzwischen hat sich Storytelling in vielen Unternehmen bewährt und ist heute vielerorts schon selbstverständlicher Bestandteil der Kommunikation. In „Storytelling – Das Praxisbuch" geben wir unsere Erfahrungen, die wir in bald 10 Jahren – gemeinsam mit unseren Kunden und allen, die uns ihre Geschichten erzählt haben – gesammelt haben, an diejenigen weiter, die selbst das Geschichten-Erzählen (wieder)erlernen und einsetzen möchten.

storytelling@sys-kom.de www.sys-kom.de

dtv

Storytelling –
die Grundlagen jetzt
im Taschenbuch

Für alle, die mehr
über diese innovative,
erfolgversprechende
Managementmethode
wissen wollen.

ISBN-13: 978-3-423-**34325**-1
ISBN-10: 3-423-**34325**-7

Bitte besuchen Sie uns im Internet: www.dtv.de